U0284252

量子力学基础与固体物理学

黄向东 编著

清华大学出版社
北 京

内容简介

本书编写的主要目的是为强化材料学科本科生的物理基础，加强对微观物质认识的理论和处理问题的方式与方法，为学生进一步深入学习和研究材料科学打下坚实基础。本书分为两篇11章。上篇7章为量子力学部分，从第1章对量子理论发展史的回顾引出量子概念，到第7章近似法求解薛定谔方程，给出物理理论处理问题的基本思路，基本涵盖了量子力学中最基本的概念、处理问题的方式和典型问题的解法等；下篇4章为固体物理学部分，包括固体结构、晶格振动与晶体的热学性质、固体的结合、固体电子论，基本涵盖的固体物理学最基本的内容，重点在晶格振动和固体电子论两部分。

本书可以作为相关专业本科生、研究生学习量子力学和固体物理的入门教材和参考书。

图书在版编目(CIP)数据

量子力学基础与固体物理学/黄向东编著. —北京：清华大学出版社，2017 (2025.3重印)
ISBN 978-7-302-46085-5

Ⅰ. ①量… Ⅱ. ①黄… Ⅲ. ①量子力学 ②固体物理学 Ⅳ. ①O413.1 ②O48

中国版本图书馆 CIP 数据核字(2016)第 308543 号

责任编辑：张占奎
封面设计：常雪影
责任校对：刘玉霞
责任印制：丛怀宇

出版发行：清华大学出版社
网　址：https://www.tup.com.cn，https://www.wqxuetang.com
地　址：北京清华大学学研大厦A座　**邮　编**：100084
社 总 机：010-83470000　**邮　购**：010-62786544
投稿与读者服务：010-62776969，c-service@tup.tsinghua.edu.cn
质量反馈：010-62772015，zhiliang@tup.tsinghua.edu.cn
印 装 者：三河市铭诚印务有限公司
经　销：全国新华书店
开　本：185mm×260mm　**印　张**：14.25　**字　数**：343千字
版　次：2017年5月第1版　**印　次**：2025年3月第9次印刷
定　价：45.00元

产品编号：067739-02

前言

FOREWORD

本书是编者根据在福州大学材料科学与工程学院多年讲授“量子力学基础与固体物理学”这门课程的讲义基础上扩展编著而成。2005 年福州大学材料学院为了加深学生的物理基础，提出要开设固体物理学这门课程，讨论中编者提出固体物理学课程的先修课程要有量子力学，不然学生很难理解有关概念和处理问题的方法。既然有了这个问题，后来的讨论就倾向于把量子力学的内容也加进来，于是福州大学材料学院开设了这门“量子力学基础与固体物理学”本科课程。全世界的高等学校都是把两部分作为两门课程分别开设的，但在福州大学材料学院由于学时限制，不可能作为两门课程来开设。2007 年春，这门课程作为选修课开始给 2004 级本科生开设，后来又变成必修课，再后来作为非高分子方向的必选课程。

材料是人类技术进步甚至是人类文明进化的标志。比如用石器时代、青铜器时代和铁器时代来表达人类文明史的不同阶段；近现代，从 19 世纪中叶到目前，人类又经历了从钢铁时代向以硅芯片为代表的电子时代的过渡。与此同时材料也是人类生存和发展的重要物质基础。

从材料的传统分类，有金属材料、陶瓷材料、玻璃、水泥、高分子材料、复合材料，而从使用特点分类有结构材料和功能材料，当今又有所谓环境材料、纳米材料等不一而足。材料分类与品种非常复杂，五花八门。

然而不论材料的分类与品种多么繁多复杂，所有材料都是由不同的原子组成的，而原子又是由不同数量的质子和中子形成的原子核与核外若干电子构成的，也就是说，所有材料的组成基础都是电子、中子、质子等基本粒子。描述这些基本粒子运动规律的理论就是量子力学，因此量子论的一些基本概念和研究方法也可以说是材料科学的基础。要想深刻认识和理解材料的有关性质和属性，就必须对组成材料的微观粒子的运动行为和规律有准确的了解和认识，这只能通过量子力学来实现。量子力学作为一种基本理论，内容深刻，内容覆盖也较多，本课程量子力学基础部分只占一半学时，着重讲授量子的概念、波粒二象性、波函数、薛定谔方程、一维定态问题、力学量算符、展开假定、中心力场、氢原子、微扰理论等基础内容，为进一步深入学习量子力学和其他如固体物理等课程打下基础。但作为教材出版，为了使量子力学的基础理论在本教材中显得更“完整”一点，量子力学的表象理论也作为一章加以介绍，以作为有兴趣的读者的扩展读物，但不作为课堂内容讲授。

固体物理学是研究固体材料最基本规律的学科，是在量子论基础上描述原子规则排列形成晶体后体现出的一些基本规律的科学，是系统理解材料结构与性能相互关系的基础，是材料科学与工程专业最应该学透的基础学科。同样由于学时限制，本课程中也只讲授最基本的内容。主要有晶体结构、晶体的结合、晶格振动、能带理论基础等内容，为学生进一步深入学习固体物理课程和其他材料有关学科打下良好的理论基础。

本教材量子力学部分大部分参考了姚玉洁老师的结构体系，固体物理学部分主要参考了黄昆老师最早的教材。在此编者向两位前贤表达崇高的敬意。

目录

CONTENTS

上篇 量子力学基础

下篇 固体物理学

上篇

量子力学基础

量子理论发展史的简单回顾

20世纪初，人类科学发展史上诞生了两个划时代的理论——量子论和相对论，至今，这两个理论依然是现代科技的基础理论。前者是人类认识微观世界奥秘的理论钥匙，后者是人类了解宏观宇宙信息的理论基础。

量子论和相对论的出现，就像是在科学的舞台上，几乎同时演出了两台生动精彩的史诗般的戏剧，但这两出戏的剧情和演出方式有很大差别。相对论基本上是由大明星爱因斯坦一人领衔主演，此人在科学史上的地位，只有牛顿堪与媲美。量子论则不同，它是20世纪初许多杰出科学家集体创作的硕果。大明星爱因斯坦在这出戏里，虽说也扮演了一个相当重要的角色，但却很难说谁是这出戏的最主要角色。这出戏的精彩之处就在于它是群星灿烂的名角大会串。量子论产生和发展的历史可以看成是一出多幕连续剧，幕与幕之间相互衔接，有时剧情又多路同时发展，而每一幕里又有它独特的情节和主要人物。

在短短的二十多年时间里，如此之多杰出的科学家，各自以不同的风格，从不同的途径，用不同的方法，集中创造出如此重大的科学成就，这在科学史上是极其引人注目的。他们在方法论上的创造则更是奥秘无穷，不仅集自古以来物理学研究方法之大成，而且体现了当代科学研究中最新的思维方式。

下面我们简单回顾一下波澜壮阔的量子论发展史，使同学们能够感受一下科学理论发展的独特魅力，以此来激发同学们对量子力学这门课的兴趣，为今后的学习打好“兴趣”的基础。可以说没有兴趣是学不会量子力学的！

1.1 量子力学诞生的背景

1.1.1 “科学世纪”的辉煌

19世纪曾被称为“科学世纪”，人类取得了一系列令人惊叹的辉煌的科学成就。在化学上，道尔顿(John Dalton，1766—1844)把古希腊一些哲学家们的天才猜测与化学这门经验科学结合起来，重新提出了原子论，这是继18世纪拉瓦锡(Antoine Laurent Lavoisier，1743—1794)建立氧化学说以后又一重大成就，从此，化学开始了新时代。1869年俄国科学家门捷列夫(Dmitri Ivanovich Mendeleyev,1836—1907)发现元素周期律,列出了元素周期表,使化学超越了单靠经验摸索的阶段。

在生物学上,细胞学说的提出,使人们认识到世界上千奇百怪的生物,在结构上原来都有一个相同的基础。达尔文(Charles Robert Darwin,1809—1882)进化论的发表,又使人们了解到古往今来,生物生生息息、繁衍变化原来都有一条普遍的规律,那就是物竞天择,适者生存!它不仅打破了上帝造人的神话,摧毁了神学在自然科学领域的最后一个堡垒,而且使生物学终于形成为一门完整、系统的科学。

在物理学领域,更是一片欣欣向荣。由伽利略(Galileo Galilei,1564—1642)和牛顿(Isaac Newton,1642—1727)等人奠基的经典力学,经过欧拉(Leonhard Euler,1707—1783)、拉格朗日(Joseph Louis lagrange,1736—1813)和哈密顿(William Rowan Hamilton,1805—1865)等人的工作已经建立了严格数学形式。

由法拉第(Michael Faraday,1791—1867)和麦克斯韦(James Clerk Maxwell,1831—1879)建立的电动力学,用一组极其优美的方程,把当时已知的电、磁和光学现象都统一起来。

能量守恒和转化定律的发现,不仅为建立热力学奠定了基础,同时也使世界上一切物质的运动,不管是以热、声、光、电、机械、化学等什么形式出现,都有一个统一的度量标准——能量。

人们对物质运动过程的探索,已经从宏观现象进入到分子运动的领域,通过麦克斯韦、玻耳兹曼(Ludwig Edward Boltzmann,1844—1906)、吉布斯(Jossiah Willard Gibbs,1839—1903)等人的努力建立起了经典物理学的另一分支学科——经典统计力学。

可以说,在19世纪末期,经典物理学的各个分支——力学、光学、热力学、统计力、电磁学等,都已经高度发展并且几乎完备成熟了。

在当时大多数科学家们的眼里,人类对自然的认识似乎已经非常清楚了:

(1) 世间万物都是由八十几种元素的原子组成的,原子是不可再分的最小微粒。大至星球、小到原子的运动都服从牛顿力学运动定律。

(2) 一切自然过程都是连续的。任何一个给定的状态只能由紧接在它前面的那个状态来决定,如果前后两个状态之间出现间隙,那就破坏了事物的"因果性"联系。因此,"自然无飞跃"。实际上,在牛顿力学中,只要给定初始条件和边界条件,就可以根据牛顿运动方程推断出物体过去和未来任何时刻的运动状态。由于能量是物质运动的一种度量形式,因此能量的变化转化也应该是连续的。

(3) 不同原子之间的结合与分解就产生了化学反应。分子是原子组成的,它保持着物质运动的最基本物理属性。

(4) 热现象是大量分子作混乱的机械运动的表现,用统计力学的方法可以解释气体、液体、固体等物理体系的性质。

(5) 存在两种电荷,电荷在周围的空间建立电场,电荷的运动产生磁场,电磁场的运动就是电磁波。热辐射、可见光、紫外线等都只不过是不同波长的电磁波。

(6) 无论力、热、声、光、电、磁等现象多么复杂,一切都要服从能量守恒和转化定律。

(7) 任何生物的最基本构成单元都是细胞,而生物的繁衍和进化遵守物竞天择,生存斗争的普遍规律。即使是被认为是万物之灵的人类,也不过是生物进化链条中的一个环节。

多么美丽的图景啊!似乎所有的基本问题都已经研究清楚了,科学受到人们从来没有过的崇敬。

尤其是物理学，在几乎各分支学科里都建立了严密的数学形式，发展成为当时最完美的学科。经典物理学宏伟的大厦眼看就要竣工了。物理学家们怀着无比自豪的心情进入了20世纪。1900年元旦，著名的英国物理学家开尔文(Lord Kelvin)勋爵(即William Thomson)在新年献词中十分满意地宣布："在已经基本建成的科学大厦中，后辈物理学家主要做一些零碎的修补工作就行了。"

普朗克(Max Planck，1858—1947)1924年在一次公开演讲中回忆道，当他刚开始研究物理学时，他的老师菲利浦(Philipp Von Jolly)曾对他说：物理学是一门高度发展的，几乎尽善尽美的科学。这门学科将很快地具备自己终极的稳定形式。虽然在某个角落里还可能有一粒灰尘或一个气泡，但作为整体的体系却是足够牢固可靠了。理论物理学正在明显地接近于几何学一百年来已经具有的那种完善程度。

1.1.2 世纪末的挑战

新世纪即将开始，虽然很多物理学家们坚信经典物理的大厦即将完工，但他们也认识到还有一些不和谐需要解决。开尔文勋爵在那篇著名的新年献词中也提到：在经典物理学的晴朗的天空中，天际边也有几小块乌云——那就是黑体辐射、物质的放射性、光电效应、固体比热问题、Michelson-Morley实验等。

正是这几小块乌云，在20世纪初的几年中很快发展成席卷经典物理学的风暴，最终诞生了现代自然科学的两大支柱学科——量子力学和相对论理论。

事实上，经历了亿万年发展的宇宙和人类迄今赖以生存的自然界，是不会轻易公开它们的奥秘的。自然科学自文艺复兴时代开始以来才经历了短短几百年的发展，怎么可能穷尽对自然的认识呢？正当人们准备庆祝经典物理学大厦落成典礼的时候，一系列新的实验发现向这幅刚刚形成的世界图景接二连三地提出了有力的挑战。

1895年11月8日，德国人伦琴(Wilhelm Konard Röntgen，1845—1923)偶然发现了一种射线。它不同于人们熟知的热辐射、可见光和紫外线等一般的电磁波，伦琴只好把它称为X射线。X射线的发现一时成了轰动世界的新闻，科学界掀起了一股探索新射线的热潮。

1896年法国人贝克勒尔(Edmond Alexandre Becquerel，1820—1891)受到著名物理学家彭加勒(Julas Henri Poincaré，1854—1912)的启发，开始研究磷光物质的放射现象。他也是在偶然的机会里，发现了铀盐能自发地不断放射出某种射线。这个发现同样使科学家们感到莫名其妙。后来居里夫妇(Pierre Curie，1859—1906；Marie Sklodowska Curie，1867—1934)又发现了放射性更强的镭。

一种物质放射出射线是需要能量的，但镭和铀既没有任何明显的物理和化学变化，又没有从任何其他地方获取任何能量，那么它放出射线所需要的能量是从哪里来的呢？难道能量守恒和转化定律被推翻了吗？一时科学界议论纷纷。一些有识之士开始认识到，要解开放射性的奥秘，必须深入到物质原子内部结构中去。当时英国科学家克鲁克斯(William Crookes，1832—1919)评论道："十分之几克的镭就破坏了化学中的原子论，革新了物理学的基础，复原了炼金术士的观念，给某些趾高气扬的化学家以沉重的打击。"

1897年，英国人汤姆孙(Joseph John Thomson，1856—1940)证实了阴极射线是一种带电粒子——电子(微粒)。电子的发现，打破了原子是不可再分的最小微粒的传统观念，揭示出原子同样是有结构的实体。1901年德国人考夫曼(Wazter Kaufman，1871—1947)进一步发现，电子在以接近光速的速度运动时，其质量急剧增加。这又打破了过去认为质量“守恒”，与物质的运动无关的思想。

X 射线、天然放射性和电子这 19 世纪末的三大发现，猛烈地冲击着经典物理学中关于质量、能量、运动等基本概念，使人们对已经形成的科学图景产生了怀疑。

人们为了寻找这些新的实验现象的理论解释，不得不回过头来，对已有的理论做出新的检验。一时间，物理学界大有“山雨欲来风满楼”的架势！

一个新的未知领域——微观世界已经在向人类招手了，物理学正面临着革命的前夜！

但突破口到底在哪儿呢？

1.2 黑体辐射和普朗克能量子假说

普法战争之后，德国迅速地由一个农业国变成钢铁工业国。由于精炼钢铁需要高温，要改进加热技术，就必须要有方便的方法测量铁的温度，为此需要知道铁在什么温度下发出什么颜色的光。光由频率（或波长）标志，这样工业生产本身就提出了一个重大的理论问题：光的频率与温度有什么关系？

这就给了德国科学家创造历史的机会！正当 19 世纪末期以英法科学家为主体的科学家们集中优势兵力向 X 射线、元素放射性现象、原子结构问题发起正面强攻的时候，大自然却在一个并没有引起多大轰动的、炼钢工业遇到的问题领域里，悄悄地展示出了通往微观世界的大门，让一个置身于探索各种射线的热潮之外的德国物理学家拿到了开启微观世界大门的钥匙。

1. 辐出度

热的物体会发出热辐射，热辐射是一种电磁波。物体温度越高，发出的热辐射越强。同时，热的物体发出的辐射（电磁波）的波长不是单一的，几乎包含各种波长的电磁波，只不过不同的波长辐射波的强度不同。为了准确描述物体在温度 T 下辐射出某波长电磁波的强度，我们定义了一个物理量——单色辐出度 $M_\lambda(T)$。物体表面单位面积、单位时间内所发射的波长在 $\lambda \sim \lambda + d\lambda$ 范围内的辐射能 dM_λ 与波长间隔之比，即

$$M_\lambda(T) = \frac{dM_\lambda}{d\lambda} \tag{1-1}$$

这一物理量反映了不同温度下物体的辐射能按波长分布的情况。

把单色辐出度对所有波长范围积分，即把物体表面单位面积，单位时间内所发射的所有波长能量加起来就得到物体的另一个物理量——辐出度 $M(T)$，有

$$M(T) = \int_0^\infty M_\lambda(T)d\lambda \tag{1-2}$$

辐出度 $M(T)$ 反映了不同温度下物体单位面积发射的所有辐射总功率的大小。

当波长为 λ 的热辐射（电磁波）照射到物体上会发生什么情况呢？如图 1-1 所示，P_λ 为入射波的功率，$P_{\lambda\rho}$ 为物体表面反射波的功率，$P_{\lambda\alpha}$ 为被物体吸收的功率，$P_{\lambda\tau}$ 为

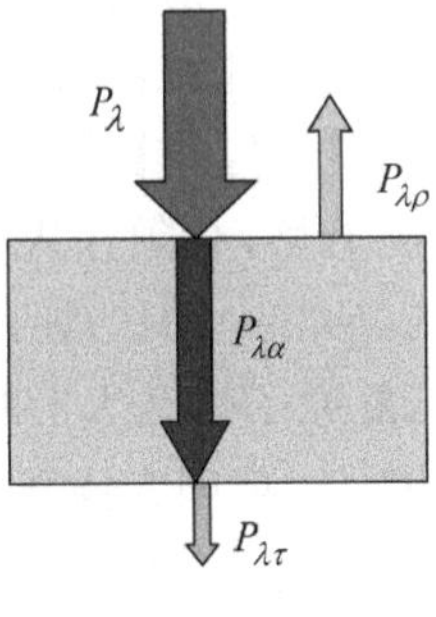

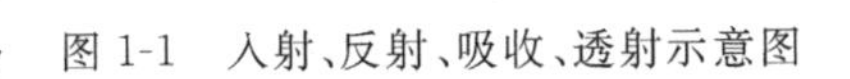

图 1-1 入射、反射、吸收、透射示意图

透射出来的辐射(透射波)的功率。

根据能量守恒原理有如下等式

$$P_{\lambda} = P_{\lambda\rho} + P_{\lambda\alpha} + P_{\lambda\tau} \tag{1-3}$$

等式两边分别除以入射功率 P_{λ} 得到下式

$$1 = \frac{P_{\lambda\rho}}{P_{\lambda}} + \frac{P_{\lambda\alpha}}{P_{\lambda}} + \frac{P_{\lambda\tau}}{P_{\lambda}} \tag{1-4}$$

定义单色反射率 $\rho_{\lambda}=\frac{p_{\lambda\rho}}{p_{\lambda}}$,单色透射率 $\tau_{\lambda}=\frac{p_{\lambda\tau}}{p_{\lambda}}$,单色吸收率 $\alpha_{\lambda}=\frac{p_{\lambda\alpha}}{p_{\lambda}}$,由式(1-4)可得到

$$1 = \rho_{\lambda} + \alpha_{\lambda} + \tau_{\lambda} \tag{1-5}$$

当物体是非透明时,没有透射波,$\tau_{\lambda}=0$,于是有 $1=\rho_{\lambda}+\alpha_{\lambda}$。

如果对于一个物体 $\alpha_{\lambda}=1$,即辐照在其上的所有辐射能量都被该物体吸收,既没有反射也没有透射。那么我们把其称为黑体。黑体实际是一种物理研究上的理论模型,即把能吸收所有辐射(电磁波)的物体称为黑体。而事实上任何具体的物体其吸收率都不会严格等于 1。

2. 基尔霍夫定律

基尔霍夫(Gustav Robert Kirchhoff,1824—1887)最早研究了空腔辐射的问题。如图 1-2 所示,一个与外界隔绝的真空腔体,内有 1、2、3、…、B 多个物体,其中 B 是黑体。当达到热平衡时,即空腔里所有物体的温度达到一致,温度不会再发生变化,都是 T,此时,对于每一个物体都有

发射辐射能量=吸收辐射能量

吸收辐射能量等于空腔里面的空间中存在的辐射强度乘以物体的吸收率。即

$$发射辐射能量 = 空腔辐射强度 \times \alpha \tag{1-6}$$

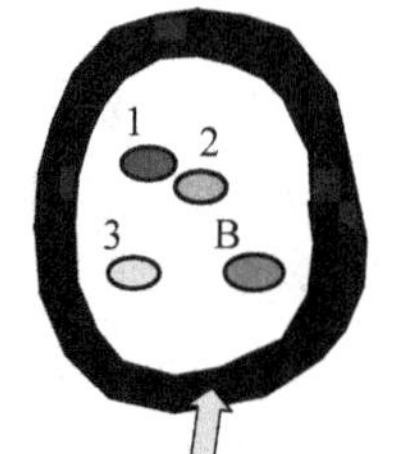

图 1-2 真空绝热腔体里面的物体

想象一下,由于我们没有特指空腔中的物体处于某一个特殊的位置,那意味着空腔中的任意物体在空腔里面的任意地方,其温度都应该是 T,否则就不是热平衡了!现在假设我们讨论其中的物体 1,由于物体辐射能量只取决于物体的温度,由公式(1-6),可以得出**空腔中的任意地方其辐射强度都相同的结论**。也就是说,**热平衡时空腔里面的辐射处处相等**。

对于空腔里的任意物体,任意波长的辐射,同样有公式(1-6),于是可以得到下面的公式

$$\frac{M_{1\lambda}(T)}{\alpha_1(\lambda,T)} = \frac{M_{2\lambda}(T)}{\alpha_2(\lambda,T)} = \cdots = \frac{M_{B\lambda}(T)}{\alpha_B(\lambda,T)} = 空腔辐射(T) \tag{1-7}$$

黑体的吸收率是 1。由式(1-7)可知,任一物体的单色辐出度除以同波长的吸收率,都等于空腔辐射,也即是黑体的单色辐出度。这就是基尔霍夫定律,空腔辐射也称基尔霍夫函数。

由式(1-7)可知,物体的吸收率高,其辐出度也高,即好的吸收体,必然是好的辐射体。对任何波长的辐射能,绝对黑体所发射的能量都要比相同温度下其他物体发射的能量多。

3. 黑体的辐射定律

如前所述,热平衡时空腔辐射等于黑体辐射,于是实际的黑体就可以用开小孔的空腔来

模拟。如图 1-3 所示，保持空腔的温度等于 T，从其小孔中发出的辐射就等于黑体辐射。

由这个黑体模型出发，我们可以按图 1-4 的结构制造出实际的黑体。

图 1-3　黑体模型

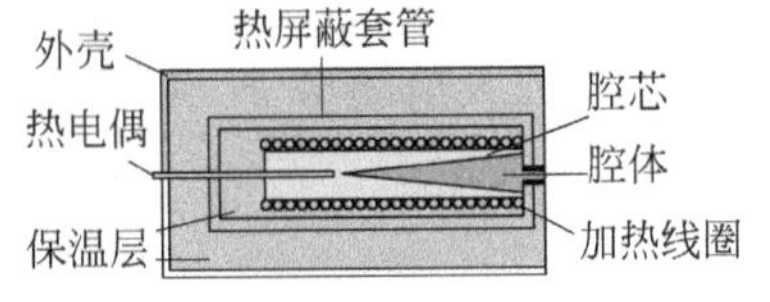
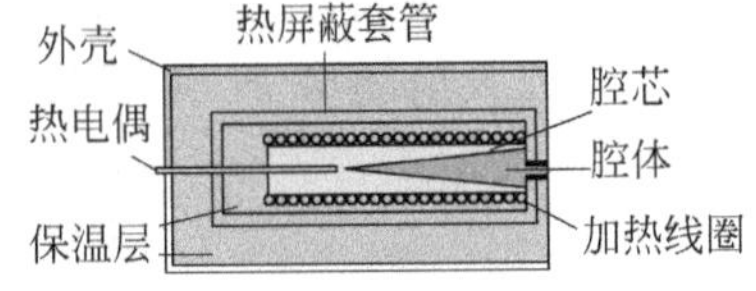

图 1-4　实际用黑体的制备示意图

有了实际的黑体，就可以实际测量黑体在不同温度下的辐射情况。

1879 年奥地利物理学家斯特藩（Joseph Stefan，1835—1893）审查了当时所有能够利用的测量结果后发现，热辐射的总能量和热力学温度的四次方成正比。1884 年他的学生玻耳兹曼从麦克斯韦电磁理论出发，并且把空腔辐射与热力学的压力、温度等概念联系起来，从理论上进一步推导出来上述结论，即所谓的斯特藩-玻耳兹曼定律。

$$M_B(T) = \sigma T^4 \tag{1-8}$$

$\sigma=5.67051\times10^{-8}\,\mathrm{W/(m^2\cdot K^4)}$，称为斯特藩常数。

1893 年德国物理学家维恩（Willheim Wien，1864—1923）根据电磁理论和热力学理论得到

$$\lambda_m T = b \tag{1-9}$$

称为维恩位移定律，其中，$b=2.897756\times10^{-3}\,\mathrm{m\cdot K}$。

如果测量不同温度下不同波长的单色辐出度，可以得到如图 1-5 的黑体辐射规律的实测曲线，

$T_4>T_3>T_2>T_1$。由图 1-5 可见：

（1）曲线随 T 的升高而提高，即 $M_{B\lambda}(T)$ 随 T 升高而增大。

（2）$M_{B\lambda}(T)$ 随 λ 连续变化，每条曲线有一峰值。不同曲线除无穷小和无穷大两点外没有交点。

（3）随 T 的升高，峰值波长 λ_m 减小，就是维恩位移定律。

为什么黑体辐射具有这样的实验规律？既有的物理理论能给出满意的解释吗？这些问题显然是当时的理论物理学家们必须面对的一个课题。

1896 年维恩在黑体辐射能谱分布类似于麦克斯韦速率分布的假设上，利用当时的实验数据推导出黑体辐射的理论公式：

$$M_{B\lambda}(T) = \frac{c_1}{\lambda^5}e^{-\frac{c_2}{\lambda T}} \tag{1-10}$$

维恩曲线在短波区间与实验曲线符合很好，但在长波区间就与实验曲线有所偏差，波长越长差别越大。如图 1-6 所示的维恩线。

后来，英国物理学家瑞利（Lord Rayleigh）和金斯（J. H. Jeans）从电磁理论出发结合经典统计物理中的能量均分定律，推导了另外一个公式

$$M_{B\lambda} = \frac{2\pi ckT}{\lambda^4} \tag{1-11}$$

但这个公式也只是在长波范围与实验曲线符合，如图 1-6 所示瑞利-金斯线。至此，经典物理学理论对黑体辐射问题已经是无能为力了！

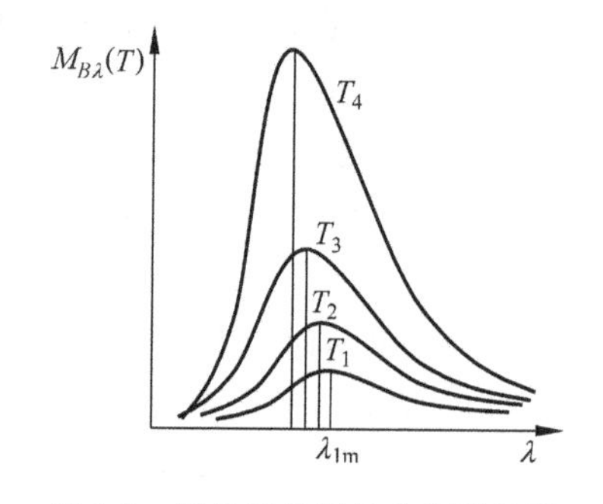

图 1-5　黑体辐射规律的实测曲线

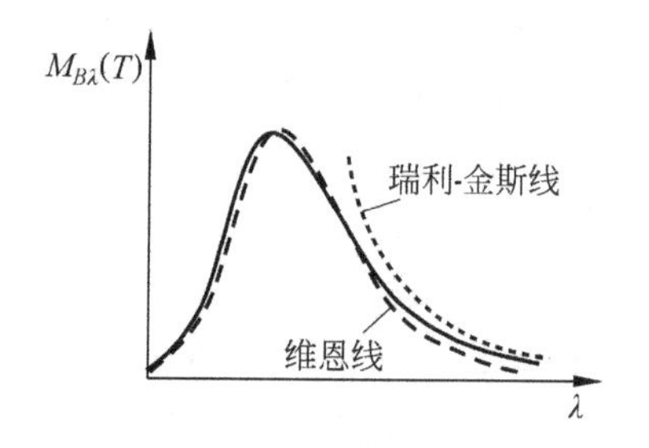

图 1-6　维恩线、瑞利-金斯曲线与实验曲线的比较

4. 普朗克的经验公式

德国物理学家普朗克从 1894 年开始也在研究黑体热辐射的问题，他的关注点是**想在电磁理论的基础上弄清楚热辐射过程的本质**。1895 年他发表了这方面的第一篇论文，他假设空腔壁上有许多谐振子，这些谐振子可以发射和吸收电磁波。由于谐振子发射、吸收电磁波，相互之间进行能量交换，最终达到平衡，这时空腔内充满了空腔辐射（黑体辐射）。在此基础上普朗克也得出了与维恩相似的公式。但到 1900 年 10 月，当实验数据证明维恩公式和瑞利-金斯公式都仅仅对了一半之后，普朗克采用数学内插法找到了一个在短波区等同于维恩公式，在长波区等同于瑞利金斯公式的独特的公式

$$M_{B\lambda}(T)=\frac{c_1}{\lambda^5}\cdot\frac{1}{e^{c_2/\lambda T}-1}\tag{1-12}$$

普朗克 1900 年 10 月 19 日在德国物理学会上做《论维恩光谱定律的完善》的报告时提出了这个“拼凑”出来的公式。

当天晚上，实验物理学家鲁本斯连夜进行实验，发现普朗克的公式与实测曲线在长短波范围都惊人地符合。这说明普朗克的公式是正确的！这给了普朗克以极大的鼓舞，但同时也给他留下一个最关键的理论问题，**就是要找出这个公式所蕴含的深刻物理意义**。

为了给自己提出的公式一个合理的理论解释，普朗克在很短的时间里进行了大量艰苦的工作。他发现如果按照惯例，用经典理论的做法，则一事无成，永远推导不出他要的公式。最后普朗克不得不做了一个非常关键的假设，从而背离了经典物理学，终于给出了一个基本的理论证明，给出了著名的普朗克辐射公式，于 1900 年 12 月 14 日再次向德国物理学会提交了报告。

$$M_{B\nu}(T)=\frac{8\pi\nu^3 h}{c^2}\cdot\frac{1}{e^{h\nu/kT}-1}\tag{1-13}$$

其中 $h=6.626\times10^{-34}\,\mathrm{J\cdot s}$，后来称为普朗克常数，这次，为了更方便表达，普朗克用频率 ν 代替了波长 λ，c 是光速，k 是玻耳兹曼常数。

5. 普朗克能量子假说

如何理解普朗克的关键假说，它与经典理论的冲突在哪里？很多有关书籍，包括绝大多数量子论、量子力学教材在讲到这里时都语焉不详、模糊带过。本书在这里试图给出一个比较详细、容易理解的说明。

在经典电磁理论中，电偶极子（简称谐振子、振子）振荡，辐射电磁波，在经典理论中振子

的能量可以连续增加或减少，是连续变化的，其所辐射的电磁波的能量也是连续变化的。黑体辐射就是构成黑体腔壁的物质中的振子辐射电磁波。如果黑体腔被加热，振子可以吸收任意数量的热能，从而黑体变热。至此我们还感觉不到经典理论的问题。再往下走，前面说过，热平衡时空腔辐射就是黑体辐射，这时就必须要考虑统计热力学方面的问题，传统理论的冲突也就在此产生！

从统计力学的角度，热平衡是一个体系熵达到最大的状态。在黑体模型上，体系可以看作是若干腔壁上的振子(假设数量为 N)。在一定的温度下，体系处于热平衡态就是这些振子的熵达到最大。按照玻耳兹曼的观点，体系的熵是由把总能量分配给这若干个振子的方法数 W(譬如，总能量为 1J，分配给 10 个振子，有多少种分法)来确定的，即体系的熵 $S_N=k\lg W+$常数。如果认为能量是连续变化的，也就是说振子的能量可以无限小地变化，那么 W 会变为无穷大，熵就不可能有最大值，如此体系就不可能达到热平衡，这显然是荒谬的！因此只有假设能量对各振子的分配必须以有限的份额 ε 进行，才有可能使 W 是个有限值，并且有最大值。

也就是说，如果把黑体模型看成是腔壁上的振子(偶极子)构成的体系的话，那么振子的能量必须是有限的，不能是无穷小！而单纯的电磁理论认为振子的能量可以连续变化，由此**统计力学与电磁理论产生了严重冲突！**

由于统计热力学是基于研究分子运动论等各种不确定状态的统计规律，因此对于当时很多追求严格因果联系、追求逻辑严谨的科学家来说，并不那么令人信服！就是爱因斯坦到死也不愿意承认“上帝投骰子”。同样普朗克也对玻耳兹曼的统计理论有所怀疑，**他很想在不破坏能量可以连续变化的前提下**完成他的理论推导，但总是无济于事。最后普朗克为了能从理论上导出他当初用内插法得到的公式，不得不采取所谓“孤注一掷的行动”：**放弃过去一贯怀疑分子运动论的观点，转而向玻耳兹曼的统计方法求助**。他后来(1918 年)在获得诺贝尔奖的演讲中回忆：这个问题导致我自动地考虑熵和概率之间的联系，也就是说考虑玻耳兹曼的观点。直到经过我一生中几周最艰苦的工作以后，黑暗中才出现一线光明，一个新的、迄今为止没有想到过的前景开始展现在我的面前。

其实承认玻耳兹曼的理论，那么能量不连续就是必然选择。只是要当时习惯了牛顿、麦克斯韦理论思维的人们接受这一事实是非常困难的！普朗克也是心有不甘地作出了违背传统能量连续的定律而提出能量子观点！

普朗克假定：物质中的振子不能随便处于任意能量状态，它们只能处于某些特定的能量状态，这些能量状态是某一个最小能量 ε 的整数倍，即这些振子只能吸收或发出以下能量：

$$\varepsilon, 2\varepsilon, 3\varepsilon, \cdots, n\varepsilon, \cdots$$

ε 的大小与振子的频率有关，$\varepsilon=h\nu$。

在此假设基础上普朗克推导出来公式(1-13)。

普朗克的假设终于打破了认为“自然无飞跃”的古老观念，开创了物理学(也可以说是自然科学)的又一个新时代——量子论时代。于是 1900 年 12 月 14 日也被称“量子诞生日”。

普朗克已经敲开了量子世界的大门，他完全可以大胆地闯进去，摘取更多丰硕的果实。他不仅可以利用量子概念解释黑体辐射现象，而且还可以进一步把量子概念应用到其他的研究领域，解释更多经典理论难以解释的事实，预言更多的新现象。可惜的是，普朗克犹豫了，他只是把量子概念看成是解决黑体辐射问题的一个形式上的假说，也就是说，他当时并没有理解量子概念具有的更深远的革命意义。因此，他基本上还是一个保守型的物理学家。后来当爱因斯坦提出光量子假说时，他认为爱因斯坦的观点走得太远而予以拒绝。他为了把量子概念纳入经典理论的框架，进行了十多年徒劳无功的努力。直到 1911 年之后还甚至想完全退回经典的轨道上去。到 1915 年，由于量子概念支持了熵的统计概念的确定性和热力学第三定律，他才最后放弃这种徒劳的努力。他终于承认："想越过这个泥潭的一切尝试都失败了……在好几年的时间内，我花费了很大的劳动，徒劳地去尝试如何将量子引入到经典理论中去，我的一些同事把这看成是某种悲剧。但我自己有不同的看法，因为我从这种深入的剖析中获得了极大的好处。要知道，起初我只是倾向于认为，而现在我确切地知道，量子将在物理学中发挥出巨大的作用，而这也使我清楚地看到，在处理原子问题时引入一套全新的分析方法和推理方法是十分必要的。"

图 1-7　普朗克(1858—1947)

讨论：

(1) 对普朗克公式(1-13)进行全谱($0\to\infty$)积分，就能得到公式(1-8)斯特潘-玻耳兹曼公式。

(2) 对普朗克公式求极值就得到式(1-9)维恩位移定律。

1905 年，就在普朗克还在犹豫徘徊，而当时大多数物理学家对他的量子假说也不以为然的时候，爱因斯坦提出光量子假说，并以此出发非常成功地解释了光电效应，才有力地支持了普朗克的能量子假说。

1.3　光电效应和爱因斯坦光量子假说

光电效应是指金属在光照的情况下发射电子的现象。是由德国物理学家赫兹在 1886—1887 年间进行的一系列证实麦克斯韦电磁波的存在，证实电磁波与光一样具有反射、折射和偏振等性质的实验中偶然观察到的现象，但这个现象当时并没有引起他太多的重视。1902 年勒纳德(Phillip Lenard，1862—1947)详细进行了定量研究，发现了如下的实验结果：

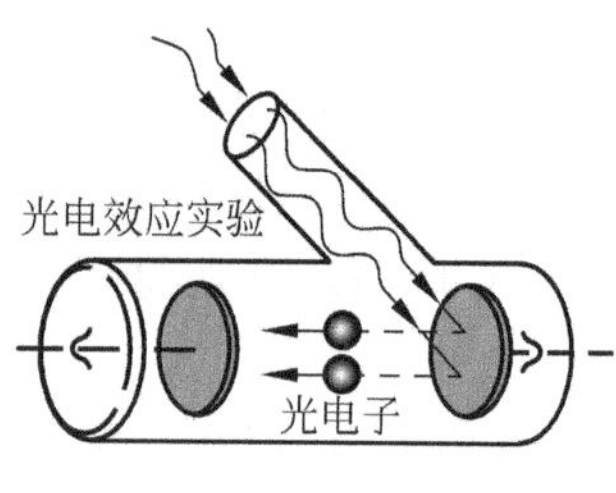

图 1-8　光电效应示意图

(1) 饱和电流与入射光强成正比，这意味着单位时间内，阴极溢出的光电子数与入射光强成正比。

(2) 加反向电压至 U_a(截止电压)时光电流为零。这意味着光电子溢出时有最大初动能。能量关系满足$\frac{1}{2}mv_m^2=eU_a$。

(3) 截止电压和入射光频率呈线性关系：$U_a=K\nu-U_0$，

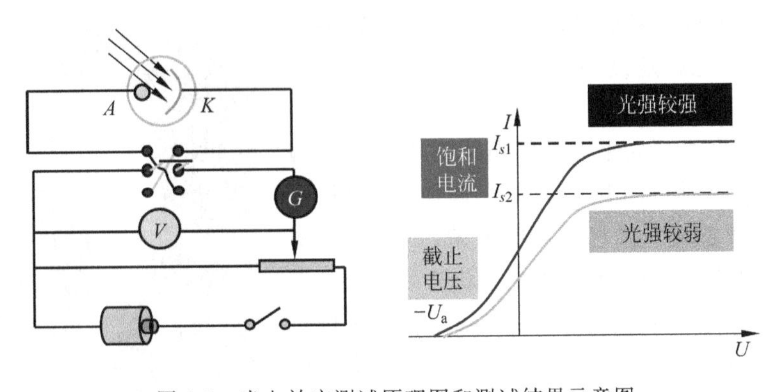

图 1-9 光电效应测试原理图和测试结果示意图

其中 K 是与金属无关的普适恒量，U_0 是与金属有关的恒量。于是可得到

$$\frac{1}{2}mv_m^2 = e(K\nu - U_0) \tag{1-14}$$

这就意味着光电子的最大动能与入射光频率呈线性关系，而与入射光强无关。同时光电子的最大动能不会是负数，那么由式(1-14)可知，存在一个能产生光电子的入射光的最低频率(截止频率)，即所谓的红限。$\nu_0 = \frac{U_0}{K}$，低于此频率的光，不论多强都不会产生光电子。

(4) 光电子是即时发射的，无论光强如何，弛豫时间不超过 10^{-9}s。也就是说对于频率大于红限的光，不论光强多弱，照射到特定金属上就会即时生成光电子。而对于频率小于红限的光，不论光强多强也不会产生光电子。

对于上述实验结果，经典物理理论无法给出合理的解释。因为这涉及对光的认知。

历史上曾经存在过光的“微粒说”和“波动说”的争论，但 19 世纪末期，随着电磁学理论的成熟，人们已经确信光就是一种波长很短的电磁波。但光的波动说无法解释光电效应！

第一，经典电磁理论认为，由于光是电磁波，所以它是依靠电场作用于电子的力来传递能量的。当光强增大时，意味着分布于整个空间的电场矢量也增大，也就是说，意味着入射光对电子的作用加大，这时释放出来的光电子的动能也要增大。但这与上述的第 3 点实验事实矛盾。

第二，在经典理论中不管是什么频率的光，只要光强足够强就能发射光电子，这也与上述第 3 点中的红限结果矛盾。

第三，从经典理论看光，光波把能量传给电子，能量是逐渐累积的，从光照到发射光电子要有一个弛豫时间，这与上述第 4 点又是矛盾的。

总之经典理论无法解释光电效应！

正当物理学家们为光电效应所表现出的这些奇怪性质感到困惑不解的时候，1905 年爱因斯坦(Albert Einstein，1879—1955)发表《关于光的产生和转化的一个启发性观点》，在该文中爱因斯坦在光量子假说的基础上很好地解释了光电效应，并因此于 1921 年获得诺贝尔物理学奖。

1905 年的爱因斯坦仅仅是 26 岁的名不见经传的专利局的三级技术员，但在这第一篇文章中就表现出了无人能及的大师风范！

光量子假说并不是爱因斯坦(图1-10)仅仅为了解释光电效应而提出来的,相反他有更深入的思考。他的《关于光的产生和转化的一个启发性观点》一文,清楚地阐述了他解决问题的思路。他用的是那种高屋建瓴,直接从原有理论存在的主要矛盾出发的方式。文章的一开头就气势不凡:“在物理学家关于气体或其他有重物体所形成的理论观念同麦克斯韦关于所谓空虚空间中的电磁过程的理论之间,有着深刻的形式上的分歧…… 按照麦克斯韦理论,对于一切纯电磁现象因而也对于光来说,应该把能量看作是连续的空间函数,而按照物理学家现在的看法,一个有重物体的能量,则应当用其中原子和电子所能带来能量的总和来表示。但一个有重物体的能量不可能分成任意多个、任意小的部分,而按照光的麦克斯韦理论(或者更一般地说,按照任何波动理论)从一个点光源发射出来的光束的能量,则是在一个不断增大的体积中连续分布的。”也就是说,他一开头就一针见血地指出麦克斯韦的电磁理论和物质的原子理论之间的深刻分歧在于能量连续性和不连续性之间的矛盾。

图1-10　爱因斯坦(1879—1955)

接下去,他进一步分析了矛盾对立面中的一方,指出波动理论虽然在描述纯粹光学现象,如衍射、反射、折射、色散等是十分成功的,但这些观察都只同时间平均值有关,而不是同瞬时值有关,所以当人们把这种理论应用到光的产生和转化现象上去时,这个理论会导致和经验相矛盾。

原有理论既然有局限,就必须提出新的假说,突破这个局限。于是爱因斯坦认为,在研究黑体辐射、光致发光、光电效应以及其他一些有关光的产生和转化等瞬间发生的现象时,要采用“光的能量在空间不是连续分布的这种假说来解释”,也就是说,“从点光源发射出来的光束的能量在传播中不是连续分布在越来越大的空间之中,而是由个数有限的,局限在空间各点的能量子所组成的。这些能量子能够以光速运动,但不能再分割,而只能整个地被吸收或产生出来。”

概括爱因斯坦的光量子假说和以此为基础对光电效应的解释如下:

(1) 电磁辐射实际上是以光速运动的局限于空间某一小范围的光量子。在空间传播的光束是由成千上万个光量子组成的。

(2) 光量子的能量为$\varepsilon=h\nu$。

(3) 光量子具有整体性,一个光量子只能整个地被吸收或放出。

(4) 光电效应中,光量子被电子吸收,从而电子获得能量$h\nu$,当它离开金属表面时,具有动能

$$\frac{1}{2}m_e v^2 = h\nu - W_0 \tag{1-15}$$

其中W_0是金属的逸出功。只有频率大于$\frac{W_0}{h}$的光才能产生光电子,即光电效应有红限。光

量子被电子吸收是瞬间发生的，因此光电效应也是即时的，这点也与实验相符。

爱因斯坦的光量子假说虽然很成功地解释了光电效应，但因为其观点中蕴含的光是粒子的内涵，当时支持他的人其实很少。普朗克直到 1913 年时还拒绝这一学说。普朗克在推荐爱因斯坦为普鲁士科学院院士的推荐书上写道："他有时在他的思辨中迷失目标，例如在他的光量子假说中，但这实在是不能拿来过分反对他的，因为即使在最严格的科学里，不偶然冒一些风险也不可能引进基本上新的观念。"

《关于光的产生与转化的一个启发性观点》发表于 1905 年 3 月，1905 年 6 月爱因斯坦又发表了《运动物体中的电动力学》，在这篇文章中爱因斯坦提出了狭义相对论。按照相对论中的公式 $E^2=m_0^2c^4+p^2c^2$，对于动量为 p 的光子(其静止质量 $m_0=0$)，有 $p=\frac{E}{c}$，因为 $E=h\nu$，可以得到

$$p=\frac{h\nu}{c}=\frac{h\nu}{\nu\lambda}=\frac{h}{\lambda} \tag{1-16}$$

引入波矢量

$$\boldsymbol{k}=\frac{2\pi}{\lambda}\boldsymbol{n}$$

$\boldsymbol{n}$ 是光子运动方向的单位矢量，于是，由式(1-16)可得

$$\boldsymbol{p}=\frac{h}{2\pi}\boldsymbol{k}=\hbar\boldsymbol{k} \tag{1-17}$$

$\hbar=\frac{h}{2\pi}$也称为普朗克常数。

由此我们可以得到两个"爱因斯坦关系式"，

$$\begin{cases}\boldsymbol{p}=\hbar\boldsymbol{k}\\ \varepsilon=\hbar\omega\quad(\omega=2\pi\nu)\end{cases} \tag{1-18}$$

爱因斯坦关系式把光既具有波动性又具有粒子性的特性充分表现出来。等式左边的物理量是作为粒子的两个基本特征量，而等式右边的波矢量和圆频率又是作为波动性的两个基本特征量，两种特性通过爱因斯坦关系式统一了起来。

爱因斯坦还进一步把能量不连续(能量子)的概念应用于固体中原子的振动，成功地解决了当温度 $T\to 0\text{K}$ 时固体比热容趋于 0 的现象。到此，普朗克提出的能量子(能量不连续)的概念才普遍引起物理学家的注意。一些人开始用它来思考经典物理学碰到的其他重大疑难问题。其中最突出的就是原子结构与原子光谱的问题。

1.4 原子结构与玻尔的量子论

汤姆孙发现电子后，于 1904 年提出如下原子模型：在均匀分布的正电荷球中，电子分成若干层排列成环状作圆周运动。这个巧妙的模型能够说明原子的稳定性，因电子不足或过剩的带电而产生的静电引力引起的化学键，以及元素周期律。到 1910 年之前，汤姆孙的模型作为最值得信赖的原子模型而为人所接受，并且为许多研究工作提供了根据。1911 年新西兰物理学家卢瑟福(Ernest Rutherford，1871—1937)根据 α 粒子对原子散射中出现的大角度偏转现象(汤姆孙模型对此完全无法解释)，提出原子的"有核模型"：原子的正电荷以及

几乎全部的质量集中在原子中心很小的区域中(半径小于 10^{-12}cm),形成原子核,而电子则围绕原子核旋转(类似行星绕太阳旋转)。此模型可以很好地解释 α 粒子的大角度偏转,但却遇到一个大问题:原子稳定性问题。按照经典电动力学,电子围绕原子核旋转的加速运动将不断辐射电磁波而能量降低减速,轨道半径会不断减小,最后掉到原子核上去,原子随之塌缩。但现实是原子稳定地存在于自然界。矛盾尖锐地摆在人们面前,如何解决呢?

1912 年,年仅 27 岁的丹麦物理学家尼尔斯·玻尔(Niels Henrik David Bohr,1885—1962)(图 1-11)来到卢瑟福的实验室,深深为此矛盾所吸引。从上述矛盾的分析中他深刻地认识到,在原子世界中必须背离经典电动力学,必须采用新的观念。玻尔认为,假如原子核确实那样小,那么原子的各种性质便可以截然分成两部分:一部分来自核(1913 年玻尔在论文中第一次用了原子核这个词 atomic-nucleus),一部分基于周围的电子,放射性应该属于前者——原子核,原子的化学性质则属于后者——核外电子。但卢瑟福的原子有核模型中核外电子如何稳定存在的问题必须给予解决。1912 年一整年玻尔都在研究这个问题,但还没有解决。1913 年 2 月初,玻尔与好朋友、光谱学家汉森(H. M. Hansen)讨论原子结构时,汉森提到了光谱学里面的巴尔末公式(由瑞士数学教师 J. J. Balmer 提出),给了玻尔极大启发,他觉得找到了解决问题的钥匙,从此研究工作进展迅速,1913 年 4 月初最终完成论文"论原子和分子的结构",提出了他的原子的量子论。这理论包含了下列两个极为重要的概念(假定),它们是对大量实验事实的深刻的概括:

图 1-11 尼尔斯·玻尔(1885—1962)

(1) 原子能够,而且只能够稳定地存在于与分立的能量(E_1,E_2,…)相应的一系列的状态中。这些状态称为定态(stationary state)。因此,原子能量的任何变化,包括吸收或发射电磁辐射,都只能在两个定态之间以跃迁(transition)的方式进行。

(2) 原子在两个定态(分别属于能级 E_n 和 E_m,设 $E_n > E_m$)之间跃迁时,发射或吸收的电磁辐射的频率 ν 由下式给出

$$h\nu = E_n - E_m \tag{1-19}$$

上式也称频率条件。

可以看出,玻尔的量子论的核心思想有两条:一是原子的具有分立能量的定态的概念,一是两个定态之间的量子跃迁的概念和频率条件。

进一步,玻尔提出对应原理(correspondence principle),即大量子数极限下,量子体系的行为将趋于与经典体系相同。以此为基础,玻尔求出了氢原子的能级公式

$$E_n = -\frac{me^4}{2\hbar^2 n^2}, \quad n = 1,2,3,\cdots \tag{1-20}$$

由公式(1-19),能级间跃迁发射的光谱线的波数为

$$\tilde{\nu} = \frac{E_n - E_m}{\hbar c} = R\left(\frac{1}{m^2} - \frac{1}{n^2}\right) \tag{1-21}$$

其中 R 为里德伯(Rydberg)常数。

$$R = \frac{me^4}{2\hbar^3 c} \tag{1-22}$$

按式(1-22)计算出的里德伯常数与光谱学中测得的里德伯常数基本一致。当 $m=2$ 时可以给出可见光系的巴尔末(Balmer)系光谱线，$m=3$ 对应红外波段的帕邢(Paschen)系光谱线。按照玻尔的理论，还应该在紫外波段有一个线系，相当于 $m=1$。此预言在第二年由 C. V. Lyman 实验证实。由此玻尔名声大振。

玻尔的量子论首先打开了认识原子结构的大门，取得了很大成功。但它的局限性和存在的问题也逐渐为人们认识到。这些局限和问题在后来的量子力学建立后才得以解决。因此玻尔的量子论也称为“旧量子论”。

1.5 实物粒子的波动-粒子二象性

1924 年 11 月 24 日，巴黎大学理学院举行博士论文答辩会。答辩的内容令参加答辩的教授惊讶万分。

答辩人叫德布罗意(Louis Victor de Broglie，1892—1987)(图 1-12)，是一名世袭的法国亲王，原来是学历史的，后来转攻物理学。

德布罗意认为，爱因斯坦把原来仅具有波动性的电磁波赋予了粒子性，并成功地解释了光电效应，那么反过来，粒子应该也有波动性！

即波粒二象性同样适用于实物粒子！

当时爱因斯坦的相对论已经为科学界所接受，德布罗意把相对论中的“质能公式：能量＝质量×c^2”作为讨论的基础。他认为这个关系暗示出质量和能量是同一事物(客观实在)的两个侧面。质量不连续，能量也就不连续。爱因斯坦理论中光的波粒二象性集中体现在爱因斯坦关系式中

$$\begin{cases} \varepsilon = \hbar\omega \\ \boldsymbol{p} = \hbar\boldsymbol{k} \end{cases}$$

对于实物粒子，也可以有类似上面的式子

$$\begin{cases} E = \hbar\omega \\ \boldsymbol{p} = \hbar\boldsymbol{k} \end{cases}$$

称为德布罗意关系式，与能量为 E，动量为 $\boldsymbol{p}$ 的粒子对应的波，称为物质波，物质波的圆频率和波长由下列式子决定。

图 1-12 德布罗意(1892—1987)
1929 年获诺贝尔物理奖

由能量公式 $E=\hbar\omega=mc^2=\dfrac{m_0c^2}{\sqrt{1-\dfrac{v^2}{c^2}}}$，得圆频率为

$$\omega=\frac{m_0c^2}{\hbar\sqrt{1-\frac{v^2}{c^2}}}$$

由动量公式 $\boldsymbol{p}=\hbar\boldsymbol{k}$，得

$$\lambda=\frac{2\pi}{k}=\frac{2\pi\hbar}{p}=\frac{h}{p}=\frac{h}{mv}=\frac{h}{m_0v}\sqrt{1-\frac{v^2}{c^2}}$$

由于德布罗意的想法太过创新，答辩委员们都将信将疑，但其从物理学最基本原理的假定出发所做的推理的严密性确实无懈可击，答辩委员会还是决定授予德布罗意博士学位。

虽然论文答辩通过了，但由于没有实验证据，教授们也认为物质波的概念没有什么实际意义。

直到爱因斯坦由于朗之万(Paul Langevin，1872—1946，德布罗意的博士导师)的推荐，注意到了德布罗意的思想，意识到这一思想的深刻意义，才引起物理学界的重视。爱因斯坦在给朗之万的回信中说："德布罗意的工作给我留下了深刻的印象，一幅巨大帷幕的一角卷起来了。"

三年后，1927 年美国的戴维孙(Davisson Clinton Joseph，1881—1958)和革末(L. H. Germer，1896—1971)，观察到在镍晶体表面电子的衍射现象与 X 射线的衍射现象相类似(图 1-13)。同年，小汤姆孙的电子束穿过多晶薄膜后的衍射实验，得到了与 X 射线实验极其相似的衍射图样(图 1-14)。

戴维孙和小汤姆孙同获 1937 年诺贝尔物理学奖。

电子的波动性获得实验证实，物质波概念也第一次获得实验验证，两年之后，即 1929 年，德布罗意获得诺贝尔物理学奖。

后来大量实验证实除电子外，中子、质子以及原子、分子等都具有波动性，且符合德布罗意公式。也就是说：一切微观粒子都具有波动性。

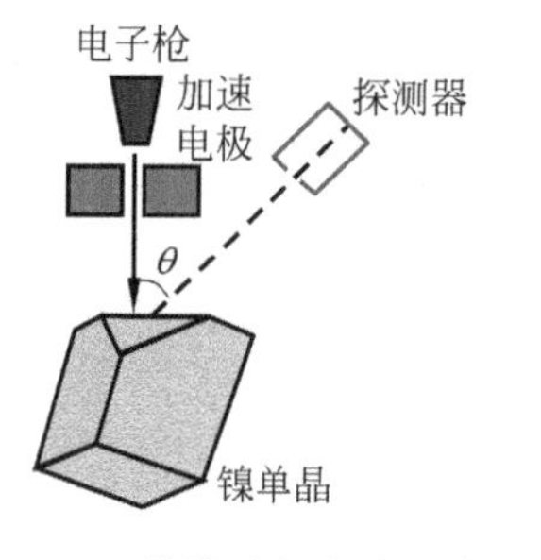

图 1-13　戴维孙的实验示意图

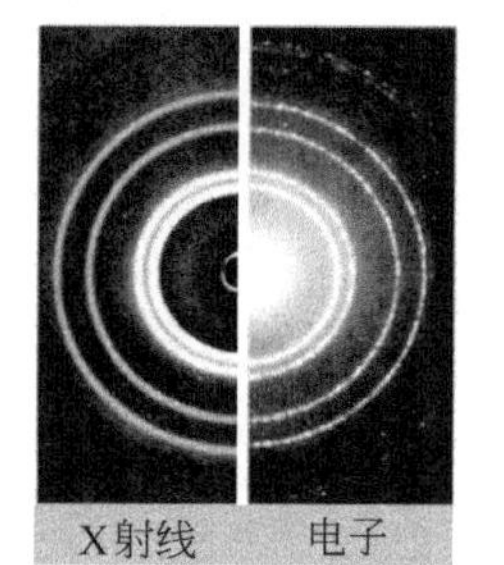

图 1-14　透过薄膜的 X 射线和电子束的衍射图对比

习题

1. 由普朗克公式出发推导斯特潘-玻耳兹曼公式和维恩位移公式。
2. 用爱因斯坦光量子理论解释光电效应的 4 条实验结果。
3. 深刻理解连续性的概念和物质不连续的概念。

4. 试计算如下粒子的德布罗意波长：

(1) 动能为 400MeV 的 α 粒子($m_{0\alpha}=6.44\times10^{-24}$g)；

(2) 尘埃 $m_0=10^{-12}$g,速度为 $V=0.01$m/s；

(3) 子弹 $m_0=20$g,速度为 $V=500$m/s；

(4) 能量为 100eV 的自由电子；

(5) 能量为 0.1eV 的自由电子；

(6) 能量为 0.1eV,质量为 1g 的质点。

5. 水银灯功率为 125W,求每秒发射的光子($\lambda=6123\times10^{-10}$m)的数目。假定谱线的强度为电弧总强度的 2%,水银灯的效率为 80%。

6. 为观察布朗运动,在液体中放入直径为 1μm 的微粒(质量为 10^{-24}g)。在常温下其热运动动能为 1.5kT。求粒子的波长,并说明有无必要把它看成量子课题来处理。

7. 若辐射由能量为 6.4×10^{-19}J 的光子组成,求辐射振动频率和真空中的波长。

波函数和薛定谔方程

2.1 德布罗意波的统计解释

爱因斯坦和德布罗意都把波和粒子混在一起，那么到底应该如何理解波粒二象性？这种把“波”和“粒子”混合在一起的观点是量子力学中最令人困惑不解的问题，从它诞生之日起就不断困扰着人们。按经典理论，“波动性”和“粒子性”完全是两个不相容的概念。从经典的微粒概念来看：

（1）经典粒子具有“颗粒性”“原子性”，即它在空间占据一个小小的局部位置。有确定的大小，有固有质量、电荷等，而且在它们与其他物质相互作用时是整体地发生作用，即所谓的“整体性”。

（2）经典粒子具有一条确切的运动轨道。轨道的概念只是在牛顿力学的理论体系中的概念。这个概念在宏观世界中确实是一个相当好的近似，但它从来就没有被非常精确和普遍地证实过。

（3）经典粒子的状态用它的物理量来表征。这些物理量在任何时刻均取确定值，且可以取连续变化的值。状态的运动方程为牛顿第二运动定律。

从经典的波动概念来看：

（1）经典波是指可以在空间任何地方进行传播的周期性扰动（如水波、声波、电磁波等）。

（2）经典波总是意味着某种实际的物理量在空间分布的周期性扰动（如光的强度，电磁场的大小）。描述波的物理量是频率 ν 和波矢 $\boldsymbol{k}$。平面单色波就是一个可以在空间无限大的地方做周期性简谐运动的扰动。不同原因引起的波动遵守各自的波动方程，如电磁波遵守麦克斯韦方程。波动的最基本的特征是呈干涉和衍射的现象。干涉和衍射的本质在于波的叠加性。

从经典理论的观点出发，“微粒性”和“波动性”是完全无法统一起来的。但在微观粒子一身之上却兼有二职，既表现有微粒性又表现有波动性，这种现象应该如何理解呢？

物理学家费曼（Feynman）曾说过：“电子既不是粒子也不是波”，同样也可以说电子既是粒子也是波。但它既非经典意义下的粒子，也非经典意义下的波。电子所表现出来的“粒子性”只是指经典粒子的“原子性”和“整体性”，即总是以具有一定的质量、电荷等属性的客体存在着。电子所出现的“波动性”也仅仅指波的“叠加性”。历史上，为了把二者统一起来，曾有过许多说法，下面分别简述几种说法。

(1) 有人主张“粒子是由波组成的”，这样就可以把二象性统一于一身了。

电子是有大小的，它只占据空间的一个有限的范围。一般认为它的限度是 10^{-16}m。有人找出了这样一类波，它所占据的空间是十分有限的，几乎接近于一个真正电子所占据空间的大小，而且这类波的运动又与电子的微粒运动具有某种类似性（如波速与电子的运动速度相同），这类波叫“波包”，它是由许多具有一定位相关系的波叠加而成的复波。“波包”似乎可以代替一个电子，可惜的是，波包保持它的形状的时间非常短，过了这个时间，波包就不再保持它的形状而是扩散到无限空间中去了。因此若把电子当成一个波包，则这个电子就是不稳定的。这显然是有问题的！因此这样的理解是错误的。错在它过分强调了二象性中波动性的一面。

(2) 也有人主张，物质波是由一个微观粒子或一群微观粒子构成的。这种认识正确与否可通过图 2-1 电子的干涉图像来讨论。

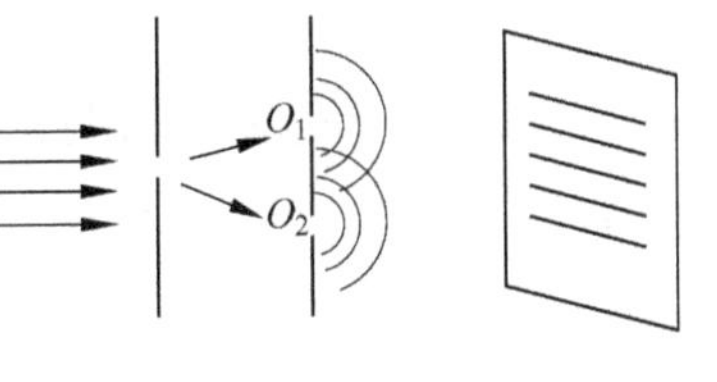

图 2-1　电子干涉示意图

如果认为物质波就是一个电子，那么为了解释干涉图像，只能认为这电子在到达干涉缝时，将分成两部分通过 O_1 和 O_2，之后两部分再会合在一起到达探测屏幕或摄影胶片上，从而在探测屏幕上形成一个亮点或在胶片上形成一个感光点。显然这样是有问题的，因为电子具有“原子性”，就是说电子是不具有可分性的，他是整体发生作用的，分开两部分通过两个狭缝是不可能的。

如果认为物质波是由一群电子组成的，这群电子到达干涉狭缝时分成两群，分别通过 O_1 和 O_2，再由这两群电子之间的相互作用而产生两个波的干涉图像。但实验证实，干涉的现象并不是由于电子相互作用的结果，因此将物质波看成是由微粒构成的设想也是错误的，错在它过分强调了二象性中微粒性的一面。

(3) 还有一种是将物质波解释成为我们所熟知的物理量，但这无论在物理上还是在数学上都看不到任何合理性。

总之，各种尝试之所以失败就在于：首先，他们没有把二象性放在粒子的运动过程中来考察，其次，用“非此即彼”的想法来理解波粒二象性是不合适的。

以电子双狭缝干涉实验或电子衍射实验为例，让我们沿着当年费曼在《物理定律的特征》一书中的思路，做一个头脑中想象的“理想化实验”。在某一方向上释放出一个电子，他通过正前方的缝隙而到达探测屏幕上。这样一个事件中不过在屏上产生一个亮点，假如在 A 点。每次重复实验只放出一个电子，在屏幕上就会得到许多亮点的积累，而它们都将聚集在两个狭缝中每一个的正后方。但实验上，绝非如此，开头这些点的分布是杂乱无章的，但随着到达屏幕上电子数目的增加，屏幕上就会呈现出来有规律的干涉条纹。对衍射实验也是这样，当大量电子经衍射到达屏上后就会呈现出来有规律的衍射环。

如果在这些实验中，同时将大量电子一次放出，也会在屏幕中呈现干涉或衍射图像。

由上面的分析我们可以看出，干涉或衍射现象的出现乃是与大量电子的行为或一个电子的完全重复的多次行为相联系的，否则观察不到干涉或衍射现象。在这大数量事件中，电子运动表现出了统计的规律。电子打在屏上的位置就像具有适当波长的波的强度分布。在屏上，出现最亮条纹的地方就是打在该处的电子数目最多的地方，最暗的地方就是电子出现最少的地方。而所谓“最亮”“最暗”，从波动的观点来看，就是波的强度是最大的或最小的。

根据实验资料的分析，德国物理学家玻恩在 1927 年提出了物质波的统计解释：

物质波在空间某处的强度与在该处发现粒子的概率成正比，即与位置的概率成正比。

量子力学就是在物质波假说及其统计解释的基础上建立和发展起来的。

2.2　状态及状态的描述

所谓了解或知道(已知)一个特征体系的状态，无论是经典的还是量子的，无非就是说了解了、知道了或已知了这个特征体系物理性质的全部物理量。但经典状态和量子状态是截然不同的状态。

众所周知，经典力学中的质点作为宏观物体的抽象，它的力学状态，无非**是用它的全部物理量(如位置、动量、能量等)及其随时间变化来表征**。对体系物理量进行测量的结果或者理论计算结果都表明，质点在完全相同的条件下，在任何时刻，标志其物理性质的全部物理量都完全取确定值，随着时间的变化，这些值也将随之发生连续性的变化(自然，包括那些不随时间变化的量)。在经典力学中，我们只要用轨道函数 $\boldsymbol{r}=\boldsymbol{r}(t)$ 及其初始条件就可以达到描述状态的目的。

就是说，**只要知道了质点的轨道函数和初始条件，就可以完全知道其他如动量、能量等物理量及其随时间的变化，达到完全描述该质点状态的目的。**

现在我们研究的对象不是经典体系而是量子体系。为了描述量子体系的物理性质，我们就需要引入相应的物理量。基本上，我们仍沿用了经典中已经熟知的物理量。但也还有一个经典理论所没有的物理量——自旋。

在量子理论中，对这些物理量的定性及定量的描述，与经典理论截然不同。为了理解这种不同，我们再来仔细分析一下电子通过金属箔的衍射实验。实验示意如图 2-2 所示。

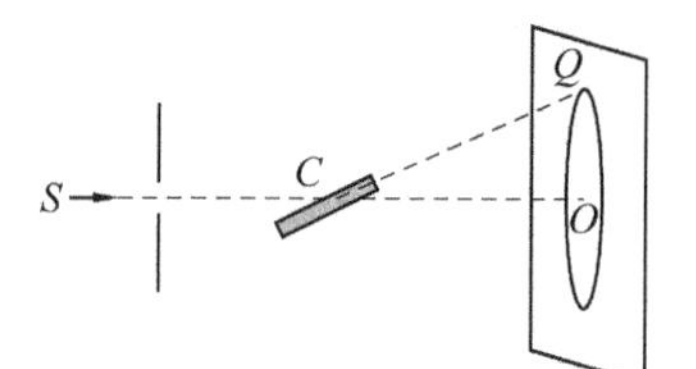

图 2-2　电子束通过金属箔的衍射实验

电子源 S 产生动能为 $T=eV$ 的具有一定方向的平行电子束，V 是电源的加速电压。

电子在与金属箔 C 作用散射之前的状态：具有确定的动能 T，也具有确定的动量，动量大小为 $p=\sqrt{2meV}$，方向从左向右(由光阑决定)，电子的坐标不取确定值，因为与入射电子相联系的波近似地是平面单色波，这个波的强度分布是均匀的。按照波恩的统计解释，电子出现在空间各点的概率都是一样的，也就是说，电子可以出现在这个波所涉及的空间领域的任何地方。

电子通过 C 散射后的状态：电子的动量取不确定值。电子通过金属箔后，尽管仍然是自由运动的粒子，但已经不再是直接由电子源出来的情况了，散射后与电子相联系的波已经不再是平面单色波，而是分解为若干单色平面波的“复波”了。其中每一个单色波成分对应一个动量，因此我们很难说电子究竟取哪一个定量值。电子每次打在屏幕上确实有一个确定的地点，但我们（量子理论）无法给出各次的地点，而只能由物质波的强度给出电子在屏幕上坐标的取值概率分布。

由上面的简略分析可看出，量子体系的状态与经典体系的状态很不相同，因此描述它们的理论构架也是很不相同的。

所谓力学量取值概率，与通常的概率概念是一致的，假定对一力学量进行测量，总共进行了 N 次（N 是个大数），结果发现：有 N_1 次取值 L_1；有 N_2 次取值 L_2；……；有 N_n 次取值 L_n；……，则我们称 $L_n(n=1,2,\cdots)$ 为这个力学量的可能取值，并且称 $W(L_n)=\frac{N_n}{N}$ 是该力学量取可能值 L_n 的概率。由于 $N_1+N_2+\cdots+N_n+\cdots=N$，因此有

$$\sum_n W(L_n) = 1$$

力学量的取值可以是断续的，也可以是连续的。

也就是说，**在量子理论中，描述量子体系状态的不是相应物理量的取值，而是相应物理量的取值概率，以及物理量取值概率随时间的变化**。

要想知道量子体系在某一宏观条件下，在某一时刻的状态，只要知悉在此时刻所有力学量的概率分布就可以了。随着时间的变化体系的状态发生变化，其力学量的取值概率也变化了。

与经典力学相似，为了能够**定量地描述量子体系的状态**，同样应该要求用来描述状态的函数能够预言出量子体系所有力学量的取值概率分布及其随时间的变化。

在量子理论体系中用波函数来作为描述状态的函数。

前面提到过，经典的波意味着某种在空间和时间中的周期性扰动，在不同时刻不同的空间位置，这种所谓的扰动是不同的，从数学上看，这个扰动就可以用一个空间变量和时间变量的函数来描述。这个扰动的强度用这个波振幅的平方来表示，数学上用这个波的函数的绝对值的平方来表达。之所以用到绝对值的概念，是因为波的函数在数学上多用复函数来表达，作为复函数的波的函数的绝对值就是波的振幅。

物质波既然是一种波，也必然意味着某种“东西”随空间和时间的变化。按照物质波的波恩统计解释，这种变化的“东西”的强度就是粒子的位置取值概率，那么我们就可以用一个函数来描述物质波，其数学表达式称为波函数 $\varphi(r,t)$，波的强度就是波振幅的平方 $|\varphi(r,t)|^2$，就是粒子的位置概率。

奥地利物理学家薛定谔（Erwin Schrödinger，1887—1961）（图 2-3）最早提出用物质波的波函数来描述微观粒子的运动状态。

图 2-3　薛定谔（1887—1961）

1933 年获得诺贝尔物理学奖

以自由运动为例，与作自由运动的电子相联系的物质波是平面单色波。由波动理论知，平面单色波可以写成复函数的形式

$$\psi(\boldsymbol{r},t) = a\mathrm{e}^{-\mathrm{i}(\omega t-\boldsymbol{k}\cdot\boldsymbol{r}+\delta)} \tag{2-1}$$

由德布罗意关系式可知

$$\omega = \frac{E}{\hbar}, \quad \boldsymbol{k} = \frac{\boldsymbol{p}}{\hbar}$$

从而，公式(2-1)可以写成

$$\psi(\boldsymbol{r},t) = a\mathrm{e}^{-\mathrm{i}\delta}\mathrm{e}^{\frac{\mathrm{i}}{\hbar}(\boldsymbol{p}\cdot\boldsymbol{r}-Et)} = A\mathrm{e}^{\frac{\mathrm{i}}{\hbar}(\boldsymbol{p}\cdot\boldsymbol{r}-Et)} \tag{2-2}$$

这就是与自由粒子相联系的物质波的形式。由波恩的统计解释可知，位置概率分布比例于波的强度 a^2。由

$$|\psi(\boldsymbol{r},t)|^2 = \psi^*(\boldsymbol{r},t)\psi(\boldsymbol{r},t) = a^2$$

其中 $\psi^*(\boldsymbol{r},t)$是 $\psi(\boldsymbol{r},t)$的共轭复数。

说明位置概率分布与$|\psi(\boldsymbol{r},t)|^2$ 成正比。

当电子处于力场中时，它的运动已经不再是自由运动了。为了描述它的状态，我们仍然假定可以用波函数来描述，并将其作为一个量子力学的基本原理，我们为其编号为一，即量子力学的第一个基本原理：

量子体系的任意状态，总可以用相应的波函数 $\psi(\boldsymbol{r},t)$加以完全地描述。

根据基本原理一和波恩的统计解释，在 t 时刻，在 $\boldsymbol{r}$ 附近的小体积元 $\mathrm{d}\tau$ 内发现粒子的概率就是

$$\mathrm{d}W(\boldsymbol{r},t) = K|\psi(\boldsymbol{r},t)|^2\mathrm{d}\tau$$

其中 K 为比例常数，显然

$$W(\boldsymbol{r},t) = \frac{\mathrm{d}W(\boldsymbol{r},t)}{\mathrm{d}\tau} = K|\psi(\boldsymbol{r},t)|^2$$

表示在 t 时刻，在 $\boldsymbol{r}$ 处单位体积元中发现一个粒子的概率，称为**概率密度**。

在整个空间总能找到粒子，按概率的加和原理应有

$$\int_\infty \mathrm{d}W(\boldsymbol{r},t) = K\int_\infty |\psi(\boldsymbol{r},t)|^2\mathrm{d}\tau = 1$$

$$K = \frac{1}{\int_\infty |\psi(\boldsymbol{r},t)|^2\mathrm{d}\tau}$$

从而概率密度公式为

$$W(\boldsymbol{r},t) = \frac{|\psi(\boldsymbol{r},t)|^2}{\int_\infty |\psi(\boldsymbol{r},t)|^2\mathrm{d}\tau}$$

例 1 若描述状态的波函数为

$$\psi(x) = \mathrm{e}^{-\frac{a^2x^2}{2}} \quad (a\ 为常数)$$

则概率密度 $W(x)=\frac{a}{\sqrt{\pi}}\mathrm{e}^{-a^2x^2}$ $\left(此处直接给出归一化常数\sqrt{\frac{a}{\sqrt{\pi}}}\right)$。

由此结果可知：

粒子处于 $x=0$ 处的概率最大，$W(0)=a/\sqrt{\pi}$；

粒子处于 $x=\pm\frac{1}{a}$处的概率为 $W\left(\pm\frac{1}{a}\right)=\frac{W(0)}{e}=\frac{a}{e\sqrt{\pi}}$；

当 $x\to\pm\infty$时，$W(x)\to 0$，即粒子不能出现在无穷远的地方。

如果粒子的状态用 $\psi'(\boldsymbol{r},t)=c\psi(\boldsymbol{r},t)$（$c$ 为复常数）描述，则

$$W'(\boldsymbol{r},t) = \frac{|\psi'(\boldsymbol{r},t)|^2}{\int_\infty |\psi'(\boldsymbol{r},t)|^2\mathrm{d}\tau} = \frac{|c|^2|\psi(\boldsymbol{r},t)|^2}{|c|^2\int_\infty |\psi(\boldsymbol{r},t)|^2\mathrm{d}\tau} = W(\boldsymbol{r},t)$$

即两个波函数表达的粒子的概率密度是相同的。在后续的内容中，我们可以进一步看到，**两个波函数给出的全部物理信息是完全相同的**。这说明，波函数相差一个常数因子时，所描述的状态是一样的。

波函数的这个特点使得我们可以选择一个恰当的常数因子构成波函数，以使这样选出的波函数可以大大简化我们的计算。这样的波函数就是归一化波函数，相应的常数称归一化因子，选择归一化因子的过程叫归一化过程。

归一化波函数给出的概率密度表达式将更简单，即

$$W(\boldsymbol{r},t)=|\psi(\boldsymbol{r},t)|^2$$

波函数是空间和时间的函数，但并不是任意空间和时间的函数都能够用来做描述微观状态的波函数，波函数要满足所谓“标准条件”或“自然条件”。

单值：某时刻粒子出现在某点的概率是唯一的。

有限：粒子出现的概率应有限(平方可积)。

连续：不应出现突变(就是波函数对空间坐标可导)。

波具有干涉和衍射现象，经典波动理论中的叠加原理是解释波的干涉和衍射现象基础。在量子力学中，作为解释双狭缝干涉实验和电子衍射实验的基础的是量子力学中的另外一个**基本原理——状态叠加原理**。

我们知道，在一定的物理条件下，粒子可以处于不同的物理状态。以电子衍射实验为例，电子束碰到晶体散射前是用动量、能量有确定值(位置不是确定值)的平面单色波来描述。但在被散射后，则用相互间处于一定位相，从而引起干涉的诸多波的总和加以描述。所有这些波的总和是一个统一的波场，而且用一个波函数(以及与它仅相差一复常数因子的波函数)来描述，就是说统一的波场是由许多具有特定动量的物质波叠加而成的。这就是状态叠加原理的一种特殊情况。

作为**量子力学的第二个基本原理**，表述如下：

若量子体系具有一系列互异的可能状态：$\psi_1,\psi_2,\psi_3,\cdots$则它们的线性组合 $\psi=c_1\psi_1+c_2\psi_2+\cdots+c_n\psi_n+\cdots=\sum_n c_n\psi_n$ 也是该体系一个可能的状态。其中 $c_1,c_2,\cdots,c_n,\cdots$为任意复常数。若叠加中各状态相互之间差异是无穷小，则应该用积分来代替求和。

量子力学中的状态叠加原理比经典波动理论的叠加原理所包含的内容要深刻得多。

设量子体系处于用 ψ_1 描述的状态，测得某一力学量值为 L_1；而该体系处于 ψ_2 描述状态时，测得该力学量之值为 L_2，则 ψ_1 和 ψ_2 的叠加态为 $\psi=c_1\psi_1+c_2\psi_2$，当该体系处于 ψ 表述的状态时，测该力学量的值已不再唯一了，或者是 L_1 或者是 L_2，但不会出现其他的值，并且出现 L_1 的概率和出现 L_2 的概率是相对确定的。也就是说：叠加导致了观测结果的不确定性。

2.3 薛定谔方程

在经典理论中，质点在 $t=t_0$ 时刻，具有特定的位置和动量，当它受力后，在 $t>t_0$ 时，它的位置和动量均可唯一确定，这一因果关系由牛顿运动方程给出

$$m\boldsymbol{a}=m\frac{\mathrm{d}^2\boldsymbol{r}}{\mathrm{d}t^2}=\boldsymbol{F}$$

在量子体系中也存在着因果关系。不过因为波函数具有统计的意义，因此只能给出统计的因果关系：在给定的力场下，量子体系在初始时刻的状态 $\psi(\boldsymbol{r},t_0)$，唯一地决定了它在以后任意 $t>t_0$ 时刻的状态 $\psi(\boldsymbol{r},t)$。若想给出 $\psi(\boldsymbol{r},t)$，就需要建立一个能反映 $\psi(\boldsymbol{r},t)$ 随时间变化规律的方程，这就是薛定谔方程。这个方程是作为量子力学的第三个原理给出的，至于它的合理性，是基于**由它给出的物理信息与已知实验资料相符**和**由它预期的物理信息能够被实验所验证**。

量子力学的第三个原理：

"所有量子状态的波函数均满足薛定谔方程。"

薛定谔方程揭示了微观领域中的物质运动规律，提供了定量地、系统地处理一系列量子现象的理论基础。

采用正交坐标系时薛定谔方程的表达式为

$$\mathrm{i}\hbar\frac{\partial\psi(\boldsymbol{r},t)}{\partial t}=-\frac{\hbar^2}{2m}\left(\frac{\partial^2}{\partial x^2}+\frac{\partial^2}{\partial y^2}+\frac{\partial^2}{\partial z^2}\right)\psi(\boldsymbol{r},t)+U(\boldsymbol{r},t)\psi(\boldsymbol{r},t)\tag{2-3}$$

必须说明这个方程应该有两个基本前提：

(1) 假定体系不发生实物粒子(静止质量不为零)的产生和消灭现象，但可以发射或吸收光子。即在给定的物理条件下，在所涉及的时间过程中，每种实物粒子的数目保持不变——粒子数守恒。

(2) 假定所有实物粒子都以远小于光速的速度运动，因而可以非相对论地描述实物粒子。

上述两点在大量实际问题，尤其是原子分子问题中都是可以实现的。原子中价电子的特征速度比光速约小两个数量级，原子核的速度还要小，因此在原子分子领域第二个假定被相当好地满足。第一个假定一般也可以被满足，因为和原子结构有关的最高能量是重元素发射 X 射线的能量，其大小一般不超过 0.1MeV；另一方面，电子可以被认为是最轻的实物粒子(这里暂不考虑中微子，因为中微子与其他粒子相互作用较弱)，其静止能量为 0.5MeV。要产生一对正负电子需要至少 1MeV 的能量，远大于 0.1MeV，因此实际上不能产生电子对。当然在高能物理领域，上述假定已经不成立，那时就要考虑相对论下的薛定谔方程了！

下面我们尝试以某种方式来"建立"薛定谔方程。但我们必须要强调，以下的论述方式完全不是对薛定谔方程的推导，而**是希望阐述一些给出一个原理时所使用的逻辑推理的特点，同时希望同学们能更好地了解某些物理概念的内涵。**

由于要建立的方程是描述波函数随时间变化的方程，因此该方程必然是含有波函数对时间微商的微分方程。

综合前面的讨论，我们要寻找的方程应该能够反映以下几点：

(1) 要满足叠加原理，即如果 ψ_1,ψ_2 是方程的解，则 $\psi=c_1\psi_1+c_2\psi_2$ 也应该是方程的解。这就意味着，方程对 ψ 来说必须是线性的，对 ψ 的各阶导数也应该是线性的；

(2) 方程应该跟德布罗意的假说一致；

(3) 在经典理论中，总有

总能量＝动能＋位能

对于量子体系在非相对论情况下，我们总认定存在这个等式；

(4) 位能 U 一般是 $\boldsymbol{r}$ 的函数,有时与时间有关,甚至也可能与速度有关(洛伦兹力)。但是当位能是一个常数时,则是一个十分重要的情况。自由粒子就是这种情况。自由粒子,顾名思义就是不受外力作用的粒子,其动量和能量保持不变,按照德布罗意假说,自由粒子对应的物质波其频率和波矢量(或波长)保持不变,是平面波,而平面波的形式是三角函数型或三角函数的线性组合。

下面我们从上面的四点出发,先就最简单的自由运动的情况建立相应的波动方程。

由第二点和第三点可得

$$\frac{\hbar^2 k^2}{2m}+U_0=\hbar\omega$$

两边都乘一函数 $\psi(\boldsymbol{r},t)$,则得

$$\frac{\hbar^2 k^2}{2m}\psi(\boldsymbol{r},t)+U_0\psi(\boldsymbol{r},t)=\hbar\omega\psi(\boldsymbol{r},t) \tag{2-4}$$

对于自由运动的物质波,其波动形式我们用正弦和余弦三角函数的组合来表示

$$\psi(x,t)=\cos(kx-\omega t)+\gamma\sin(kx-\omega t) \tag{2-5}$$

γ 为待定常数。式(2-5)的几种微商形式为

$$\begin{cases}\dfrac{\partial\psi(\boldsymbol{r},t)}{\partial x}=-k\sin(kx-\omega t)+\gamma k\cos(kx-\omega t)\\[2ex]\dfrac{\partial^2\psi(\boldsymbol{r},t)}{\partial x^2}=-k^2\cos(kx-\omega t)-\gamma k^2\sin(kx-\omega t)\\[2ex]\dfrac{\partial\psi(\boldsymbol{r},t)}{\partial t}=\omega\sin(kx-\omega t)-\gamma\omega\cos(kx-\omega t)\\[2ex]\dfrac{\partial^2\psi(\boldsymbol{r},t)}{\partial t^2}=-\omega^2\cos(kx-\omega t)-\gamma\omega^2\sin(kx-\omega t)\end{cases} \tag{2-6}$$

注意式(2-4)中,只有 k^2 项和 ω 一次项,而式(2-6)中,包括 k^2 项的是$\dfrac{\partial^2\psi}{\partial x^2}$,包括 ω 一次项的是$\dfrac{\partial\psi}{\partial t}$,因此我们要找的方程应该包括$\dfrac{\partial^2\psi}{\partial x^2}$和$\dfrac{\partial\psi}{\partial t}$,这样才有可能与式(2-4)相符。位能项应该包括 $\psi(x,t)$的一次项,否则不能使方程是线性的。

综合上述想法,可以设想,我们想要的方程具有如下形式

$$\alpha\frac{\partial^2\psi(x,t)}{\partial x^2}+U_0\psi(x,t)=\beta\frac{\partial\psi(x,t)}{\partial t} \tag{2-7}$$

其中 α,β 为待定系数。把式(2-6)中的$\dfrac{\partial^2\psi}{\partial x^2}$和$\dfrac{\partial\psi}{\partial t}$的表达式代入式(2-7)得

$$(U_0-\alpha k^2+\beta\omega\gamma)\cos(kx-\omega t)+(\gamma U_0-\gamma\alpha k^2-\beta\omega)\sin(kx-\omega t)=0$$

要使在任意自变量范围内上式都成立,必须有

$$\begin{cases}U_0-\alpha k^2+\beta\omega\gamma=0\\[1ex]\gamma U_0-\gamma\alpha k^2-\beta\omega=0\end{cases}$$

用该联立方程的下式乘以 γ,然后加上式得

$$(U_0-\alpha k^2)(1+\gamma^2)=0$$

由此得 $\gamma=\pm\mathrm{i}$,令 $\gamma=\mathrm{i}$,则式(2-5)中的函数可以写成

$$\psi(x,t)=\cos(kx-\omega t)+\mathrm{i}\sin(kx-\omega t)=\mathrm{e}^{\mathrm{i}(kx-\omega t)}$$

将上式代入式(2-7)中得到

$$-\alpha k^2\psi(x,t)+U_0\psi(x,t)=-\mathrm{i}\beta\omega\psi(x,t)$$

对比式(2-4),可以取

$\alpha=-\frac{\hbar^2}{2m}$,$\beta=\mathrm{i}\hbar$,代入式(2-7)中,就可到自由运动的薛定谔方程

$$-\frac{\hbar^2}{2m}\frac{\partial^2\psi(x,t)}{\partial x^2}+U_0\psi(x,t)=\mathrm{i}\hbar\frac{\partial\psi(x,t)}{\partial t} \tag{2-8}$$

将它拓展到三维空间及一般的位能形式 $U(\boldsymbol{r})$,直接写出一般情况下的薛定谔方程

$$\mathrm{i}\hbar\frac{\partial\psi(\boldsymbol{r},t)}{\partial t}=-\frac{\hbar^2}{2m}\left(\frac{\partial^2}{\partial x^2}+\frac{\partial^2}{\partial y^2}+\frac{\partial^2}{\partial z^2}\right)\psi(\boldsymbol{r},t)+U(\boldsymbol{r},t)\psi(\boldsymbol{r},t)$$

再次强调,上面叙述并不是对薛定谔方程的推导。

引入拉普拉斯(Laplace)算子

$$\nabla^2=\frac{\partial^2}{\partial x^2}+\frac{\partial^2}{\partial y^2}+\frac{\partial^2}{\partial z^2}$$

动能算符和哈密顿(Hamilton)算符

$$\hat{T}=-\frac{\hbar^2}{2m}\nabla^2,\quad \hat{H}=-\frac{\hbar^2}{2m}\nabla^2+U$$

则薛定谔方程可以写成

$$\mathrm{i}\hbar\frac{\partial\psi}{\partial t}=\hat{H}\psi \tag{2-9}$$

1. 算符化规则

量子力学中的算符表达式及方程式,一般地可以利用算符化规则从经典力学中相应的表达式得到。

经典力学中的能量 E,在量子力学中用算符 $\mathrm{i}\hbar\frac{\partial}{\partial t}$ 代之,即

$$E\rightarrow\mathrm{i}\hbar\frac{\partial}{\partial t}$$

经典力学中的动量 $\boldsymbol{p}$,在量子力学中用算符 $-\mathrm{i}\hbar\nabla$ 代之,即

$$\boldsymbol{p}\rightarrow-\mathrm{i}\hbar\nabla,\quad 其中\nabla=\boldsymbol{i}\frac{\partial}{\partial x}+\boldsymbol{j}\frac{\partial}{\partial y}+\boldsymbol{k}\frac{\partial}{\partial z}$$

作了以上规定后,薛定谔方程就可以从经典力学的方程

$$E=\frac{p^2}{2m}+U$$

利用“算符化规则”直接得到,即

$$\mathrm{i}\hbar\frac{\partial\psi}{\partial t}=\frac{-\hbar^2}{2m}\nabla^2\psi+U\psi$$

使用算符化规则时要注意两点:

(1) 要在笛卡儿坐标系中应用算符化规则。

(2) 对称化规则。若在经典公式中出现 $p_x x$ 项,则应该用 $(p_x x+xp_x)/2$ 代之后再算符化。(这样做的原因请同学们在学习第 4 章后自行证明)

2. **方程和波函数的讨论**

(1) 薛定谔方程中包含有一个"i"因子，因此满足此方程的波函数一般是复函数。由于波函数本身并无直接物理含义，因此波函数是复数形式并不会影响由此得出的各种物理信息的实际意义。(在第 4 章会表明所有力学量或称物理量的取值均是实数)

(2) 由于薛定谔方程只含有时间的一次偏微商，因此只要体系在初始时刻 $t=t_0$ 的状态 $\psi(\boldsymbol{r},t_0)$ 给定了，则在任何 $t>t_0$ 时刻的状态 $\psi(\boldsymbol{r},t)$ 原则上就完全确定了。也就是说，**薛定谔方程给出了状态随时间变化的因果关系**。因此可以说，薛定谔方程与牛顿第二定律很相似，但由于微观粒子用波函数描述状态的概念与经典粒子用坐标和动量描述状态的概念有着本质的差异，因而因果律的实际含义自然有所不同。

(3) 前面提到过波函数的标准条件(自然条件)。其中单值性容易理解。关于其连续性其实与薛定谔方程关系密切。由于薛定谔方程含有空间坐标的二阶偏微分，因此要使二阶导数有意义，必须要求一阶导数是有限和连续的，而为使一阶导数有限、连续，就必须要求波函数本身是有限、连续的。

(4) 原则上，波函数应该是平方可积函数。

为了能够实现归一化条件，应该要求积分 $\int |\psi(\boldsymbol{r},t)|^2 \mathrm{d}\tau = A$ 的结果，A 是一个有限常数。可以证明，一个平方可积函数的无穷远处必趋近于零。

在一个实际的具体物理问题中，粒子的运动总是在空间的某一个有限区域中进行的。只有在此有限区域中，发现粒子的概率才不为零，所以一个严格描述粒子状态的波函数也必定只在空间的某一有限区域中才不等于零。

实际计算中，在求解方程时，有时会出现非平方可积函数。人们发现，它尽管在整个空间中的积分发散，总概率没有意义，但它给出的相对概率还是有意义的。例如平面波就是非平方可积函数。事实上，作自由运动的粒子是在实验室内进行的，如果认为平面波是绝对的，则将得出粒子应该存在于实验室外而不存在于实验室内的荒唐结果。但并非绝对的平面波，却可以给出不少正确的物理信息。因此在量子力学的理论框架中保留了这种非平方可积的波函数。至于对它们的"归一化"问题，将在后面予以解决。

2.4 概率流密度与粒子数守恒定律

薛定谔方程是非相对论量子力学的基本方程。在低能情况下，不存在实物粒子的产生和消灭的现象，所以在随时间变化的过程中，粒子数将始终保持不变，称为**粒子数守恒**。

就一个粒子来说，在整个空间发现这个粒子的概率不随时间变化，它总等于 1，这就是概率守恒。

粒子数守恒和概率守恒是对一个物理事实的两种不同说法。

下面我们将证明，从薛定谔方程(基本原理)出发，概率守恒可以作为一个定理(理论的必然结果)而得到。

首先，概率密度为

$$W(\boldsymbol{r},t) = |\psi(\boldsymbol{r},t)|^2 = \psi^*(\boldsymbol{r},t) \cdot \psi(\boldsymbol{r},t)$$

两边对 t 求偏导，

$$\frac{\partial W}{\partial t}=\frac{\partial \psi^*}{\partial t}\psi+\psi^*\frac{\partial \psi}{\partial t} \tag{2-10}$$

利用薛定谔方程得到

$$\frac{\partial \psi}{\partial t}=\frac{\mathrm{i}\hbar}{2m}\nabla^2\psi-\frac{\mathrm{i}}{\hbar}V\psi;\qquad \frac{\partial \psi^*}{\partial t}=-\frac{\mathrm{i}\hbar}{2m}\nabla^2\psi^*+\frac{\mathrm{i}}{\hbar}V\psi^*$$

将上面两式代入式(2-10)中，有

$$\frac{\partial W}{\partial t}=\frac{\mathrm{i}\hbar}{2m}(\psi^*\nabla^2\psi-\psi\nabla^2\psi^*)=\frac{\mathrm{i}\hbar}{2m}\nabla\cdot(\psi^*\nabla\psi-\psi\nabla\psi^*) \tag{2-11}$$

定义概率流密度

$$\boldsymbol{J}(\boldsymbol{r},t)=\frac{\mathrm{i}\hbar}{2m}(\psi\nabla\psi^*-\psi^*\nabla\psi) \tag{2-12}$$

则得

$$\frac{\partial W}{\partial t}+\nabla\cdot\boldsymbol{J}(\boldsymbol{r},t)=0 \tag{2-13}$$

对上式在空间任意有限体积 V 中作积分

$$\int_V\frac{\partial W}{\partial t}\mathrm{d}\tau=-\int_V\nabla\cdot\boldsymbol{J}(\boldsymbol{r},t)\mathrm{d}\tau$$

利用高斯定理得

$$\frac{\partial}{\partial t}\int_V W\mathrm{d}\tau=-\oint_S\boldsymbol{J}\cdot\mathrm{d}\boldsymbol{S} \tag{2-14}$$

注意上述变换中等式左边我们将对时间的偏微分和对空间的积分次序做了交换，我们不去严格证明其合理性，但可以简单地从空间变量与时间变量相互独立的角度去理解这种交换的合理性。

将式(2-14)中的有限体积 V 扩展到整个无穷大空间，由于波函数 $\psi(\boldsymbol{r},t)$ 的平方可积性，它在无穷远的面上趋于零。那么按照概率流密度的定义，其在无限远的面上趋向于零，于是可得

$$\oint_\infty\boldsymbol{J}\cdot\mathrm{d}\boldsymbol{S}=0$$

进而

$$\frac{\partial}{\partial t}\int_\infty W(\boldsymbol{r},t)\mathrm{d}\tau=0$$

也就是

$$\int_\infty W(\boldsymbol{r},t)\mathrm{d}\tau=\int_\infty\psi^*(\boldsymbol{r},t)\psi(\boldsymbol{r},t)\mathrm{d}\tau=\text{常数} \tag{2-15}$$

如果初始时刻 t_0 时波函数已经归一化

$$\int_\infty\psi^*(\boldsymbol{r},t_0)\psi(\boldsymbol{r},t_0)\mathrm{d}\tau=1$$

则任意时刻 $t>t_0$，波函数自动满足归一化条件

$$\int_\infty\psi^*(\boldsymbol{r},t)\psi(\boldsymbol{r},t)\mathrm{d}\tau=1$$

由此可得出结论：**凡满足薛定谔方程的波函数，其归一化在时间过程中始终保持不变。**

式(2-15)的物理含义就是：在整个空间发现粒子的概率与时间无关，就是说概率守恒。式(2-15)就是概率守恒的积分表达式。

下面来分析式(2-14)的物理含义。

式左端表示在封闭区域 V 中发现粒子的总概率在单位时间内的增加(或减少)；式右边表示单位时间内通过封闭曲面 S 而流入 V(或流出)的概率。(注意 $d\boldsymbol{S}$ 的正方向是向外的，$\boldsymbol{J}$ 方向与之相反表示流入，方向相同表示流出)。这样式(2-14)的物理含义就是：单位时间内在体积 V 中增加(或减少)的概率，等于单位时间内穿过体积 V 的包围面 S 而流进(或流出)的概率。右边的积分表示穿过整个封闭面 S 的概率流量。**$\boldsymbol{J}$ 的方向表示概率流动的方向，$\boldsymbol{J}$ 的绝对值是单位时间流过与其垂直的单位面积的概率大小**，所以我们称 $\boldsymbol{J}$ 为概率流密度。

式(2-14)是由式(2-13)直接得到的，称式(2-13)为连续性方程，它是概率守恒的微分表达式。

如果描述状态的波函数为实函数，则由概率流密度的定义可知，此时

$$\boldsymbol{J} = 0$$

以带电粒子的电荷 q 乘以式(2-13)两边，则得到

$$\frac{\partial \rho_q}{\partial t} + \nabla \cdot \boldsymbol{J}_q = 0 \qquad (2\text{-}16)$$

其中

$\rho_q \equiv qW(\boldsymbol{r},t) = q\psi^*(\boldsymbol{r},t)\psi(\boldsymbol{r},t)$，表示粒子的(平均)电荷密度。

$\boldsymbol{J}_q \equiv q\boldsymbol{J}(\boldsymbol{r},t) = \frac{\mathrm{i}q\hbar}{2m}(\psi\nabla\psi^* - \psi^*\nabla\psi)$，表示粒子的(平均)电流密度。

于是式(2-16)就是电荷守恒定律的微分表达式。

习题

1. 沿直线运动的粒子波函数由 $\psi(x) = \frac{1+\mathrm{i}x}{1+\mathrm{i}x^2}$ 描述。

(1) 求 $\psi(x)$ 的归一化常数；

(2) 画出概率分布曲线；

(3) 求出发现粒子的最可几位置。

2. 粒子的波函数为

$$\psi_1 = \frac{1}{r}\mathrm{e}^{\mathrm{i}kr}, \quad \psi_2 = \frac{1}{r}\mathrm{e}^{-\mathrm{i}kr}$$

试分别计算概率流密度，并从结果说明 ψ_1 表示向外传播的球面波，ψ_2 表示向内(即向原点)传播的球面波。

3. 若粒子的状态波函数为

$$\psi(x) = \begin{cases} 0, & x < 0 \\ A\sin kx, & 0 \leqslant x \leqslant a \\ B\mathrm{e}^{-\beta x}, & x > a \end{cases}$$

其中 k,β 是常数。试求波函数的归一化常数,并给出 $0\leqslant x\leqslant a$ 的区间内发现粒子的概率。

4. 设粒子被限制在长、宽、高分别为 a,b,c 的盒子中运动,其状态波函数为 $\psi(x,y,z)$,试计算在盒中上$\frac{1}{3}$部分发现粒子的概率。

5. 设粒子处于 $\psi=Naxe^{-a^2x^2/2}$ 的状态下,求最可几位置。

6. 设粒子处于复位势场中 $V(\boldsymbol{r})=V_1(\boldsymbol{r})+\mathrm{i}V_2(\boldsymbol{r})$,式中 $V_1(\boldsymbol{r}),V_2(\boldsymbol{r})$ 为实函数,证明此时粒子的概率不守恒,并算出在空间 Ω 中粒子概率变化的速率,同时说明各项的物理意义。

第3章 定态薛定谔方程及一维定态问题

3.1 定态薛定谔方程

作为一个理论体系，至少应该能够解决以下问题：

(1) **给出在某一时刻，量子体系的全部物理量的取值及其平均值等物理信息**。这是从运动学的观点来考察状态。此时可以将描述状态的波函数 $\psi(\boldsymbol{r},t)$ 中的 t 作为参数处理，而将 $\boldsymbol{r}$ 作为自变量来讨论问题。

(2) **给出体系的状态随时间的变化规律**。这相当于从动力学的角度来考察状态。薛定谔方程可以解决这个问题。

下面我们从运动学的角度来讨论量子状态。

从运动学的观点来看，量子体系的状态是多种多样的，但其中有一类状态——**稳定状态**却具有十分重要的实际意义。

稳定态是能量取确定值的状态，简称定态。这类状态，即使时间变了，状态的其他性质可以发生很大的变化，但它的能量取值却一定不变。

定态也是千差万别的，自然描述定态的波函数(称为定态波函数)也是千差万别的，但是这些波函数却服从一个统一的规律，这个规律可以在数学上用一个方程——定态薛定谔方程来表达。

定态薛定谔方程可以从前面讲的量子力学第三个原理来推出。

必须指出，定态时位能函数与时间无关，$U=U(\boldsymbol{r})$，即体系是处于保守力场的情况。

3.1.1 定态薛定谔方程的建立

在保守势场中，$\hat{H}=-\frac{\hbar^2\partial^2}{2m\partial x^2}+U(\boldsymbol{r})$ 与时间无关，可以用分离变量法来求解薛定谔方程：

$$\mathrm{i}\hbar\frac{\partial\psi(\boldsymbol{r},t)}{\partial t}=-\frac{\hbar^2}{2m}\left(\frac{\partial^2}{\partial x^2}+\frac{\partial^2}{\partial y^2}+\frac{\partial^2}{\partial z^2}\right)\psi(\boldsymbol{r},t)+U(\boldsymbol{r})\psi(\boldsymbol{r},t) \tag{3-1}$$

令 $\psi(\boldsymbol{r},t)=f(t)\varphi(\boldsymbol{r})$，代入上式得

$$\mathrm{i}\hbar\,\varphi(\boldsymbol{r})\,\frac{\partial f(t)}{\partial t}=-\frac{\hbar^2}{2m}f(t)\,\nabla^2\varphi(\boldsymbol{r})+U(\boldsymbol{r})\varphi(\boldsymbol{r})f(t)$$

整理得

$$\mathrm{i}\hbar\frac{1}{f(t)}\frac{\mathrm{d}f(t)}{\mathrm{d}t}=\frac{1}{\varphi(\boldsymbol{r})}\left[-\frac{\hbar^2}{2m}\nabla^2+U(\boldsymbol{r})\right]\varphi(\boldsymbol{r})=A$$

其中，A 是一个与空间和时间变量无关的分离常数，于是经过分离变量可以得到两个方程，即

$$\mathrm{i}\hbar\frac{1}{f(t)}\frac{\mathrm{d}f(t)}{\mathrm{d}t}=A \tag{3-2}$$

$$\left[-\frac{\hbar^2}{2m}\nabla^2+U(\boldsymbol{r})\right]\varphi(\boldsymbol{r})=A\varphi(\boldsymbol{r}) \tag{3-3}$$

方程(3-2)的解直接可以得到

$$f(t)=C\exp\left(-\frac{\mathrm{i}}{\hbar}At\right)=C\exp\left(-\mathrm{i}2\pi\frac{A}{h}t\right)$$

其中 C 为常数，根据一般的波动形式可知 $\frac{A}{h}=\nu$(频率)，对比德布罗意关系式 $E=h\nu$ 可以认定分离常数具有能量的含义，即 $A=E$，于是方程(3-2)的解可以写成

$$f(t)=C\mathrm{e}^{-\frac{\mathrm{i}}{\hbar}Et}$$

方程(3-3)可写成

$$\left[-\frac{\hbar^2}{2m}\nabla^2+U(\boldsymbol{r})\right]\varphi_E(\boldsymbol{r})=E\varphi_E(\boldsymbol{r})$$

即

$$\hat{H}\varphi_E(\boldsymbol{r})=E\varphi_E(\boldsymbol{r}) \tag{3-4}$$

上式称为**定态薛定谔方程**。满足该方程的波函数 $\varphi_E(\boldsymbol{r})$ 称为定态波函数。

在数学上它叫做**算符 $\hat{H}$ 的本征方程**(或称特征方程)。“本征”译自德语“eigen”。英语为“characteristic”，应翻译成“特征”。物理学领域一般采用源自德语的“本征”，数学领域一般采用源自英语的“特征”。

我们把描述某种运算手续的符号称为“算符”，$\mathrm{i}\hbar\frac{\partial}{\partial t}$、$\hat{H}$、$U(\boldsymbol{r})$、$\nabla$、$\hat{T}=-\frac{\hbar^2}{2m}\nabla^2$ 等都是算符。

所谓本征方程就是这样的方程

算符作用在某函数上＝常数乘以同一函数

这个常数就叫作**本征值**。能够使方程成立的本征值一般不止一个，所有本征值的集合称为**本征值谱**。满足本征方程的波函数叫作**本征波函数**。取不同本征值时，满足方程的本征函数一般也不同，因此本征函数一般要注明其对应的本征值。

定态薛定谔方程也就是能量算符(哈密顿算符)$\hat{H}$ 的本征方程，二者之间的对应关系如表 3-1。

表 3-1 薛定谔方程与$\hat{H}$本征方程的关系

物理上	数学上
定态薛定谔方程 $\hat{H}\varphi(\boldsymbol{r})=E\varphi(\boldsymbol{r})$	能量算符$\hat{H}$的本征方程
定态波函数 $\varphi(\boldsymbol{r})$	能量算符$\hat{H}$的本征函数
体系处于 $\varphi(\boldsymbol{r})$态时能量的一个可测量值 E	能量算符$\hat{H}$的一个本征值
体系在实验上可测得的全部能量值	能量算符$\hat{H}$的本征值谱

定态问题实际上就是求解能量算符的本征方程。这个本征方程是微分方程,但它不是一个普通的微分方程,而是含有一个待定常数 E,而 E 本身又有确定物理含义的微分方程,即定态薛定谔方程。通过求解定态薛定谔方程得到定态波函数,进一步乘以与能量密切相关的时间函数 $f(t)$就可以得到描述能量稳定状态的波函数:

$$\psi(\boldsymbol{r},t) = \varphi_E(\boldsymbol{r})\mathrm{e}^{-\frac{\mathrm{i}}{\hbar}Et}$$

判断一个波函数描述的状态是否为定态,就是看能否将该波函数转化成上式的形式。

简并度:如果对应一个 E 值,有 f 个线性独立的波函数满足本征方程,则称对应这个能量 E 是 f 度简并的,简并度有时也称**退化度**。

注意:在求解薛定谔方程时,应选择合适的坐标系以求简化计算过程。

3.1.2 定态的特点和实现定态的条件

1. 定态的特点

1) 任何时刻,能量的取值不变。

前面讲过,与时间相关的定态波函数为

$$\psi(\boldsymbol{r},t) = \varphi_E(\boldsymbol{r})\mathrm{e}^{-\frac{\mathrm{i}}{\hbar}Et}$$

其中 $\varphi_E(\boldsymbol{r})$满足定态薛定谔方程

$$\hat{H}\varphi_E(\boldsymbol{r}) = E\varphi_E(\boldsymbol{r})$$

这里的 E 是分离常数,它不仅与 $\boldsymbol{r}$ 无关,而且与 t 也无关。只要体系所处的力场不变(U 不变),若在某一时刻,体系的能量取确定值,则在以后的任何时刻,状态的其他性质可以发生很大变化,但其能量取值却一定不变,这一特点就是称其为**稳定状态的原因**。

2) 对于定态,所有不显含时间 t 的物理量,其取值概率与平均值都不随时间改变。

例如,对于定态归一化波函数 $\psi(\boldsymbol{r},t)$,其位置概率密度为

$$W(\boldsymbol{r},t) = |\psi(\boldsymbol{r},t)|^2 = |\varphi_E(\boldsymbol{r})|^2$$

说明在定态时,位置概率密度与时间无关。

再由连续性方程

$$\frac{\partial W}{\partial t} + \nabla\cdot\boldsymbol{J} = 0$$

可得

$$0 = \nabla\cdot\boldsymbol{J} = \frac{\partial J_x}{\partial x} + \frac{\partial J_y}{\partial y} + \frac{\partial J_z}{\partial z}$$

如 $\boldsymbol{J}$ 仅在 x 方向不为零，则 J_x＝常数。这意味着，在单位时间通过垂直于 x 轴的单位面积的概率在 x 的任何点均相等。这就好像匀速运动，无论在 x 方向的任何点上。都通过相等的概率流。

2. 实现定态的条件

1) $\frac{\partial \hat{H}}{\partial t}=0$，前面已经说明。

2) 初始时刻，状态处于定态，才能保证以后时刻也为定态！

下面以三维空间运动的自由粒子为例，讨论一下通过薛定谔方程求得粒子运动状态情况的过程。

所谓自由运动是指粒子在运动过程中不受外力的作用。这时对应的位能应是常数。为简单计，取此常数为零。这样自由粒子的能量算符为

$$\hat{H}=-\frac{\hbar^2}{2m}\nabla^2=-\frac{\hbar^2}{2m}\left(\frac{\partial^2}{\partial x^2}+\frac{\partial^2}{\partial y^2}+\frac{\partial^2}{\partial z^2}\right)$$

相应的定态薛定谔方程为

$$-\frac{\hbar^2}{2m}\left(\frac{\partial^2}{\partial x^2}+\frac{\partial^2}{\partial y^2}+\frac{\partial^2}{\partial z^2}\right)\varphi(x,y,z)=E\varphi(x,y,z) \tag{3-5}$$

方程具有分离变量解

$$\varphi(x,y,z)=\varphi(x)\varphi(y)\varphi(z)$$

将其代入式(3-5)，得

$$-\frac{\hbar^2}{2m}\left[\frac{\frac{\mathrm{d}^2\varphi(x)}{\mathrm{d}x^2}}{\varphi(x)}+\frac{\frac{\mathrm{d}^2\varphi(y)}{\mathrm{d}y^2}}{\varphi(y)}+\frac{\frac{\mathrm{d}^2\varphi(z)}{\mathrm{d}z^2}}{\varphi(z)}\right]=E$$

上式可分为

$$-\frac{\hbar^2}{2m}\frac{\mathrm{d}^2\varphi(x)}{\mathrm{d}x^2}\Big/\varphi(x)=E_x \tag{3-6}$$

$$-\frac{\hbar^2}{2m}\frac{\mathrm{d}^2\varphi(y)}{\mathrm{d}y^2}\Big/\varphi(y)=E_y \tag{3-7}$$

$$-\frac{\hbar^2}{2m}\frac{\mathrm{d}^2\varphi(z)}{\mathrm{d}z^2}\Big/\varphi(z)=E_z \tag{3-8}$$

能量本征值为 $E=E_x+E_y+E_z$。

由于式(3-6)～(3-8)形式相同，故仅以式(3-6)为代表求解之。

必须强调，方程(3-6)是一个包含待定常数 E_x 的微分方程，既要求出本征值，也要求出相应的本征函数。另外还要强调的是：微分方程的解不一定是我们要的波函数，只有满足自然条件的解，才是我们需要的定态波函数。在从数学解中挑选波函数的过程中，就可以定出本征值来。

首先，微分方程(3-6)的通解为

$$\varphi(x)=c_1\exp\left(\frac{\sqrt{-2mE_x}}{\hbar}x\right)+c_2\exp\left(-\frac{\sqrt{-2mE_x}}{\hbar}x\right) \tag{3-9}$$

其中 c_1、c_2 为任意常数。

然后，我们来挑选满足自然条件的解。

(1) 当 $E_x \leqslant 0$ 时,有 $\frac{\sqrt{-2mE_x}}{\hbar} \equiv a$,$a$ 为实数,从而方程的解为

$$\varphi(x) = c_1 e^{ax} + c_2 e^{-ax}$$

为使 $x \to \pm\infty$ 时上式有限,只能 $c_1 = c_2 = 0$,显然,零解没有物理意义。因此对应 $E_x < 0$ 的解,不是波函数。

(2) 当 $E_x \geqslant 0$ 时,有 $\frac{\sqrt{-2mE_x}}{\hbar} = \mathrm{i}\,\frac{\sqrt{2mE_x}}{\hbar} = \mathrm{i}k_x$,其中 k_x 是实数,从而解为

$$\varphi(x) = c_1 e^{\mathrm{i}k_x x} + c_2 e^{-\mathrm{i}k_x x} \tag{3-10}$$

显然,x 在$(-\infty, +\infty)$的整个区域中,方程的解都满足单值、有限、连续的条件。于是方程(3-6)的本征值 $E_x \geqslant 0$。

三维情况时,归一化的定态波函数为

$$\varphi(\boldsymbol{r}) = A e^{\mathrm{i}\boldsymbol{k}\cdot\boldsymbol{r}}$$

其中

$$\boldsymbol{k} = k_x\boldsymbol{i} + k_y\boldsymbol{j} + k_z\boldsymbol{k}, \quad k_\mu = \frac{\sqrt{2mE_\mu}}{\hbar}, \quad \mu = x, y, z$$

对应的本征值为任意大于等于零的实数。

讨论:

(1) 连续本征值谱。自由运动的本征值是所有正实数和零,属于连续取值的区域,因此叫**连续谱**。自由运动实际可测量的能量值是大于等于零的任意实数。

(2) 退化度。一维自由运动时,对应同一个能量 E 值,有两个线性独立的波函数,按照前面退化度的定义,此时退化度为 2。(思考题:对于三维自由运动,对于同一个能量 E,退化度是多少?)

(3) 由式(3-10)可得一维运动时,对应同一个 E_x,两个线性独立的波函数为

$$\psi_1(x,t) = A\exp\left(\frac{\mathrm{i}}{\hbar}(p_x x - E_x t)\right)$$

$$\psi_2(x,t) = A\exp\left(\frac{\mathrm{i}}{\hbar}(-p_x x - E_x t)\right)$$

对于 $\psi_1(\boldsymbol{r},t)$,作为平面波函数,考虑其位相为 A 的等相面的运动情况

$$\frac{p_x x - E_x t}{\hbar} = A$$

由上式可知,随时间 t 的增加,等相面的位置 x 也增加,因此说明 $\psi_1(\boldsymbol{r},t)$描述的是粒子由左向右的运动,p_x 取正方向。同理,$\psi_2(\boldsymbol{r},t)$描述的是粒子由右向左的运动,p_x 取负方向。

(4) 位置概率的计算,由

$$\psi(\boldsymbol{r},t) = A\exp\left(\frac{\mathrm{i}}{\hbar}(\boldsymbol{p}\cdot\boldsymbol{r} - Et)\right)$$

得

$$W(\boldsymbol{r},t) = |\psi(\boldsymbol{r},t)|^2 = |A|^2$$

也就是说,自由运动粒子的位置概率密度不仅与时间无关,也与空间位置无关。在无穷远处发现粒子的概率与在有限远处发现粒子的概率相同。这说明,自由粒子可以“自由自在”地漫游到无穷远的地方。这样的状态叫**非束缚态**(无法将粒子束缚在一个有限的区域

中)。这时的概率流密度为

$$\begin{aligned}
\boldsymbol{J}(\boldsymbol{r},t) &= \frac{\mathrm{i}\hbar}{2m}(\psi\nabla\psi^* - \psi^*\nabla\psi) \\
&= \frac{\mathrm{i}\hbar|A|^2}{2m}\left(\exp\left(\frac{\mathrm{i}(\boldsymbol{p}\cdot\boldsymbol{r}-Et)}{\hbar}\right)\frac{-\mathrm{i}\boldsymbol{p}}{\hbar}\exp\left(\frac{-\mathrm{i}(\boldsymbol{p}\cdot\boldsymbol{r}-Et)}{\hbar}\right)\right. \\
&\quad \left.-\exp\left(\frac{-\mathrm{i}(\boldsymbol{p}\cdot\boldsymbol{r}-Et)}{\hbar}\right)\frac{\mathrm{i}\boldsymbol{p}}{\hbar}\exp\left(\frac{\mathrm{i}(\boldsymbol{p}\cdot\boldsymbol{r}-Et)}{\hbar}\right)\right) \\
&= \frac{|A|^2\boldsymbol{p}}{2m}\left[\exp\left(\frac{\mathrm{i}}{\hbar}(\boldsymbol{p}\cdot\boldsymbol{r}-Et)\right)\exp\left(\frac{-\mathrm{i}}{\hbar}(\boldsymbol{p}\cdot\boldsymbol{r}-Et)\right)\right. \\
&\quad \left.+\exp\left(\frac{-\mathrm{i}}{\hbar}(\boldsymbol{p}\cdot\boldsymbol{r}-Et)\right)\exp\left(\frac{\mathrm{i}}{\hbar}(\boldsymbol{p}\cdot\boldsymbol{r}-Et)\right)\right] \\
&= \frac{\boldsymbol{p}}{m}|A|^2 = \boldsymbol{v}|A|^2
\end{aligned}$$

其中 $\boldsymbol{v}$ 为粒子的运动速度。

3.2 梯形位

如图 3-1 所示,粒子沿 x 方向运动,遇到一维梯形位,其数学表达式为

$$U(x) = \begin{cases} 0, & x < 0 \\ U_0, & x > 0 \end{cases} \quad (U_0 > 0)$$

这个位在 $x=0$ 点间断。描述电子在金属边缘时的运动,常用这种类型的位加以近似处理

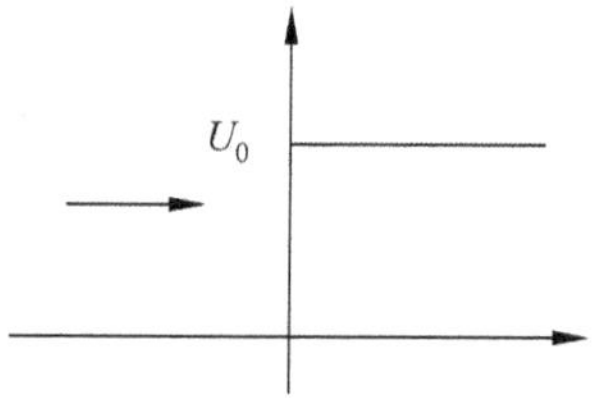

U_0

图 3-1 梯形位示意图

3.2.1 方程的解

定态薛定谔方程为

$$-\frac{\hbar^2}{2m}\varphi_1''(x) = E\varphi_1(x) \quad (x < 0) \tag{3-11}$$

$$-\frac{\hbar^2}{2m}\psi_2''(x) = (E - V_0)\psi_2(x) \quad (x \geqslant 0) \tag{3-12}$$

方程(3-11)和方程(3-12)的通解分别是

$$\varphi_1 = A\mathrm{e}^{\mathrm{i}\frac{\sqrt{2mE}}{\hbar}x} + B\mathrm{e}^{-\mathrm{i}\frac{\sqrt{2mE}}{\hbar}x} \tag{3-13}$$

$$\varphi_2 = C\mathrm{e}^{\mathrm{i}\frac{\sqrt{2m(E-U_0)}}{\hbar}x} + D\mathrm{e}^{-\mathrm{i}\frac{\sqrt{2m(E-U_0)}}{\hbar}x} \tag{3-14}$$

因为我们讨论的是粒子自左向右的运动,因此当 $E>U_0$ 时,$x>0$ 区域没有向左运动的波,应令 $D=0$;

当 $E<U_0$ 时,式(3-14)变成

$$\varphi_2 = C\mathrm{e}^{-\frac{\sqrt{2m(U_0-E)}}{\hbar}x} + D\mathrm{e}^{\frac{\sqrt{2m(U_0-E)}}{\hbar}x}$$

为保证波函数有限,D 也必须等于零。

令

$$k_1 \equiv \frac{\sqrt{2mE}}{\hbar},$$

$$k_2 \equiv \frac{\sqrt{2m(E-U_0)}}{\hbar} \quad (E > U_0)$$

$$\alpha \equiv \frac{\sqrt{2m(V_0-E)}}{\hbar} \quad (E < U_0)$$

于是方程(3-13)和方程(3-14)的解就是

1）当 $E>U_0$ 时

$$\varphi_1 = Ae^{ik_1x} + Be^{-ik_1x} \quad (x<0) \tag{3-15}$$

$$\varphi_2 = Ce^{ik_2x} \quad (x \geqslant 0) \tag{3-16}$$

依照前面的讨论，对于 $x=0$ 点，波函数应连续，并且一阶导数也应该是连续的。于是有

$$\varphi_1(0) = \varphi_2(0)$$

$$\psi_1'(0) = \psi_2'(0)$$

得 $$A+B=C,\quad A-B=\frac{k_2}{k_1}C$$

进一步得

$$C = \frac{2k_1}{k_1+k_2}A$$

$$B = \frac{k_1-k_2}{k_1+k_2}A$$

2）当 $0<E<U_0$ 时，

$$\varphi_1 = Ae^{ik_1x} + Be^{-ik_1x} \quad (x<0) \tag{3-17}$$

$$\varphi_2 = Ce^{-\alpha x} \quad (x \geqslant 0) \tag{3-18}$$

由连接条件可得

$$C = \frac{2ik_1}{ik_1-\alpha}A$$

$$B = \frac{ik_1+\alpha}{ik_1-\alpha}A$$

3.2.2 物理讨论

在式(3-15)和式(3-17)中，Ae^{ik_1x} 是描述粒子自左向右，以能量为 E 运动的入射波函数；Be^{-ik_1x} 为反射波函数。在式(3-16)和式(3-18)中，Ce^{ik_2x} 及 $Ce^{-\alpha x}$ 为透射波。

图 3-2 所示为入射波、反射波、透射波示意图。

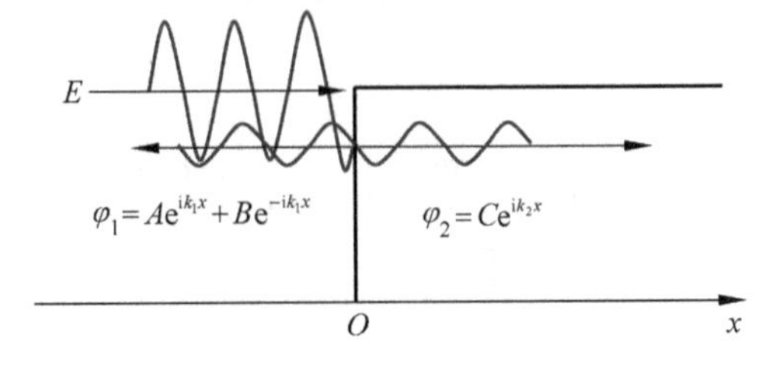

图 3-2 入射波、反射波、透射波示意图

定义反射系数 R 和透射系数 T 分别为

$$R=\frac{|\boldsymbol{J}_R|}{|\boldsymbol{J}_I|};\quad T=\frac{|\boldsymbol{J}_T|}{|\boldsymbol{J}_I|}$$

其中 $|\boldsymbol{J}_I|$、$|\boldsymbol{J}_R|$ 和 $|\boldsymbol{J}_T|$ 分别为入射波、反射波、透射波的概率流密度绝对值。

由概率流密度定义式

$$\boldsymbol{J}(\boldsymbol{r},t)=\frac{\mathrm{i}\hbar}{2m}(\psi\nabla\psi^*-\psi^*\nabla\psi)$$

得入射波的概率流密度

$$J_I=\frac{\mathrm{i}\hbar}{2m}[A\mathrm{e}^{\mathrm{i}k_1x}A^*\mathrm{e}^{-\mathrm{i}k_1x}(-\mathrm{i})k_1-A^*\mathrm{e}^{-\mathrm{i}k_1x}A\mathrm{e}^{\mathrm{i}k_1x}\mathrm{i}k_1]=\frac{\hbar k_1}{m}|A|^2$$

反射波的概率流密度

$$J_R=\frac{\mathrm{i}\hbar}{2m}(B\mathrm{e}^{-\mathrm{i}k_1x}B^*\mathrm{e}^{\mathrm{i}k_1x}\mathrm{i}k_1+B^*\mathrm{e}^{\mathrm{i}k_1x}B\mathrm{e}^{-\mathrm{i}k_1x}\mathrm{i}k_1)=-\frac{\hbar k_1}{m}|B|^2$$

当 $E>U_0$ 时，透射波的概率流密度

$$J_T=\frac{\mathrm{i}\hbar}{2m}[C\mathrm{e}^{\mathrm{i}k_2x}C^*\mathrm{e}^{-\mathrm{i}k_2x}(-\mathrm{i})k_2-C^*\mathrm{e}^{-\mathrm{i}k_2x}C\mathrm{e}^{\mathrm{i}k_2x}\mathrm{i}k_2]=\frac{\hbar k_2}{m}|C|^2$$

当 $0<E<U_0$ 时，透射波的概率流密度

$$J_T=\frac{\mathrm{i}\hbar}{2m}[C\mathrm{e}^{-\alpha x}C^*\mathrm{e}^{-\alpha x}(-\alpha)-C^*\mathrm{e}^{-\alpha x}C\mathrm{e}^{-\alpha x}(-\alpha)]=0$$

于是，当 $E>U_0$ 时，有

反射系数

$$R=\frac{|J_R|}{|J_I|}=\frac{|B|^2}{|A|^2}=\left(\frac{k_1-k_2}{k_1+k_2}\right)^2$$

透射系数

$$T=\frac{|J_T|}{|J_I|}=\frac{k_2|C|^2}{k_1|A|^2}=\frac{4k_1k_2}{(k_1+k_2)^2}$$

$$R+T=\frac{(k_1-k_2)^2+4k_1k_2}{(k_1+k_2)^2}=1$$

当 $0<E<U_0$ 时，在 $x>0$ 的区域，波函数呈指数衰减，很快降低到零，因此可以认为是没有透射波。

反射系数

$$R=\frac{|\boldsymbol{J}_R|}{|\boldsymbol{J}_I|}=\frac{|B|^2}{|A|^2}=\frac{|\mathrm{i}k_1+\alpha|^2}{|\mathrm{i}k_1-\alpha|^2}=1;\quad T=0$$

这时，入射波全部被反射回来，因此在 $x<0$ 的区域中，“净”概率流为零。

3.3 一维势垒——隧道效应

3.3.1 问题的提法

位能形式如图 3-3 所示，数学表达如下：

$$U(x)=\begin{cases}U_0, & 0<x<a\\ 0, & x\leqslant 0,x\geqslant a\end{cases}$$

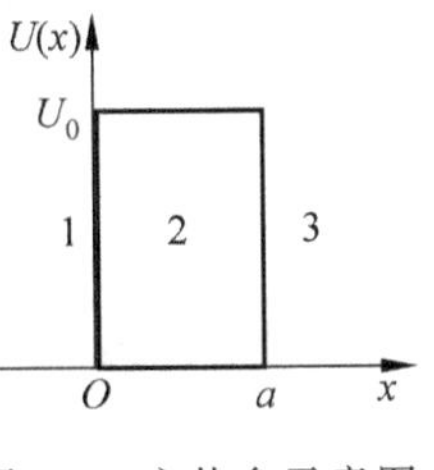

图 3-3　方势垒示意图

其中 U_0 为势垒高度，a 为势垒宽度。

我们讨论的是：粒子从负无穷远的地方射来，沿着 x 方向前进，到达 $x=0$ 点时，由于势垒的作用，粒子的德布罗意波将部分被反射，部分被透射。按照传统波动理论的处理方法，透射波到达 a 点时再次被部分反射，部分透射。这样为了求出势垒右边透射的波，我们必须考虑在 $x=0$ 及 $x=a$ 点之间无数次波的反射、折射，并把所有透射到势垒右边的分波加起来，就是透射过来的波。但在量子力学的理论架构中，无须这样处理。这种势垒问题，我们所要做的事情只是求出全部自变量变化区域中均有效的薛定谔方程的解，而且是满足自然条件的解，这个解自动、简明地计及了根据物理直觉所想到的所有的“反射”。

在 $x>a$ 的区域 3 中，仅存在穿过势垒的粒子，不存在向负方向运动的粒子。

3.3.2　定量描述

在 1、2、3 区定态薛定谔方程分别为

1 区
$$-\frac{\hbar^2}{2m}\frac{d^2\varphi_1}{dx^2}=E\varphi_1$$

2 区
$$-\frac{\hbar^2}{2m}\frac{d^2\varphi_2}{dx^2}+U_0\varphi_2=E\varphi_2$$

3 区
$$-\frac{\hbar^2}{2m}\frac{d^2\varphi_3}{dx^2}=E\varphi_3$$

对于 $E>U_0$ 的情况，令 $k_1\equiv\frac{\sqrt{2mE}}{\hbar}$；$k_2\equiv\frac{\sqrt{2m(E-U_0)}}{\hbar}$，则 3 个区域的定态薛定谔方程解的形式分别为

1 区
$$\varphi_1(x)=Ae^{ik_1x}+A'e^{-ik_1x}$$

2 区
$$\varphi_2(x)=Be^{ik_2x}+B'e^{-ik_2x}$$

3 区
$$\varphi_3(x)=Ce^{ik_1x}$$

在 1、2、3 区域中波函数分别满足有限、单值的要求，除 $x=0,a$ 点外也处处连续。因此为保证满足处处连续的要求，只要特别考虑在 $x=0,a$ 处的连接条件就可以了。

按连接条件

$$\varphi_1(0)=\varphi_2(0),\quad \varphi_1'(0)=\varphi_2'(0)$$
$$\varphi_2(a)=\varphi_3(a),\quad \varphi_2'(a)=\varphi_3'(a)$$

得

$$A+A'=B+B'$$
$$A-A'=\frac{k_2}{k_1}(B-B')$$
$$Be^{ik_2a}+B'e^{-ik_2a}=Ce^{ik_1a}$$
$$Be^{ik_2a}-B'e^{-ik_2a}=C\frac{k_1}{k_2}e^{ik_1a}$$

由上面四式，可以得到

$$A' = \frac{(k_2^2 - k_1^2)(\mathrm{e}^{\mathrm{i}k_2 a} - \mathrm{e}^{-\mathrm{i}k_2 a})}{(k_1 + k_2)^2 \mathrm{e}^{-\mathrm{i}k_2 a} - (k_1 - k_2)^2 \mathrm{e}^{\mathrm{i}k_2 a}} A$$

$$B = \frac{2k_1(k_2 + k_1)\mathrm{e}^{-\mathrm{i}k_2 a}}{(k_1 + k_2)^2 \mathrm{e}^{-\mathrm{i}k_2 a} - (k_1 - k_2)^2 \mathrm{e}^{\mathrm{i}k_2 a}} A$$

$$B' = \frac{2k_1(k_2 - k_1)\mathrm{e}^{\mathrm{i}k_2 a}}{(k_1 + k_2)^2 \mathrm{e}^{-\mathrm{i}k_2 a} - (k_1 - k_2)^2 \mathrm{e}^{\mathrm{i}k_2 a}} A$$

$$C = \frac{4k_1 k_2 \mathrm{e}^{-\mathrm{i}k_1 a}}{(k_1 + k_2)^2 \mathrm{e}^{-\mathrm{i}k_2 a} - (k_1 - k_2)^2 \mathrm{e}^{\mathrm{i}k_2 a}} A$$

反射系数

$$R = \frac{|J_R|}{|J_I|} = \frac{|A'|^2}{|A|^2} = \left[1 + \frac{4k_1^2 k_2^2}{(k_1^2 - k_2^2)^2 \sin^2 k_2 a}\right]^{-1}$$

$$= \left[1 + \frac{4E(E - U_0)}{U_0^2 \sin^2 k_2 a}\right]^{-1}$$

透射系数

$$T = \frac{|J_T|}{|J_I|} = \frac{|C|^2}{|A|^2} = \left[1 + \frac{(k_1^2 - k_2^2)^2 \sin^2 k_2 a}{4k_1^2 k_2^2}\right]^{-1}$$

$$= \left[1 + \frac{U_0^2 \sin^2 k_2 a}{4E(E - U_0)}\right]^{-1}$$

可以证明 $R+T=1$。

对于 $0<E<U_0$ 的情况，令 $\alpha = \frac{\sqrt{2m(U_0 - E)}}{\hbar}$，这时 2 区的波函数为

$$\varphi_2(x) = B\mathrm{e}^{\alpha x} + B'\mathrm{e}^{-\alpha x}$$

完全类似地，可以得到此时的反射系数和透射系数分别为

$$R = \left[1 + \frac{4E(U_0 - E)}{U_0^2 \mathrm{sh}^2 \alpha a}\right]^{-1}$$

$$T = \left[1 + \frac{U_0^2 \mathrm{sh}^2 \alpha a}{4E(U_0 - E)}\right]^{-1}$$

3.3.3 隧道效应(势垒贯穿)

在 $E>U_0$ 的情况下，按经典理论，入射粒子恒可以在势垒的右边出现，入射波全部透射，但在量子力学中，尽管粒子的能量高于势垒高度，但仍有被反射回来的可能，即 $R\neq 0$，$T<1$。

在 $E>U_0$ 但极接近 U_0 的情况时

$$T = \left[1 + \frac{U_0^2 \sin^2 k_2 a}{4E(E - U_0)}\right]^{-1} \to \left(1 + \frac{U_0 m a^2}{2\hbar^2}\right)^{-1}$$

势垒越低(U_0 小)，垒的厚度越窄(a 小)，则越容易透射。

在 $0<E<U_0$ 的情况下，

$$T = \left[1 + \frac{U_0^2 \mathrm{sh}^2 \alpha a}{4E(U_0 - E)}\right]^{-1}$$

此时，按经典理论，入射粒子根本无法穿过势垒透射到垒的另一边，而是毫无例外地被折回，这时反射系数为 1，透射系数为 0，但在量子力学中，透射系数并不为 0，粒子仍有可能穿过势垒而到达垒的另一边。这就是所谓的**隧道效应**。

当 $V_0 \gg E$ 时，由前面对 α 的定义可得

$$\mathrm{sh}\alpha a = \frac{e^{\alpha a} - e^{-\alpha a}}{2} \approx \frac{e^{\alpha a}}{2}$$

于是

$$T = \left[1 + \frac{U_0^2 \mathrm{sh}^2 \alpha a}{4E(U_0 - E)}\right]^{-1} \approx \left[\frac{U_0^2 e^{2\alpha a}}{16E(U_0 - E)}\right]^{-1} = \frac{16E(U_0 - E)}{U_0^2} e^{-2\alpha a}$$

$$= T_0 e^{-2\frac{\sqrt{2m(U_0 - E)}}{\hbar} a} \tag{3-19}$$

由此可见透射率与势垒高度、宽度及粒子的质量关系非常敏感，呈指数衰减的关系。

例如，对于电子，当 $E=1\mathrm{eV}, a=10^{-8}\mathrm{cm}$ 时

$$T \approx 0.77$$

垒宽增大 5 倍，即 $E=1\mathrm{eV}, a=5\times10^{-8}\mathrm{cm}$ 时 $T\approx0.07$。因此在宏观实验中，由于势垒过厚，以至于难以观察到势垒穿透现象。

公式(3-19)由美籍俄罗斯人伽莫夫(Gamow)首次给出，并解释了用经典理论无法解释的隧道效应。

3.4 一维无限深势阱

设粒子作一维运动，势能函数为

$$U(x) = \begin{cases} 0, & 0 < x < a(\text{阱内}) \\ \infty, & x \leqslant 0, x \geqslant a(\text{阱外}) \end{cases}$$

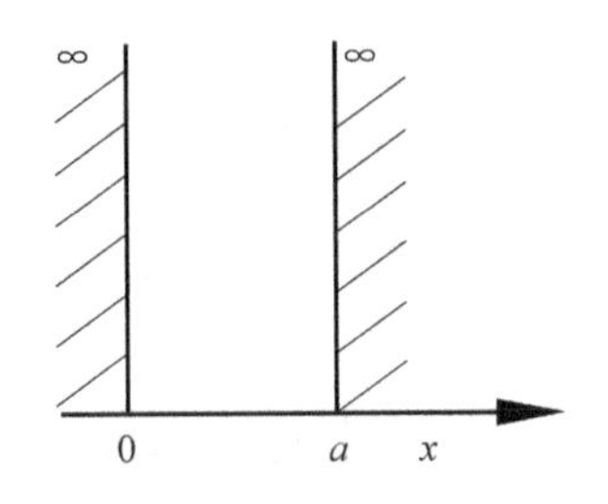

图 3-4 一维无限深势阱

先求解体系的定态问题。

在势阱外面，因为 $U(x)=\infty$，定态薛定谔方程为

$$-\frac{\hbar^2}{2m}\frac{d^2\varphi}{dx^2} + \infty\varphi = E\varphi$$

要使上式成立，必须 $\varphi\equiv0$

在阱内，定态薛定谔方程为

$$-\frac{\hbar^2}{2m}\frac{d^2\varphi(x)}{dx^2} = E\varphi(x) \tag{3-20}$$

令 $k^2=2mE/\hbar^2$，则式(3-20)变成

$$\frac{d^2\varphi(x)}{dx^2} + k^2\varphi(x) = 0$$

其通解为

$$\varphi(x) = Ae^{ikx} + Be^{-ikx} \tag{3-21}$$

根据波函数连续性的要求，有

$$\varphi(0) = A + B = 0 \tag{3-22}$$

由式(3-22)得 $B=-A$，则式(3-21)可以写成

$$\varphi(x) = Ae^{ikx} - Ae^{-ikx} = i2A\sin kx = A'\sin kx$$

再由 $x=a$ 处的波函数连续性条件可得

$$\varphi(a) = A'\sin ka = 0 \tag{3-23}$$

由式(3-23)可得

$$k = \frac{n\pi}{a}\quad n = 1,2,\cdots$$

由归一化条件

$$\int_0^a |\varphi(x)|^2 \mathrm{d}x = \int_0^a |A'|^2 \sin^2 \frac{n\pi}{a}x \,\mathrm{d}x = 1$$

可得 $A' = \sqrt{2/a}$。

于是得到一维无限深势阱定态问题的解为

波函数

$$\varphi_n(x) = \begin{cases} 0, & x \leqslant 0, x \geqslant 0 \\ \sqrt{\dfrac{2}{a}} \sin\left(\dfrac{n\pi}{a}x\right), & 0 < x < a, \quad n = 1,2,3,\cdots \end{cases} \tag{3-24}$$

能量本征值

$$E_n = \frac{\hbar^2}{2m}k^2 = \frac{n^2\pi^2\hbar^2}{2ma^2}, \quad n = 1,2,3,\cdots$$

能量的本征值是间断取值的,亦即量子化取值,从而本征值谱是断续谱。波函数在阱外等于零,说明粒子被束缚在阱内,是束缚态。

$E_n \propto n^2$,能量间隙不均匀,并随 n 的增大而增大。相邻能级差为

$$\Delta E_n = \frac{\pi^2\hbar^2}{2ma^2}(2n+1)$$

$n=1$ 时能量最低,称为基态,基态能量 $E_1 = \dfrac{\pi^2\hbar^2}{2ma^2}$。

除端点($x=0, x=a$)外,阱内其他凡是 $\varphi_n(x)=0$ 的 x 点称为节点。基态无节点,第一激发态有一个节点,第 m 激发态有 m 个节点。

图 3-5 所示为不同 n 值时波函数和概率密度的分布。

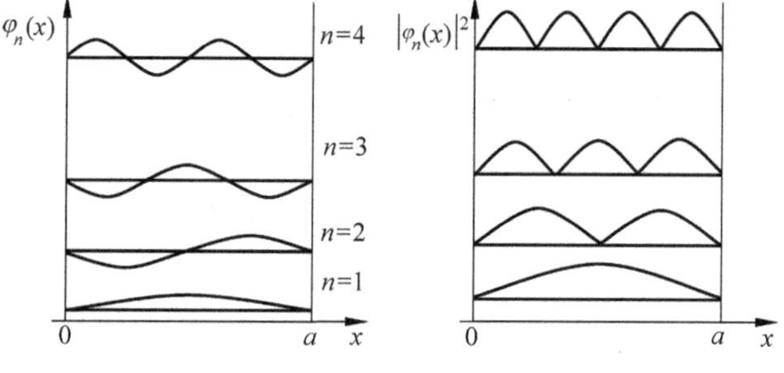

图 3-5　不同 n 时的波函数与概率密度分布

图 3-4 中,如果将坐标原点向右移动 $a/2$,则势阱就变成图 3-6 的样子,其表达式就变成

$$U(x) = \begin{cases} \infty, & x < -a/2 \\ 0, & -a/2 \leqslant x \leqslant a/2 \\ \infty, & x > a/2 \end{cases} \tag{3-25}$$

与前相同,我们可以得到其本征问题的解

$$E_n = \frac{n^2\pi^2\hbar^2}{2ma^2}, \quad n = 1,2,3,\cdots$$

$$\varphi(x) = \begin{cases} 0, & x < -a/2 \\ \sqrt{2/a}\sin\left(\dfrac{n\pi}{a}x + \dfrac{n\pi}{2}\right), & -\dfrac{a}{2} \leqslant x \leqslant \dfrac{a}{2} \\ 0, & x > a/2 \end{cases} \tag{3-26}$$

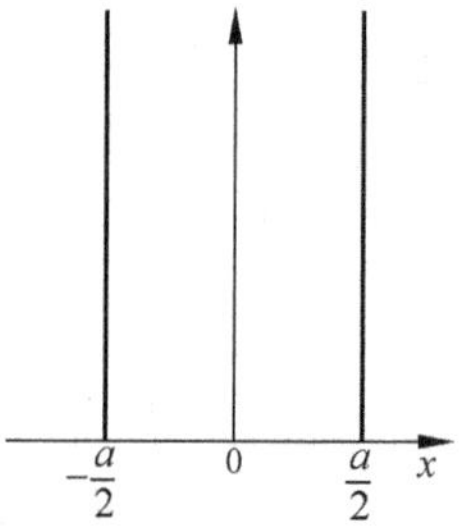

图 3-6　偶宇称的一维无限深势阱

比较式(3-24)和式(3-26)，我们发现对于同样宽度为 a 的势阱，由于我们选取的坐标原点不同，解出的波函数的表达式差别很大。

物理上有一个与空间对称性有关的概念——宇称。宇称是描述体系状态的重要物理量。

宇称的概念涉及空间反演。所谓空间反演是指空间坐标以坐标原点为对称中心进行变换，如 $\boldsymbol{r}\to-\boldsymbol{r}, x\to -x$。

如果体系的势函数具有如下特性：

$$U(x)=V(-x) \quad 或 \quad U(\boldsymbol{r})=V(-\boldsymbol{r})$$

就称体系具有**空间反演不变性**。

有时波函数在空间反演下具有确定的宇称。如 $\psi(-\boldsymbol{r})=\begin{cases}\psi(\boldsymbol{r}), & 称为偶宇称\\ -\psi(\boldsymbol{r}), & 称为奇宇称\end{cases}$。

如体系的能量算符具有空间反演不变性，即

$$\hat{H}(-\boldsymbol{r})=\hat{H}(\boldsymbol{r}) \tag{3-27}$$

也称**空间反演对称**，则体系必存在具有确定宇称的定态。以下简单证明：

$$\hat{H}(x)\psi(x)=E\psi(x)$$

做空间反演变换

$$\hat{H}(-x)\psi(-x)=E\psi(-x)$$

利用式(3-27)，有

$$\hat{H}(x)\psi(-x)=E\psi(-x)$$

说明 $\psi(x)$和 $\psi(-x)$具有共同的本征值。如果对应能量 E 的定态是非简并的(非退化的。一般一维束缚态都是非简并的)。那么 $\psi(x)$和 $\psi(-x)$线性相关，即 $\psi(-x)=\lambda\psi(x)$。

于是

$$\psi(x)=\lambda\psi(-x)=\lambda^2\psi(x)$$

得

$$\lambda=\pm 1$$

于是

$$\psi(-x)=\pm\psi(x)$$

即状态要么偶宇称，要么奇宇称。

如果对应的 E 是简并的，**体系的能量本征态不一定具有确定的宇称，但通过线形组合，一定能够找到一个具有确定宇称的状态！**

由前面的定量计算过程，可以归纳出解定态薛定谔方程的大致路子。

第一步：分析力场，写出能量算符的具体形式，从而给出定态薛定谔方程的具体形式。

第二步：将能量算符$\hat{H}$的本征方程中的 E 作为参数，先不管它，去求解微分方程，给出特解或通解形式。

第三步：通过波函数的自然条件定出能量本征值。若波函数在无穷远处为零，则对应的状态为束缚态，本征值谱为分立谱；若波函数在无穷远处不为零(但必须应该有限)，则对应的状态为非束缚态，一般来说，对应的本征值谱为连续谱。

第四步：讨论。

3.5 线性谐振子

3.5.1 问题的提出

任何体系的微小振动，常可被看作是若干彼此独立的一维谐振动的叠加。而且谐振动还可作为许多复杂运动很好的初级近似，因此，从理论和应用上研究谐振子运动，都是非常有意义的。

如果取自然平衡位置为原点，如图 3-7 所示，则一维谐振子的位能可表示为

$$U(x) = \frac{1}{2}m\omega^2 x^2 = \frac{1}{2}kx^2$$

其中，m 为粒子的质量，ω 为固有频率。谐振子位能是 x 的连续函数，$V(0)=0$，并且当 $x\to\pm\infty$时，$V(x)\to\infty$。

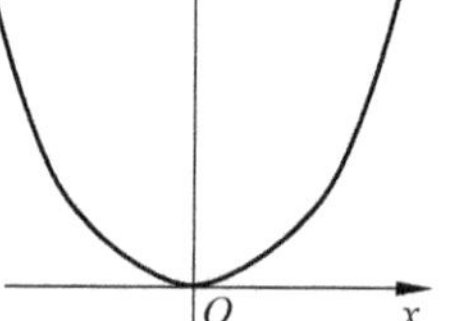

图 3-7 一维谐振子位能

在经典理论中，线形谐振子运动也是一个重要的课题。为了与量子理论中的情况相对照，下面简单给出经典理论中的基本结论。

牛顿方程为

$$F = -\frac{\partial V(x)}{\partial x} = -kx = m\frac{\mathrm{d}^2 x}{\mathrm{d}t^2}$$

轨道函数为

$$x(t) = A\sin(\omega t - \delta)$$

经典动能为

$$T = \frac{1}{2}mv^2 = \frac{1}{2}m\omega^2 A^2\cos^2(\omega t - \delta)$$

经典位能为

$$U = \frac{1}{2}m\omega^2 A^2\sin^2(\omega t - \delta)$$

经典总能量为

$$E = T + U = \frac{1}{2}m\omega^2 A^2 \geqslant 0$$

$x=\pm A$ 点为转折点，此时动能为零，势能最大。

经典线性谐振子的能量可以取大于等于零的任意实数值，粒子完全被束缚在位阱之中，并且在 $x=0$ 处的概率最小。

3.5.2 定量求解

我们要求解的定态薛定谔方程为

$$-\frac{\hbar^2}{2m}\frac{\partial^2\psi(x)}{\partial x^2} + \frac{1}{2}m\omega^2 x^2\psi(x) = E\psi(x) \tag{3-28}$$

引入参数

$$\alpha=\sqrt{\frac{m\omega}{\hbar}},\quad \xi=\alpha x,\quad \lambda=\frac{2E}{\hbar\omega}$$

代入方程(3-28)中，有

$$\psi''(\xi)+(\lambda-\xi^2)\psi(\xi)=0 \tag{3-29}$$

当 $\xi\to\pm\infty$ 时，上式变成

$$\psi''(\xi)-\xi^2\psi(\xi)=0 \tag{3-30}$$

利用试探法可知，上式解的形式为

$$\psi(\xi)\approx \mathrm{e}^{-\frac{1}{2}\xi^2}$$

可以取式(3-29)一般解的形式为

$$\psi(\xi)=v(\xi)\mathrm{e}^{-\frac{1}{2}\xi^2} \tag{3-31}$$

其中

$$v(\xi)=\sum_{k=0}^{\infty}a_k\xi^k \tag{3-32}$$

将式(3-31)代入式(3-29)，可以得到关于 $v(\xi)$ 的方程

$$v''(\xi)-2\xi v'(\xi)+(\lambda-1)v(\xi)=0 \tag{3-33}$$

将式(3-32)代入上式可得

$$\sum_{k=2}^{\infty}a_k k(k-1)\xi^{k-2}-2\sum_{k=1}^{\infty}a_k k\xi^k+(\lambda-1)\sum_{k=0}^{\infty}a_k\xi^k=0 \tag{3-34}$$

令 $k-2=n$，则 $\sum\limits_{k=2}^{\infty}a_k k(k-1)\xi^{k-2}\to\sum\limits_{n=0}^{\infty}a_{n+2}(n+2)(n+1)\xi^n$

再将 n 换成 k，则式(3-34)中，第一个求和项变成

$$\sum_{k=0}^{\infty}a_{k+2}(k+2)(k+1)\xi^k$$

式(3-34)中，第二个求和项可以写成

$$2\sum_{k=1}^{\infty}a_k k\xi^k=2\left(a_0\times 0\times\xi^0+\sum_{k=1}^{\infty}a_k k\xi^k\right)=2\sum_{k=0}^{\infty}a_k k\xi^k$$

于是公式(3-34)可变成

$$\sum_{k=0}^{\infty}\{a_{k+2}(k+2)(k+1)+[(\lambda-1)-2k]a_k\}\xi^k=0$$

要使上式成立，应令系数为零，从而有

$$a_{k+2}=\frac{2k-(\lambda-1)}{(k+2)(k+1)}a_k \tag{3-35}$$

上式就是 $v(\xi)$ 幂级数展开式系数的递推公式。若已知 $a_0(a_1)$，按照递推公式就可以得到 $a_2(a_3)$，进而求得 $a_4(a_5)$，以此类推。这样，我们可以把 $v(\xi)$ 分成两类，即

$$v(\xi)=\begin{cases}\sum a_k\xi^k\equiv a_0v^{(0)}, & k \text{ 为偶数}\\ \sum a_k\xi^k\equiv a_1v^{(1)}, & k \text{ 为奇数}\end{cases} \tag{3-36}$$

将上式代入式(3-31)可得渐进解形式为

$$\psi(\xi)=\begin{cases}a_0v^{(0)}\mathrm{e}^{-\frac{1}{2}\xi^2} & (3\text{-}37)\\ a_1v^{(1)}\mathrm{e}^{-\frac{1}{2}\xi^2} & (3\text{-}38)\end{cases}$$

由递推公式可得

$$a_2=\frac{1-\lambda}{2\times1}a_0,\quad a_4=\frac{1-\lambda+4}{4\times3}a_2=\frac{(5-\lambda)(1-\lambda)}{4\times3\times2\times1}a_0,$$

$$a_6=\frac{(9-\lambda)(5-\lambda)(1-\lambda)}{6\times5\times4\times3\times2\times1}a_0,\quad a_8=\frac{(13-\lambda)(9-\lambda)(5-\lambda)(1-\lambda)}{8\times7\times6\times5\times4\times3\times2\times1}a_0,\cdots$$

于是 $a_0v^{(0)}$ 可以写成

$$a_0v^{(0)}\equiv\sum a_k\xi^k=a_0\left(1+\frac{1-\lambda}{2\times1}\xi^2+\frac{(5-\lambda)(1-\lambda)}{4\times3\times2\times1}\xi^4+\cdots\right)\tag{3-39}$$

而 e^{ξ^2} 可以写成

$$e^{\xi^2}=1+\xi^2+\frac{1}{2}\xi^4+\frac{1}{3\times2}\xi^6+\cdots\tag{3-40}$$

比较式(3-39)和式(3-40)，当 $\xi\to\infty$ 时，$a_0v^{(0)}\sim e^{\xi^2}$，于是可知，当 $\xi\to\infty$ 时

$$a_0v^{(0)}e^{-\frac{1}{2}\xi^2}\sim e^{\frac{1}{2}\xi^2}$$

同样分析可知，当 $\xi\to\infty$ 时

$$a_1v^{(1)}e^{-\frac{1}{2}\xi^2}\sim\xi e^{\frac{1}{2}\xi^2}$$

因此为了保证 $\xi\to\pm\infty$ 时波函数有限，只能要求 $v(\xi)=\sum\limits_{k=0}^{\infty}a_k\xi^k$ 在某一项切断，使其从无穷多项求和，变成有限项求和，如果我们令 $k=n$ 时切断，则由递推公式(3-35)可得

$$2n=\lambda-1\tag{3-41}$$

这样 $a_0v^{(0)}$（n 为偶数时）或 $a_1v^{(1)}$（n 为奇数时）就变成有限的 n 项之和，这种多项式记为 $H_n(\xi)$ 称为“厄米特多项式”。根据式(3-33)，厄米特多项式满足的方程为

$$H''_n(\xi)-2\xi H'_n(\xi)+2nH_n(\xi)=0\tag{3-42}$$

由式(3-41)及 λ 的定义可得

$$E_n=\frac{\hbar\omega}{2}(2n+1),\quad n=0,1,2,\cdots\tag{3-43}$$

直接给出方程(3-42)的解

$$H_n(\xi)=(-1)^ne^{\xi^2}\frac{d^n}{d\xi^n}e^{-\xi^2}\tag{3-44}$$

从而波函数为

$$\psi_n(\xi)=N_ne^{-\frac{1}{2}\xi^2}(-1)^ne^{\xi^2}\frac{d^n}{d\xi^n}e^{-\xi^2}\tag{3-45}$$

其中 N_n 为归一化因子 $N_n=\left[\frac{a}{2^nn!\sqrt{\pi}}\right]^{\frac{1}{2}}$。

具体写出最低的几条能级和对应的波函数为

$$E_0=\frac{1}{2}\hbar\omega,\quad\psi_0(x)=\frac{\sqrt{a}}{\pi^{\frac{1}{4}}}e^{-\frac{1}{2}a^2x^2}$$

$$E_1=\frac{3}{2}\hbar\omega,\quad\psi_1(x)=\frac{\sqrt{2a}}{\pi^{\frac{1}{4}}}axe^{-\frac{1}{2}a^2x^2}$$

$$E_2=\frac{5}{2}\hbar\omega,\quad\psi_2(x)=\frac{1}{\pi^{\frac{1}{4}}}\sqrt{\frac{a}{2}}(2a^2x^2-1)e^{-\frac{1}{2}a^2x^2}$$

$$E_3 = \frac{7}{2}\hbar\omega, \quad \psi_3(x) = \frac{\sqrt{3a}}{\pi^{\frac{1}{4}}}ax\left(\frac{2}{3}a^2x^2 - 1\right)e^{-\frac{1}{2}a^2x^2}$$

$$E_4 = \frac{9}{2}\hbar\omega, \quad \psi_4(x) = \cdots$$

3.5.3 物理讨论

1. 能级

(1) 能量取值量子化，n 称为量子数。

(2) 最小能量不为零。具有最低能量，$E_0 = \frac{\hbar\omega}{2}$，称为零点能。这与经典谐振子完全不同。再次说明，绝对“静止”的波是没有的，这是一种量子效应。

(3) 能级间隔是相等的，间距为$\hbar\omega$。

(4) 能级是不退化的。

(5) 能级间的跃迁发生在相邻能级之间，跃迁只能逐级进行。

线性谐振子的能级图如图 3-8 所示。

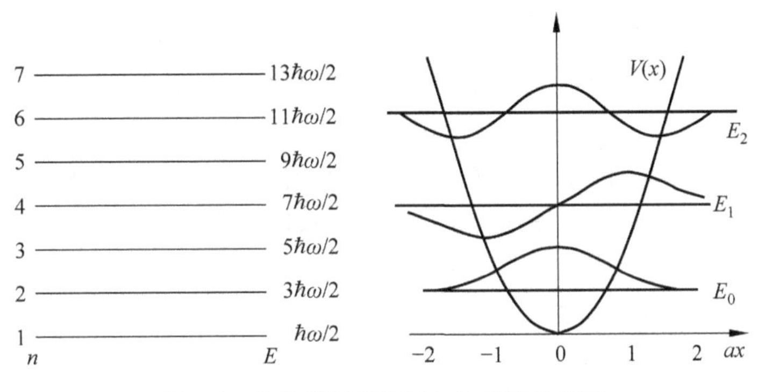

图 3-8 线性谐振子能级与波函数示意图

由于能级具有(3)、(5)的特点，因此各能级间跃迁都发出频率相同的辐射。实验测得的能谱中只有一条谱线。

2. 波函数

(1) 波函数 $\psi_n(x)$ 具有节点数为 n。

(2) 波函数 $\psi_n(x)$ 具有确定的宇称，$\psi_n(-x)=(-1)^n\psi_n(x)$。

(3) 位置概率、势垒贯穿。以基态为例

$$E_0 = \frac{1}{2}\hbar\omega, \quad \psi_0(x) = \frac{\sqrt{a}}{\pi^{\frac{1}{4}}}e^{-\frac{1}{2}a^2x^2}$$

相应的位置概率密度为

$$W_0(x) = |\psi_0(x)|^2 = \frac{a}{\sqrt{\pi}}e^{-a^2x^2}$$

与经典谐振子比较：

a) 经典谐振子在 0 点处的概率最小，而量子力学里，在 0 点处概率最大；

b) 当经典谐振子的能量为$\hbar\omega/2$ 时，转折点为$\pm 1/\alpha$。

经典粒子只能处在$|x|\leqslant 1/\alpha$区域中，但按量子力学的计算，粒子在$|x|>1/a$区域，仍有不为零的概率。在基态时，粒子出现在$|x|>1/a$的总概率与出现在整个空间的总概率之比大约为16%。这种明显的量子效应将随着量子数n的增加而减弱。n越大，“量子”与“经典”之间的相似性就越大。这正是尼尔斯·玻尔的“对应原理”的一个佐证。**所谓“对应原理”是指，在大量子数极限下，量子论必逐渐趋近于经典理论。**

前面讲的几个例子都比较简单，可以得到定态薛定谔方程的精确解，因此常被理论计算用作初级近似。

3.6　定态薛定谔方程的定性讨论

本章的大部分内容，是以$U(x)$为阶梯形函数时的本征问题为主要内容的，这样做主要是为了避免复杂的数学推导，从而突出物理思想，明晰地分析物理结果，有助于进一步理解量子力学的基本原理。

在进行了一系列定量计算和讨论后，下面给出总结性的定性讨论和一些一般性的结论。

3.6.1　定态薛定谔方程的定性讨论

一维定态薛定谔方程可以写成如下形式

$$\psi''(x)=\frac{2m}{\hbar}[U(x)-E]\psi(x) \tag{3-46}$$

进一步可以得到

$$\frac{\psi''(x)}{\psi}=\frac{2m}{\hbar}[U(x)-E] \tag{3-47}$$

(1) 在x的某一区域中$U(x)-E<0$时，这种情况相当于总能量大于位能，经典理论允许这种情况存在。此时$\psi''(x)$和$\psi(x)$的符号相反。

如果$\psi(x)>0$，则$\psi''(x)<0$，说明$\psi'(x)$是减函数。

$\psi'(x)$是减函数，说明$\psi(x)$斜率越来越小，如图3-9(a)所示，此时波函数必弯向实轴。

如果$\psi(x)<0$，则$\psi''(x)>0$，说明$\psi'(x)$是增函数。

$\psi'(x)$是增函数，说明$\psi(x)$斜率越来越大，如图3-9(b)所示，此时波函数也必弯向实轴。

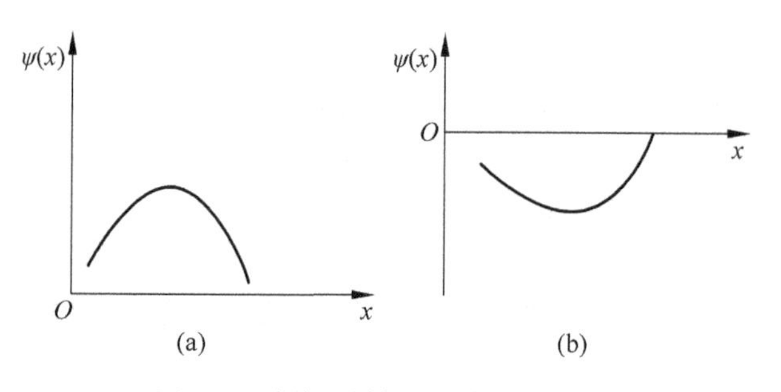

图3-9　随着x增加波函数弯向实轴

总而言之，在 $E>U(x)$ 的区域中，波函数 $\psi(x)$ 的曲线趋势总是弯向实轴的，曲线会一段一段地与正弦或余弦曲线相似。

对比前面定量计算的结果：

由式(3-46)，当 $U(x)-E<0$，即 $U(x)-E=-|U(x)-E|$ 时，其解为

$$\psi(x)=A\mathrm{e}^{\mathrm{i}kx}+B\mathrm{e}^{-\mathrm{i}kx}$$
$$\psi(x)=A\sin kx+B\cos kx$$
$$\psi(x)=A\sin(kx+B)$$

其中 $k=\frac{\sqrt{2m(E-U)}}{\hbar}$，上面的三种解都是振荡形式的解，俗称“振荡解”。

(2) 在 x 的某一区域中 $U(x)-E>0$ 时，这种情况相当于总能量小于位能，是经典理论所不允许的。但在量子力学中却允许这种情况。在此区域中，波函数的形状将发生很大变化，此时 $\psi''(x)$ 和 $\psi(x)$ 具有相同的符号。

如果 $\psi(x)>0$，则 $\psi''(x)>0$，说明 $\psi'(x)$ 是增函数。

$\psi'(x)$ 是增函数，说明 $\psi(x)$ 斜率越来越大，如图 3-10 上半部所示，此时波函数曲线必弯离实轴。

如果 $\psi(x)<0$，则 $\psi''(x)<0$，说明 $\psi'(x)$ 是减函数。

$\psi'(x)$ 是减函数，说明 $\psi(x)$ 斜率越来越小，如图 3-10 下半部所示，此时波函数曲线必弯离实轴。

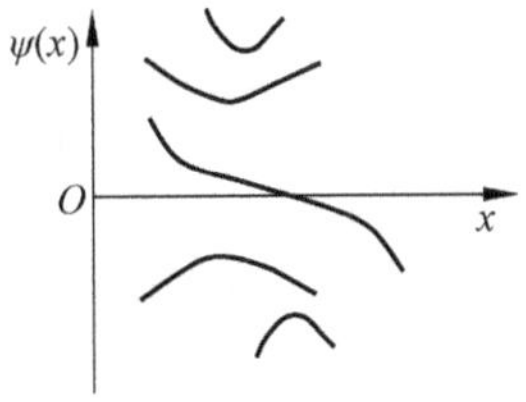

图 3-10 随 x 增加，函数曲线偏离实轴

曲线一旦自实轴偏离而去，就“一去不复返”。

总之，此时波函数曲线弯离实轴。在 $x\to\pm\infty$ 时，波函数会变成无穷大。只有当拐点正好落在 $x=\pm\infty$ 时，波函数 $\psi(x)$ 在 $x\to\pm\infty$ 时才会趋于零。只有这时，波函数才会满足自然条件。

对比前面定量计算的结果。由式(3-46)，当 $U(x)-E>0$ 时，其解为

$$\psi(x)=A\mathrm{e}^{\alpha x}+B\mathrm{e}^{-\alpha x}$$

其中 $\alpha=\frac{\sqrt{2m[U(x)-E]}}{\hbar}$。

与定性分析的结果相同，俗称“衰减解”。

在 $(-\infty,+\infty)$ 全部的自变量区域中，要求波函数 $\psi(x)$ 及其一级导数 $\psi'(x)$ 在各区域中都光滑地连接起来，就得适当选取波函数中的 k 或 α，从而使得能量 E 不能随便取值，只能够取某些特定值。

只有对应这些特定值，波函数 $\psi(x)$ 才能满足自然条件，这样就使能量量子化了。

另外，由于波函数还要满足有限的要求，这就要求在 x 趋向正负无穷大过程中，要么出现振荡解的形式，要么出现拐点在 $(\pm\infty)$ 处的衰减解的形式。对于前者，$\psi(x)$ 在 $x\to\pm\infty$ 时，概率不为零。对于后者，则为零。

如果在整个自变量区域中均有 $E>U(x)$，则波函数在全部自变量区域中的任何点上均满足自然条件。此时**在无穷远处，波函数 $\psi(x)$ 有限，但不为零，表示非束缚态。对应的本征值谱为连续谱。**

如果在包括无穷远点在内的区域中，波函数 $\psi(x)$ 为衰减形式，则拐点在无穷远处时，满足波函数有限的要求，并且 $\psi(x)\xrightarrow{x\to\infty}0$，表示束缚态。对应的本征值谱为断续谱。

3.6.2 束缚态与非束缚态

定态薛定谔方程的本征函数一般分为两类。

1. 束缚态波函数

$$\psi(x) \xrightarrow{x\to\pm\infty} 0$$

这时,波函数 $\psi(x)$ 为平方可积函数,能量取值量子化。一维时,$U(x)$实函数,波函数 $\psi(x)$可选实函数,并且,当 $U(x)$具有对称性时,波函数 $\psi(x)$具有**特定宇称**。

2. 非束缚态波函数

$$\psi(x) \xrightarrow{x\to\pm\infty} \text{有限值} \neq 0$$

这时波函数为非平方可积函数。能量取连续值。

在一维运动中,实现束缚态的条件一般是在包括$\pm\infty$点在内的最外区,$U(x)-E>0$,即 $E<U_{外\min}$(最外区最小位能)。这时才可能存在束缚态解。

束缚态的能量必大于位能 $U(x)$的最小值 $V_{\min}$,下面简单证明之。

设 $\psi(x)$是定态薛定谔方程的解,则

$$\hat{T}\psi(x)+U(x)\psi(x) = E\psi(x) \tag{3-48}$$

两边都作用以 $\int\psi^*(x)\mathrm{d}x$,则得

$$\int\psi^*(x)\,\hat{T}\psi(x)\mathrm{d}x+\int\psi^*(x)U(x)\psi(x)\mathrm{d}x = E\int\psi^*\psi\mathrm{d}x \tag{3-49}$$

任何一个算符$\hat{A}$在态 $\psi(x)$上的平均值记为 $\overline{A}$ 或$\langle A\rangle$,其定义为

$$\overline{A} = \langle A\rangle = \int\psi(x)^*\,\hat{A}\psi(x)\mathrm{d}x$$

因此式(3-49)可写成在态 $\psi(x)$上平均值的关系式

$$\langle T\rangle+\langle U\rangle = E \tag{3-50}$$

式(3-50)表明,**定态的能量**等于在**该态**上动能算符及位能算符平均值的和。(这个结论自然不限于一维情况)

动能算符平均值

$$\overline{T}=-\frac{\hbar^2}{2m}\int_{-\infty}^{\infty}\psi^*(x)\frac{\mathrm{d}^2}{\mathrm{d}x^2}\psi(x)\mathrm{d}x=-\frac{\hbar^2}{2m}\left[\psi^*\psi'\Big|_{-\infty}^{\infty}-\int_{-\infty}^{\infty}\psi'(x)\frac{\mathrm{d}\psi^*(x)}{\mathrm{d}x}\mathrm{d}x\right]$$

$$=\frac{\hbar^2}{2m}\int_{-\infty}^{\infty}\frac{\mathrm{d}\psi(x)}{\mathrm{d}x}\frac{\mathrm{d}\psi^*(x)}{\mathrm{d}x}\mathrm{d}x=\frac{\hbar^2}{2m}\int_{-\infty}^{\infty}\left|\frac{\mathrm{d}\psi(x)}{\mathrm{d}x}\right|^2\mathrm{d}x>0$$

注意,计算中用到了 $\psi(x\xrightarrow{x\to\pm\infty}0)$。

位能平均值

$$\overline{V}=\int_{-\infty}^{\infty}\psi^*(x)U(x)\psi(x)\mathrm{d}x\geqslant\int_{-\infty}^{\infty}\psi^*(x)U_{\min}\psi(x)\mathrm{d}x$$

$$=V_{\min}\int_{-\infty}^{\infty}\psi^*(x)\psi(x)\mathrm{d}x=U_{\min}$$

于是,由式(3-50)得

$$E = \overline{T} + \overline{V} > V_{\min}$$

3.6.3 一维运动波函数的特点

(1) 设 $\psi_1(x)$和 $\psi_2(x)$是对应于同一能量 E 的本征函数,则

$$\psi_1\psi_2' - \psi_2\psi_1' = 常数$$

证明 定态薛定谔方程可写成

$$\frac{\psi''}{\psi} = \frac{2m}{\hbar^2}[U(x) - E]$$

对同一个 E,有

$$\frac{\psi_1''}{\psi_1} = \frac{2m}{\hbar^2}[U(x) - E]$$

$$\frac{\psi_2''}{\psi_2} = \frac{2m}{\hbar^2}[U(x) - E]$$

得

$$\frac{\psi_1''}{\psi_1} = \frac{\psi_2''}{\psi_2}$$

即

$$\psi_1''\psi_2 - \psi_2''\psi_1 = 0$$

上式可以改写成

$$\frac{\mathrm{d}}{\mathrm{d}x}(\psi_1\psi_2' - \psi_2\psi_1') = 0$$

从而得

$$\psi_1\psi_2' - \psi_2\psi_1' = 常数 \quad (与\ x\ 无关)$$

(2) 当位能算符具有"很好的行为"(如无奇异点)时,一维运动束缚态不存在退化。

证明

假设 $\psi_1(x)$和 $\psi_2(x)$是对应于同一能量 E 的本征函数,则

$$\psi_1\psi_2' - \psi_2\psi_1' = A \tag{3-51}$$

A 为与 x 无关的常数,又因为 ψ_1 和 ψ_2 是束缚态,则 $\psi_{1,2}\xrightarrow{|x|\to\infty}0$。因此由式(3-51)可以看出,对于任何 x 值均有 $A=0$,所以

$$\psi_1\psi_2' - \psi_2\psi_1' = 0$$

即

$$\frac{\mathrm{d}\psi_1}{\psi_1} = \frac{\mathrm{d}\psi_2}{\psi_2}$$

于是得

$$\ln\psi_2 = \ln\psi_1 + \alpha$$

$$\psi_2 = C\psi_1$$

C,α 均为常数。这说明 $\psi_1(x)$和 $\psi_2(x)$并不是线性独立的,证毕。

(3) 当 $U(x)$ 是实函数时，一维束缚态波函数可以取为实函数

证明

由于 $U(x)$ 是实函数，所以有

$$\psi''(x)=\frac{2m}{\hbar^2}[U(x)-E]\psi(x)$$

$$\psi^{*}{}''(x)=\frac{2m}{\hbar^2}[U(x)-E]\psi^{*}(x)$$

说明 $\psi(x)$ 和 $\psi^{*}(x)$ 对应同一本征值 E，如前所述这两者仅相差一个常数 C，即

$$\psi(x)=C\psi^{*}(x)$$

因此

$$\psi^{*}(x)=C^{*}\psi(x)=C^{*}C\psi^{*}(x)$$

从而

$$|C|^2=1,\quad C=\mathrm{e}^{\mathrm{i}\delta}$$

如果取 $\delta=0$，则 $\psi(x)$ 就是实函数，证毕。

3.6.4 束缚态能量取值特征

束缚态下粒子能量取 $V_{\min}<E<V_{外\min}$ 间一组断续值。

例 1 粒子处于如图 3-11 所示的势场中，试分析

(1) $V_1<E<V_2$；

(2) $V_2<E<V_3$；

(3) $V_3<E<V_4$；

(4) $V_4<E<V_5$；

(5) $E>V_5$，各种情况下对应的状态

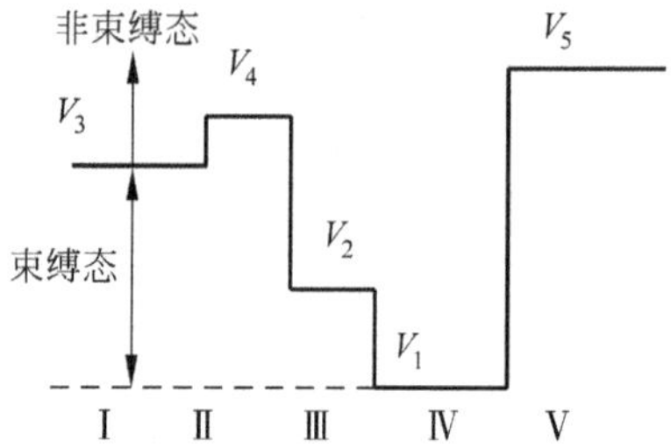

图 3-11 一维势函数示意图

分析：

(1) $V_1<E<V_2$；

(2) $V_2<E<V_3$，波函数在Ⅰ区和Ⅴ区均是指数衰减形式，从而对应的是束缚态解

(3) $V_3<E<V_4$；

(4) $V_4<E<V_5$；

(5) $E>V_5$，波函数在Ⅰ区或同时在Ⅰ，Ⅴ区有振荡解，从而对应非束缚态。

思考题：对于经典粒子，当 $E<V_4$ 时，粒子将束缚于阱中。对于量子体系，当 $V_3<E<V_4$ 时，为什么对应的却是非束缚态？

例 2 试定性分析一维谐振子解的特性

(1) 由 $U(x)=\frac{1}{2}m\omega^2x^2$ 可知，当 $x\to\pm\infty$ 时，$U(x)\to\infty$，因此可以肯定此时有 $E<V_{外}$，从而立即可知我们处理的将是束缚态问题，能量取值量子化。

(2) 由于 $U(x)$ 的最小值 $U_{\min}=0$，故可以断定，定态能量值 $E_n>0$。

(3) 由于位函数具有对称性 $U(x)=U(-x)$，所以波函数一定具有确定的宇称，即

$$\psi(-x)=\pm\psi(x)$$

所有这些结论和我们前面对一维谐振子问题的定量处理所得到的结果完全一致。反过来说，由定性知识得到的信息无疑是我们定量处理一维问题的指导。

思考题：设粒子处于 $U(x)=\mathrm{e}^{x^2}$ 的势场中，试定性分析其解的性质。

3.6.5 三维定态问题和一维定态问题的关系

设体系的哈密顿量为

$$\hat{H} = -\frac{\hbar^2}{2m}\nabla^2 + U(\boldsymbol{r})$$

相应的本征方程为

$$\hat{H}\psi(x,y,z) = E\psi(x,y,z)$$

如果有 $U(\boldsymbol{r})=U_1(x)+U_2(y)+U_3(z)$，则方程有如下形式的解

$$\psi(x,y,z) = \varphi_1(x)\varphi_2(y)\varphi_3(z)$$

且方程可分为三个类似的一维方程

$$\left[-\frac{\hbar^2}{2m}\frac{\mathrm{d}^2}{\mathrm{d}x^2} + U_1(x)\right]\varphi_1(x) = E_x\varphi_1(x)$$

$$\left[-\frac{\hbar^2}{2m}\frac{\mathrm{d}^2}{\mathrm{d}y^2} + U_2(y)\right]\varphi_2(y) = E_y\varphi_2(y)$$

$$\left[-\frac{\hbar^2}{2m}\frac{\mathrm{d}^2}{\mathrm{d}z^2} + U_3(z)\right]\varphi_3(z) = E_z\varphi_3(z)$$

能量 $E=E_x+E_y+E_z$。

例 3 设粒子被限在长、宽、高分别为 a,b,c 的方盒中运动，求粒子的能量和波函数。

依题意粒子所处的位场可表示成

$$U(x,y,z) = \begin{cases} U_1(x) = \begin{cases} 0, & 0 \leqslant x \leqslant a \\ \infty, & x<0, x>a \end{cases} \\ U_2(y) = \begin{cases} 0, & 0 \leqslant y \leqslant b \\ \infty, & y<0, y>b \end{cases} \\ U_3(z) = \begin{cases} 0, & 0 \leqslant z \leqslant c \\ \infty, & z<0, z>c \end{cases} \end{cases}$$

且有 $U(x,y,z)=U_1(x)+U_2(y)+U_3(z)$，则

$$\psi(x,y,z) = \varphi_1(x)\varphi_2(y)\varphi_3(z)$$

$$E = E_x + E_y + E_z$$

其中，$\varphi_i(\xi)$ 和 $E_i(i=1,2,3,\xi=x,y,z)$ 是宽为 $L(L=a,b,c)$ 的无限深势阱的解，即

$$E_i = \frac{\pi^2\hbar^2}{2mL^2}n_i^2$$

$$\varphi_i(\xi) = \sqrt{\frac{2}{L}}\sin\frac{n_i\pi}{L}\xi, \quad n_i = 1,2,3,\cdots$$

从而得

$$E = \frac{\pi^2\hbar^2}{2m}\left(\frac{n_1^2}{a^2} + \frac{n_2^2}{b^2} + \frac{n_3^2}{c^2}\right)$$

$$\psi(x,y,z) = \sqrt{\frac{8}{abc}}\sin\frac{n_1\pi}{a}x\sin\frac{n_2\pi}{b}y\sin\frac{n_3\pi}{c}z, \quad n_i = 1,2,3,\cdots$$

习题

1. 设粒子的归一化波函数为 $\varphi(x,y,z)$，求：

(1) 在$(x,x+\mathrm{d}x)$范围内找到粒子的概率；

(2) 在(y_1,y_2)范围内找到粒子的概率；

(3) 在(x_1,x_2)及(z_1,z_2)范围内找到粒子的概率。

2. 设粒子的归一化波函数为 $\psi(r,\theta,\varphi)$，求：

(1) 在球壳$(r,r+\mathrm{d}r)$内找到粒子的概率；

(2) 在(θ,φ)方向的立体角 $\mathrm{d}\Omega$ 内找到粒子的概率。

3. 下列波函数所描述的状态是否为定态？为什么？

(1) $\Psi_1(x,t)=\psi_1(x)\mathrm{e}^{\mathrm{i}x-\frac{\mathrm{i}}{\hbar}Et}+\psi_2(x)\mathrm{e}^{-\mathrm{i}x-\frac{\mathrm{i}}{\hbar}Et}$

$[\psi_1(x)\neq\psi_2(x)]$

(2) $\Psi_2(x,t)=\psi(x)\mathrm{e}^{-\frac{\mathrm{i}}{\hbar}E_1t}+\psi(x)\mathrm{e}^{-\frac{\mathrm{i}}{\hbar}E_2t}\quad(E_1\neq E_2)$

(3) $\Psi_3(x,t)=\psi(x)\mathrm{e}^{-\frac{\mathrm{i}}{\hbar}Et}+\psi(x)\mathrm{e}^{\frac{\mathrm{i}}{\hbar}Et}$

4. 对于一维粒子，设 $\psi(x,0)=\dfrac{1}{\sqrt{2\pi\hbar}}\mathrm{e}^{\frac{\mathrm{i}}{\hbar}p_0x}$，求 $\Psi(x,t)$。

5. 证明在定态中，概率密度和概率流密度均与时间无关。

6. 由下列两个定态波函数计算概率流密度。

(1) $\psi_1(x)=A\mathrm{e}^{-\mathrm{i}kx}\cdot\mathrm{e}^{-\frac{\mathrm{i}}{\hbar}Et}$；

(2) $\psi_2(x)=A\mathrm{e}^{\mathrm{i}kx}\cdot\mathrm{e}^{-\frac{\mathrm{i}}{\hbar}Et}$。

从所得结果证明：$\psi_1(x)$表示沿 x 轴正方向传播的平面波。$\psi_2(x)$表示沿 x 轴反向传播的平面波。

7. 由下列两个定态波函数计算概率流密度

(1) $\varphi_1(r)=\dfrac{A}{r}\mathrm{e}^{\mathrm{i}kr}$；(2) $\varphi_2(r)=\dfrac{A}{r}\mathrm{e}^{-\mathrm{i}kr}$

从所得结果证明 $\varphi_1(r)$表示向外传播的球面波，$\varphi_2(r)$表示向内传播的球面波（即向原点）。

8. 求波函数 $\varphi_n(x)=\begin{cases}A\sin\dfrac{\pi n}{2a}(x+a), & |x|<a\\ 0, & |x|>a\end{cases}$ 的归一化常数 A。

9. 一粒子在一维势场 $u(x)=\begin{cases}u_0>0, & |x|>a\\ 0, & |x|\leqslant a\end{cases}$ 中运动，求束缚态$(0<E<u_0)$的能级所满足的方程。

10. 若在一维无限深势阱中运动的粒子的量子数为 n，求：

(1) 距势阱内左壁$\dfrac{1}{4}$宽度内发现粒子的概率；

(2) n 取何值时，在此区域内找到粒子的概率最大？

(3) 当 $n\to\infty$ 时，这个概率的极限是多少？这个结果与经典情况比较，说明了什么问题？

11. 一粒子在一维势场中运动，势能对原点对称 $U(x)=U(-x)$，证明粒子的定态波函数具有确定的宇称。

12. 一粒子在势场 $u(x)=\begin{cases}\frac{1}{2}kx^2, & x>0\\ \infty, & 0\leqslant 0\end{cases}$ 中运动，试利用谐振子的级数解求此粒子的能量值。

13. 一电荷为 e 的谐振子受恒定的弱电场 ε 作用，电场沿正 x 方向，求该粒子的能量及相应的波函数。

14. 对于一维定态谐振子的第一激发态 $\varphi_1(x)$，求：

(1) 振子概率最大的位置；

(2) 经典振幅 A。

15. 设 $\varphi(x,t)=Ax(a-x)$，其中 $0\leqslant x\leqslant a$，求归一化常数 A，并问在何处找到粒子的概率最大？

16. 若粒子只在一维空间中运动，它的状态可用波函数

$$\psi(x,t)=\begin{cases}A\sin\dfrac{\pi}{a}\mathrm{e}^{-\frac{\mathrm{i}}{\hbar}Et}, & 0\leqslant x\leqslant a\\ 0, & x<0,x>a\end{cases}$$

来描述，式中 E 和 a 分别为确定的常数，而 A 是任意常数，求：

(1) 归一化的波函数；

(2) 概率密度(即概率分布函数) $w(x,t)$；

(3) 在何处找到粒子的概率最大？

(4) $\bar{x}$，$\bar{x}^2$ 的值。

17. 一维运动的粒子处在 $\varphi(x)=\begin{cases}Ax\mathrm{e}^{-\lambda x}, & x>0\\ 0, & x\leqslant 0\end{cases}$ 的状态，其中 $\lambda>0$，求：

(1) 归一化的函数；

(2) 概率分布函数 $w(x)$；

(3) 在何处找到粒子的概率最大？

(4) $\bar{x}$，$\bar{x}^2$ 的值。

$\left[\text{提示：}\int_0^\infty x^n\mathrm{e}^{-ax}\mathrm{d}x=\dfrac{n!}{a^{n+1}},a>0\right]$

18. 一维运动的粒子处在 $\varphi(x)=A\mathrm{e}^{-\frac{1}{2}\alpha^2x^2}$ 的状态，其中 $\alpha>0$。求：

(1) 归一化波函数；

(2) 概率分布函数 $w(x)$；

(3) 在何处找到粒子的概率最大？

(4) $\bar{x}$，$\bar{x}^2$ 的值。

$\left[\text{提示：}\int_0^\infty x^{2n}\mathrm{e}^{-ax^2}\mathrm{d}x=\dfrac{1\cdot 3\cdot 5\cdot\cdots\cdot(2n-1)}{2^{n+1}a^n}\sqrt{\dfrac{\pi}{a}}\right]$

19. 试一般证明：对于任何势垒，关系式 $R+D=1$ 自动满足，其中 R 为反射系数，D 为

透射系数。

20. 当无外场时，在金属中的电子的势能可以近似视为

$$u(x)=\begin{cases}0, & x\leqslant 0(\text{在金属内})\\ u_0, & x>0(\text{在金属外})\end{cases}$$

求电子在均匀外电场作用下，穿过金属表面的透射系数。

21. 在宽度为 a 的范围内作一维自由运动的粒子，它的两个本征态波函数如图 3-12 所示，相应于本征波函数 ψ_1 的能量为 4eV，问相应于 ψ_2 的能量本征值是多少？

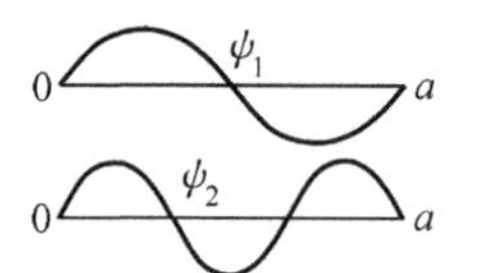

图 3-12　习题 21 用图

第4章 量子力学中的力学量

4.1 力学量和线性厄米算符

众所周知，物理性质是用力学量（物理量）加以描述的。但在量子现象中，力学量的取值情况与经典理论时的情况十分不同。

首先，它可以取不确定的值（取确定的值是它的特例），每个取值均有一定的概率。

其次，尽管取不确定的值，但它们的平均值一般来说却是一个确定值。

一个可信服的理论体系，它应该至少能够从理论上给出以下物理信息：

（1）可以预言出在一定宏观条件下实验上能测得的各力学量的全部可测量值；

（2）能够给出各力学量在任意状态中的平均值。

为了做到这一点，**量子力学假定（第4个基本原理）：**

力学量（一般为可观测量）总是可以用一个相应的线性厄米算符来描述。

线性厄米算符是一个经典理论中没有的全新的概念。**波函数和线性厄米算符是量子力学中的两个最基本的概念。**能够表征可观测量的算符必须具有一定的性质。由于我们有状态叠加原理，因此要求算符必须是线性的。由于力学量的可测值和平均值都是实数，而本征值表示可测值，因此为保证本征值和平均值都是实数，必须要求算符是厄米算符。

厄米算符的定义：

如果对于任何可接受的波函数，都有

$$\langle \hat{A} \rangle = \langle \hat{A} \rangle^*$$

则称$\hat{A}$为厄米算符，其中〈 〉表示平均值，通常也用$\overline{A}$表示平均值。

厄米算符也可以用另外一种方式定义：

对于任意两个可接受的波函数ψ和φ，如果

$$\int \varphi^*(\boldsymbol{r})\,\hat{A}\psi(\boldsymbol{r})\mathrm{d}\tau = \int \psi(\boldsymbol{r})\,\hat{A}^*\,\varphi^*(\boldsymbol{r})\mathrm{d}\tau \tag{4-1}$$

则称$\hat{A}$为厄米算符（积分遍于整个自变量区域）。

上式两种定义的方式是完全等价的。（读者可以自己尝试证明）

1. 算符的一般运算规则

1）线性算符

凡满足下列运算规则的算符$\hat{A}$，称为线性算符

$$\hat{A}(c_1\psi_1 + c_2\psi_2) = c_1\hat{A}\psi_1 + c_2\hat{A}\psi_2$$

2）单位算符

$$\hat{I}\psi = \psi$$

3）算符之和

$$(\hat{A} + \hat{B})\psi = \hat{A}\psi + \hat{B}\psi$$

算符之和满足交换律和结合律

$$\hat{A} + \hat{B} = \hat{B} + \hat{A}$$

$$\hat{A} + (\hat{B} + \hat{C}) = (\hat{A} + \hat{B}) + \hat{C}$$

4）算符之积

$$(\hat{A}\hat{B})\psi = \hat{A}(\hat{B}\psi)$$

一般来说

$$\hat{A}\hat{B} \neq \hat{B}\hat{A}$$

即算符之积的交换律不必然满足。

$$\hat{A}^n = \overbrace{\hat{A}\cdot\hat{A}\cdot\cdots\cdot\hat{A}}^{n} \quad \text{称为算符的幂}$$

$$\hat{A}^m\hat{A}^n = \hat{A}^{m+n}$$

$$(\hat{A}\hat{B})\hat{C} = \hat{A}(\hat{B}\hat{C})$$

5）算符的逆

设$\hat{A}\varphi=\psi$能够唯一地解出φ，则可以定义：

$$\hat{A}\text{ 的逆算符}\hat{A}^{-1}\text{ 为}\quad \hat{A}^{-1}\psi = \varphi$$

$$\hat{A}\hat{A}^{-1} = \hat{A}^{-1}\hat{A} = \hat{I}$$

如果$\hat{A}$，$\hat{B}$的逆算符$\hat{A}^{-1}$，$\hat{B}^{-1}$存在，则

$$(\hat{A}\hat{B})^{-1} = \hat{B}^{-1}\hat{A}^{-1}$$

上式同学们自己可以尝试证明。

欲证明算符关系，只要让算符作用在各自运算对象波函数上，再比较作用结果，从而确定算符关系。

6）算符的转置、复共轭及厄米共轭

（1）算符$\hat{A}$的转置记为$\tilde{\hat{A}}$，定义为

$$\int \mathrm{d}x\varphi\hat{A}\psi^* = \int \mathrm{d}x\psi^*\tilde{\hat{A}}\varphi, \quad \text{其中 }\varphi\text{ 和 }\psi\text{ 是两个任意波函数}$$

例1　求证$\dfrac{\tilde{\mathrm{d}}}{\mathrm{d}x} = -\dfrac{\mathrm{d}}{\mathrm{d}x}$。

证明 $\int dx\psi^* \frac{\tilde{d}}{dx}\varphi = \int dx\varphi \frac{d}{dx}\psi^* = \varphi\psi^* \Big|_{-\infty}^{\infty} - \int dx\psi^* \frac{d}{dx}\varphi$

利用波函数在 $x\to\pm\infty$ 处为零的条件(束缚态),得

$$\int dx\psi^* \left(\frac{\tilde{d}}{dx} + \frac{d}{dx}\right)\varphi = 0$$

由于 φ 和 ψ 是任意波函数,所以

$$\frac{\tilde{d}}{dx} = -\frac{d}{dx}$$

证毕。

根据算符转置定义,可以证明

$$(\tilde{\hat{A}\hat{B}}) = \tilde{\hat{B}}\tilde{\hat{A}}$$

对于普通函数当作算符时,有$\tilde{f}(x)=f(x)$。

(2) 算符$\hat{A}$的复共轭算符$\hat{A}^*$是这样构成的,即把$\hat{A}$的表达式中所有**复量**换成其**共轭复量**。例如

$$\hat{p}_x^* = \left(-i\hbar\frac{\partial}{\partial x}\right)^* = i\hbar\frac{\partial}{\partial x} = -\hat{p}_x$$

(3) 算符$\hat{A}$的厄米共轭算符(简称共轭算符)记为$\hat{A}^+$,定义为

$$\int dx\varphi^* \hat{A}^+ \psi = \int dx(\hat{A}\varphi)^* \psi$$

再由转置算符的定义,得

$$\int dx\varphi^* \hat{A}^+ \psi = \int dx\psi \hat{A}^* \varphi^* = \int dx\varphi^* \tilde{\hat{A}}^* \psi$$

所以

$$\hat{A}^+ = \tilde{\hat{A}}^*$$

算符的共轭运算规则:

① 算符和的共轭等于算符共轭之和$(\hat{A}+\hat{B})^+=\hat{A}^+ +\hat{B}^+$;

② 算符积的共轭等于逆序共轭之积$(\hat{A}\hat{B})^+=\hat{B}^+\hat{A}^+$。

7) 厄米算符(自共轭算符)

如果算符满足

$$\int dx\varphi^* \hat{A}\psi = \int dx(\hat{A}\varphi)^* \psi$$

则称$\hat{A}$为厄米算符。再由厄米共轭的定义,得

$$\int dx\varphi^* \hat{A}\psi = \int dx(\hat{A}\varphi)^* \psi = \int dx\varphi^* \hat{A}^+ \psi$$

所以有

$$\hat{A}^+ = \hat{A}$$

8) 幺正算符

如果$\hat{A}^+ = \hat{A}^{-1}$则称$\hat{A}$为幺正算符。

2. 对易子代数

为反映算符之积次序的不可交换性,定义了对易子

$$[\hat{A},\hat{B}] \equiv \hat{A}\hat{B} - \hat{B}\hat{A}$$

如果$[\hat{A},\hat{B}]=0$,则称$\hat{A},\hat{B}$为可对易,否则称不可对易。

量子力学中,力学量间的关系表现为对易关系,决定了力学量的固有属性。因此**对易关系的计算是量子力学的基本运算**。

1）对易子的直接计算

方法是把对易子直接作用到任意波函数上,即$[\hat{A},\hat{B}]\psi=\hat{C}\psi$,然后定出$\hat{C}$的具体形式。

例如,对任意波函数 ψ,有

$$\begin{aligned}[x,\hat{p}_x]\psi &= (x\hat{p}_x - \hat{p}_x x)\psi \\ &= -\mathrm{i}\hbar(x\psi' - \psi - x\psi') = \mathrm{i}\hbar\psi\end{aligned}$$

所以$[x,\hat{p}_x]=\mathrm{i}\hbar$。

由此可得量子力学中的基本对易关系:

$$[\alpha,\hat{p}_\beta] = \mathrm{i}\hbar\delta_{\alpha\beta},\quad \alpha,\beta = x,y,z \tag{4-2}$$

$\delta_{\alpha\beta}$符合定义,为

$$\delta_{\alpha\beta} = \begin{cases}0, & \alpha \neq \beta \\ 1, & \alpha = \beta\end{cases} \tag{4-3}$$

由式(4-2)和式(4-3)可知,坐标和动量相同分量不对易,不同分量彼此对易

又如,$f(x)$作为算符与$\hat{p}_x$ 的对易子

$$\begin{aligned}[f(x),\tilde{p}_x]\psi &= -\mathrm{i}\hbar\left[f(x)\frac{\mathrm{d}}{\mathrm{d}x} - \frac{\mathrm{d}}{\mathrm{d}x}f(x)\right]\psi \\ &= -\mathrm{i}\hbar(f\psi' - f'\psi - f\psi') = \mathrm{i}\hbar f'\psi\end{aligned}$$

所以有

$$[f(x),\tilde{p}_x] = -\mathrm{i}\hbar f'(x)$$

这种直接计算的方法,只有在简单情况下可用,对于复杂对易子的计算,用此方法就显得很繁。因此有时直接利用一些对易子代数运算规则,可以使运算获得简化。

2）对易子代数运算规则

由对易子定义可以很容易得到下面运算规则:

- $[\hat{A},\hat{B}]=-[\hat{B},\hat{A}]$
- $[\hat{A},\lambda\hat{B}]=\lambda[\hat{A},\hat{B}]$ （λ 与$\hat{A}$无关）
- $[\hat{A},\hat{B}+\hat{C}]=[\hat{A},\hat{B}]+[\hat{A},\hat{C}]$
- $[\hat{A},\hat{B}\hat{C}]=[\hat{A},\hat{B}]\hat{C}+\hat{B}[\hat{A},\hat{C}]$

回到厄米算符上来。

前面讲到,力学量(可观测的物理量)用线性厄米算符来描述(表达),就是说,力学量算符一定是厄米算符。那么两个表达力学量的算符之积有什么含义呢?

下面我们要证明:两个厄米算符的乘积不一定是厄米算符。

证明 因为

$$\langle\hat{A}\hat{B}\rangle^* = \left(\int\psi^*\hat{A}\hat{B}\psi\mathrm{d}\tau\right)^* = \int\psi\hat{A}^*\hat{B}^*\psi^*\mathrm{d}\tau = \int\hat{B}^*\psi^*\hat{A}\psi\mathrm{d}\tau$$

$$=\int(\hat{B}^*\psi^*)(\hat{A}\psi)\mathrm{d}\tau=\int\hat{A}\psi\hat{B}^*\psi^*\mathrm{d}\tau=\int\psi^*\hat{B}\hat{A}\psi\mathrm{d}\tau=\langle\hat{B}\hat{A}\rangle$$

若$[\hat{A},\hat{B}]=0$,则有$\langle\hat{A}\hat{B}\rangle^*=\langle\hat{A}\hat{B}\rangle$,从而$\hat{A}\hat{B}$是厄米算符。

若$[\hat{A},\hat{B}]\neq0$,则有$\langle\hat{A}\hat{B}\rangle^*\neq\langle\hat{A}\hat{B}\rangle$,从而$\hat{A}\hat{B}$不是厄米算符。

若$\hat{A}$和$\hat{B}$是厄米算符,则$(AB+BA)$及$\mathrm{i}(AB-BA)=\mathrm{i}[\hat{A},\hat{B}]$是厄米算符。

例如:

设$\hat{A}=\hat{x}$,$\hat{B}=\hat{p}_x=-\mathrm{i}\hbar\frac{\partial}{\partial x}$,分别为坐标算符和动量算符。

这两个算符都是厄米算符,而且相互不对易,因此$\hat{x}\hat{p}_x$和$\hat{p}_x\hat{x}$都不是厄米算符,故它们不能用来代表真实物理量。但$\frac{1}{2}(\hat{x}\hat{p}_x+\hat{p}_x\hat{x})$却是厄米的,它有正确的经典极限,因此可以用它来描述物理可测量。$\mathrm{i}[\hat{x},\hat{p}_x]$也是厄米算符,但它却不能作为描述(位置·动量)物理量的算符。原因是它在任何态上的平均值都是一个常数$\hbar$。(同学们自己证明)

一般来说,任何一个表示物理可测量的算符,都应该能够给出一个正确的经典极限,它应该是厄米算符。自然,这种要求一般并不能充分、唯一地确定算符的形式。

3. 厄米算符的本征值

厄米算符的本征方程为

$$\hat{A}\psi_a=a\psi_a$$

在态ψ_a上$\hat{A}$的平均值为

$$\langle\hat{A}\rangle=\int\psi_a^*\hat{A}\psi_a\mathrm{d}\tau=a\int\psi_a^*\psi_a\mathrm{d}\tau$$

假设ψ_a是归一化的,有

$$\int\psi_a^*\psi_a\mathrm{d}\tau=1$$

于是

$$a=\int\psi_a^*\hat{A}\psi_a\mathrm{d}\tau=\langle\hat{A}\rangle$$

因为厄米算符的平均值总为实数,因此本征值a是实数。

4. 厄米算符的本征函数的正交性

(1) 若厄米算符$\hat{A}$的本征值不存在退化(不失一般性地假设$\hat{A}$具有断续本征值谱),则有

$$\hat{A}\psi_n=a_n\psi_n,\quad\hat{A}\psi_m=a_m\psi_m\quad(m\neq n)$$

由于$\hat{A}$的厄米性

$$\int\psi_n^*\hat{A}\psi_m\mathrm{d}\tau=\int\psi_m\hat{A}^*\psi_n^*\mathrm{d}\tau$$

于是有

$$a_m\int\psi_n^*\psi_m\mathrm{d}\tau=\int\psi_m(\hat{A}\psi_n)^*\mathrm{d}\tau=\int\psi_m(a_n\psi_n)^*\mathrm{d}\tau=a_n\int\psi_m\psi_n^*\mathrm{d}\tau$$

进而有

$$(a_m - a_n)\int \psi_n^* \psi_m \mathrm{d}\tau = 0 \tag{4-4}$$

由于 $a_m \neq a_n$，所以 $\int \psi_n^* \psi_m \mathrm{d}\tau = 0$。

这时就称 ψ_m 和 ψ_n 正交。

(2) 若存在退化时，设 $a_m = a_n$，则 ψ_1 和 ψ_2 属于同一本征值的本征函数，此时同样有式(4-4)，此时 $\int \psi^* \psi \mathrm{d}\tau$ 可以不为零，然而我们总可以用斯密特(Schmidt)正交化方法，选择出一组相互正交的本征函数。

总之，无论是否存在退化，我们总可以产生一组相互正交的本征函数系。

如果不存在退化，则自动地有相互正交的本征函数系。如果存在退化，则可以构造出相互正交的本征函数系。

又因为，归一化总是可能的，因此**对厄米算符总有可能构成正交归一的本征函数系**。

5. 厄米算符本征函数的完备性

由所有可以接受的波函数及零函数构成的空间称为态空间。

想象一下，在三维空间中的一个矢量，我们如何来描述它？

我们可以建立一个直角坐标系，坐标系中三个相互垂直的方向，譬如 x,y,z 三个方向，三个方向定义了三个基矢量，即 $\boldsymbol{i},\boldsymbol{j},\boldsymbol{k}$。我们描述空间中任意一个矢量 $\boldsymbol{R}$，可以用其对三个基矢量展开的形式，譬如 $\boldsymbol{R}=x\boldsymbol{i}+y\boldsymbol{j}+z\boldsymbol{k}$，其中 x,y,z 是展开系数。当然我们建立的直角坐标系可以不同，譬如我们建立了另外一个不同的坐标系，其三个基矢量为 $\boldsymbol{i}',\boldsymbol{j}',\boldsymbol{k}'$。那么在这个坐标系下，对于同样的矢量 $\boldsymbol{R}$ 其表达式也不同。$\boldsymbol{R}=x'\boldsymbol{i}'+y'\boldsymbol{j}'+z'\boldsymbol{k}'$，就是说对于不同的基矢量，同样的矢量 $\boldsymbol{R}$ 的表达式是不同的，即对于不同的坐标体系，其对基矢量的展开系数不相同。

考虑空间的概念：我们知道对于一维空间，确定了坐标原点和坐标变量的增加方向(比如确定了 0 点和 x 增加的方向)，我们可以用一个 x 来确定一维空间的任意一个点，即一维空间的一个元素要用 1 个基矢量的展开系数来确定。

对于二维空间，我们要想描述其中任意一个点(二维空间的一个元素，二维空间矢量)，需要用 2 个坐标分量，譬如用 $x\boldsymbol{i}+y\boldsymbol{j}$ 来表达，即这个二维空间的元素要用 2 个基矢量的展开系数来确定。

同样，三维空间中的一个元素(空间任意点或任意矢量)要用 3 个基矢量的展开系数来确定。

同样道理，如果某一种“空间”中的元素要用 n 个基矢量的展开系数来确定的话，我们把这个“空间”称为“n 维空间”。其中的 n 个基矢量称为“基底”。

前面讲过，每个线性厄米算符(对于物理可测量)的本征函数系均为正交归一函数系 $\{\psi_n\}$。我们说这个正交归一的本征函数系可以作为“态空间”的基底。

态空间中的元素(波函数)称为“态矢量”，简称“态矢”，它总可以向正交归一函数基底 $\{\psi_n\}$ 展开，即

$$\Psi(\boldsymbol{r},t) = \sum_n c_n(t)\psi_n(\boldsymbol{r}) \tag{4-5}$$

若在每个 $\boldsymbol{r}$ 点上，此无穷级数均收敛到 $\Psi(\boldsymbol{r},t)$，则称 $\{\psi_n\}$ 为完备的。$c_n(t)$ 为展开系数，求和遍及整个本征函数系。

量子力学中恒认为：**线性厄米算符的本征函数系不仅正交归一，而且完备**。“完备性”

是整个量子理论的基石。

由完备性可以进一步得到封闭关系。

根据 ψ_n 的正交归一性，由式(4-5)得

$$c_n(t) = \int \psi_n^* \Psi(\boldsymbol{r},t)\mathrm{d}\tau$$

所以

$$\Psi(\boldsymbol{r},t) = \sum_n c_n(t)\psi_n(\boldsymbol{r}) = \sum_n \left(\int \psi_n^*(\boldsymbol{r}')\Psi(\boldsymbol{r}',t)\mathrm{d}\tau'\right)\psi_n(\boldsymbol{r})$$

$$= \int \left[\sum_n \psi_n^*(\boldsymbol{r}')\psi_n(\boldsymbol{r})\right]\Psi(\boldsymbol{r}',t)\mathrm{d}\tau' \tag{4-6}$$

下面介绍 δ 函数。

δ 函数的定义

$$\delta(x) = \begin{cases} \infty, & x = 0 \\ 0, & x \neq 0 \end{cases}, \quad \int_{-\varepsilon}^{+\varepsilon} \delta(x)\mathrm{d}x = \int_{-\infty}^{+\infty} \delta(x)\mathrm{d}x = 1$$

数学性质上 δ 函数是很奇异的。没有一个平常的函数具有如此奇异性。严格说来，它不是传统数学中的函数，它只是一种分布。在物理上是一种理想的点模型。如果数学上不过分追求严格，它可以写成某种非奇异函数的极限来处理。

$$\lim_{a\to\infty} \frac{1}{2\pi}\int_{-a}^{+a} \mathrm{e}^{ikx}\mathrm{d}k = \frac{1}{2\pi}\int_{-\infty}^{+\infty} \mathrm{e}^{ikx}\mathrm{d}k = \delta(x), \quad \lim_{a\to\infty} \frac{\sin ax}{\pi x} = \delta(x)$$

δ 函数还可以用阶梯函数的微商来表示，设

$$\theta(x) = \begin{cases} 1, & x > 0 \\ 0, & x < 0 \end{cases}$$

则

$$\theta'(x) = \delta(x)$$

δ 函数有以下特征：

①

$$\int_{-\infty}^{+\infty} \delta(x - x')f(x)\mathrm{d}x = f(x') \tag{4-7}$$

② $$x\delta(x) = 0$$

③ $$\delta(ax) = \frac{1}{|a|}\delta(x)$$

④ $$\int_{-\infty}^{+\infty} \delta(x-a)\delta(x-b)\mathrm{d}x = \delta(a-b)$$

式(4-7)的三维情况写成

$$\int \delta(\boldsymbol{r}' - \boldsymbol{r})\Psi(\boldsymbol{r}',t)\mathrm{d}\tau' = \Psi(\boldsymbol{r},t) \tag{4-8}$$

比较式(4-6)和式(4-8)，可得

$$\sum_n \psi_n^*(\boldsymbol{r}')\psi_n(\boldsymbol{r}) = \delta(\boldsymbol{r}' - \boldsymbol{r}) \tag{4-9}$$

式(4-9)称为封闭关系。

4.2 力学量取确定值的态

量子力学中的力学量(物理可测量)用线形厄米算符描述。

对某一量子状态,我们测量某一力学量 F 的值。在完全相同的条件下,对 F 进行大数量次的测量,或者对完全相同的大数量的量子状态,一次测量 F,结果有两种可能情况:

(1) 测量的结果都是一个值 f_i,就是说这个态是力学量 F 取确定值的态,取值为 f_i。

(2) 测量的结果并非只有一个值,而是 $f_1, f_2, \cdots, f_i$,就是说这个态是对力学量 F 取不确定值的态。譬如:进行 N 次测量(N 是大数),如果得到 f_i 值的次数是 $N_i(i=1,2,\cdots)$,则取值 f_i 的概率 $W(f_i)=N_i/N$。

尽管这态对 F 不取确定值,但取值按概率分布,从而平均值却是一个定值(只要宏观条件不变)。事实上,前面我们已经对一个重要的特定的物理量——能量,解决了取确定值的态——定态的问题。**要在理论上给出定态及实验上全部可测量的能量值,只要求解定态薛定谔方程(能量算符的本征方程)就可以了。**

对任意力学量 F 的取确定值的态,情况完全类似。

量子力学假定:

任意力学量 F 用线形厄米算符来描述,该力学量 F 取确定值的状态波函数就是算符$\hat{F}$的本征函数。相应的取值就是该本征函数对应的本征值,实验上得到全部测量值就是算符$\hat{F}$的本征值谱。

这样,就把物理问题归结到求解"本征问题"上,定态薛定谔方程就是一个特例。下面,我们就三个基本的物理量应用此假定分别讨论。

4.2.1 坐标算符

(1) 定义:三维空间中的坐标算符$\hat{\boldsymbol{r}}$作用到波函数 $\Psi(\boldsymbol{r},t)$ 上相当于用 $\boldsymbol{r}$ 乘以 $\Psi(\boldsymbol{r},t)$,即

$$\hat{\boldsymbol{r}}\Psi(\boldsymbol{r},t) = \boldsymbol{r}\Psi(\boldsymbol{r},t)$$

推广之:任何只是坐标函数的力学量所对应的线性厄米算符(如位能),当其作用到波函数 ψ 上时,相当于简单地用这个坐标函数乘以这个波函数 ψ,即

$$\hat{F}(\boldsymbol{r})\Psi(\boldsymbol{r},t) = F(\boldsymbol{r})\Psi(\boldsymbol{r},t)$$

(2) 对易关系

$$[\mu,\nu] = 0, \quad \mu,\nu = x,y,z$$

(3) 本征方程(以一维为例)

$$\hat{x}\psi_{x_0}(x) = x\psi_{x_0}(x) = x_0\psi_{x_0}(x) \tag{4-10}$$

这里 x_0 是本征值,它可以取任意实数,因此坐标算符的本征值谱是连续谱。

另一方面,由 δ 函数的性质可知

$$x\delta(x-x_0) = x_0\delta(x-x_0) \tag{4-11}$$

比较式(4-10)与式(4-11),可得

$$\psi_{x_0}(x) = \delta(x-x_0)$$

亦即坐标算符的本征函数是 δ 函数。

本征函数的“归一化”(参见 4.2.2 节动量算符本征函数的归一化问题)

$$\int \psi_{x_0}^*(x)\psi_{x_0'}(x)\mathrm{d}x = \int \delta(x-x_0)\delta(x-x_0')\mathrm{d}x = \delta(x_0-x_0')$$

4.2.2 动量算符

(1) 定义

动量算符用坐标自变量表示时为

$$\hat{p} = -\mathrm{i}\hbar\nabla, \quad 其中\nabla = \frac{\partial}{\partial x}\boldsymbol{i} + \frac{\partial}{\partial y}\boldsymbol{j} + \frac{\partial}{\partial z}\boldsymbol{k}$$

(2) 对易关系

a) 动量算符分量之间的对易关系:

$$[\hat{p}_\mu, \hat{p}_\nu] = 0, \quad \mu,\nu = x,y,z$$

b) 动量算符与坐标算符之间的对易关系

$$[\nu, \hat{p}_\mu] = \mathrm{i}\hbar\delta_{\mu\nu}, \quad \mu,\nu = x,y,z$$

上式就是著名的海森堡对易关系。

c) 动量算符与任意坐标函数算符$\hat{F}(x,y,z)$之间的对易关系

$$[\hat{F}(x,y,z), \hat{p}_\mu] = \mathrm{i}\hbar\frac{\partial}{\partial \mu}F(x,y,z), \quad \mu = x,y,z$$

证明如下:

以 $\mu=x$ 为例。设 $u(x,y,z)$为任意函数,则

$$[\hat{F},\hat{p}_x]u(x,y,z) = -\mathrm{i}\hbar F(x,y,z)\frac{\partial}{\partial x}u + \mathrm{i}\hbar\frac{\partial}{\partial x}F(x,y,z)u$$

$$= -\mathrm{i}\hbar F\frac{\partial u}{\partial x} + \mathrm{i}\hbar\frac{\partial F}{\partial x}u + \mathrm{i}\hbar F\frac{\partial u}{\partial x} = \mathrm{i}\hbar\frac{\partial F}{\partial x}u$$

由于 $u(x,y,z)$是任意函数,因此有

$$[\hat{F},\hat{p}_x] = \mathrm{i}\hbar\frac{\partial}{\partial x}F$$

证毕。

(3) 本征方程

$$\hat{p}\psi_{\boldsymbol{p}}(x,y,z) = \boldsymbol{p}\psi_{\boldsymbol{p}}(x,y,z) \tag{4-12}$$

上式具有分量变量解

$$\psi(\boldsymbol{r}) = \psi_1(x)\psi_2(y)\psi_3(z)$$

由此,将方程(4-12)化成三个方程

$$\begin{cases} \hat{p}_x\psi_1(x) = p_x\psi_1(x) \\ \hat{p}_y\psi_2(y) = p_y\psi_2(y) \\ \hat{p}_z\psi_3(z) = p_z\psi_3(z) \end{cases} \tag{4-13}$$

本征值为 $\boldsymbol{p} = p_x\boldsymbol{i} + p_y\boldsymbol{j} + p_z\boldsymbol{k}$。

方程(4-13)的满足自然条件的本征函数为

$$\begin{cases}\psi_1(x) = c_1 \mathrm{e}^{\frac{\mathrm{i}}{\hbar}p_x x} \\ \psi_2(y) = c_2 \mathrm{e}^{\frac{\mathrm{i}}{\hbar}p_y y} \\ \psi_3(z) = c_3 \mathrm{e}^{\frac{\mathrm{i}}{\hbar}p_z z}\end{cases} \tag{4-14}$$

其中本征值 p_x, p_y, p_z 可取任意实数。因此动量算符的本征值谱为连续谱，c_1, c_2, c_3 均为常数。

三维本征函数为

$$\psi(\boldsymbol{r}) = c\mathrm{e}^{\frac{\mathrm{i}}{\hbar}\boldsymbol{p}\cdot\boldsymbol{r}} \tag{4-15}$$

其中，c 为归一化常数。

（4）动量算符本征函数的归一化问题

连续谱的本征函数不能用前面的方法归一化。如

$$\int_{-\infty}^{+\infty} |\psi_{p_x}(x)|^2 \mathrm{d}x = |c|^2 \int_{-\infty}^{+\infty} \mathrm{d}x = \infty$$

在物理上，这一点是可以理解的。因为用平面波描述的状态概率密度比例于 $|\psi_{p_x}(x)|^2 = |c|^2$，只要 $|c| \neq 0$，则在整个空间找到粒子的概率必定为无穷大。当然，在任何实际问题中出现的波函数，都不会是严格的平面波。因为粒子总是存在于一定的空间范围中的，它的位置概率只能在空间某有限区域中不为零。

a) δ 归一化（也可叫“规格化”）

为了解决连续谱的本征函数的归一化问题，利用 δ 函数最为方便。一方面。对动量算符 $\hat{p}_x$ 的本征函数 $\psi_{p_x}(x)$ 有

$$\int_{-\infty}^{+\infty} \psi_{p'_x}^*(x)\psi_{p_x}(x)\mathrm{d}x = |c|^2 \int_{-\infty}^{+\infty} \mathrm{e}^{\frac{\mathrm{i}}{\hbar}(p_x - p'_x)x}\mathrm{d}x \tag{4-16}$$

另一方面，由前面的介绍可知，δ 函数可以写成

$$\delta(x) = \frac{1}{2\pi}\int_{-\infty}^{+\infty} \mathrm{e}^{\mathrm{i}kx}\mathrm{d}k$$

进一步有

$$\begin{aligned}\delta(p_x - p'_x) &= \frac{1}{2\pi}\int_{-\infty}^{+\infty} \mathrm{e}^{\mathrm{i}k(p_x - p'_x)}\mathrm{d}k = \frac{1}{2\pi}\int_{-\infty}^{+\infty} \mathrm{e}^{\mathrm{i}x(p_x - p'_x)}\mathrm{d}x \\ &= \frac{1}{2\pi\hbar}\int_{-\infty}^{+\infty} \mathrm{e}^{\frac{\mathrm{i}}{\hbar}(p_x - p'_x)x}\mathrm{d}x\end{aligned} \tag{4-17}$$

比较式(4-16)和式(4-17)得

$$\int_{-\infty}^{+\infty} \psi_{p'_x}^*(x)\psi_{p_x}(x)\mathrm{d}x = |c|^2(2\pi\hbar)\delta(p_x - p'_x)$$

若取 $c = \frac{1}{\sqrt{2\pi\hbar}}$，这样就得

$$\int_{-\infty}^{+\infty} \psi_{p'_x}^*(x)\psi_{p_x}(x)\mathrm{d}x = \delta(p_x - p'_x)$$

三维情况下

$$\int_{-\infty}^{+\infty} \psi_{\boldsymbol{p}'}^*(\boldsymbol{r})\psi_{\boldsymbol{p}}(\boldsymbol{r})\mathrm{d}\boldsymbol{r} = \delta(\boldsymbol{p} - \boldsymbol{p}')$$

其中

$$\psi_p(\boldsymbol{r}) = \frac{1}{(2\pi\hbar)^{\frac{3}{2}}} e^{\frac{i}{\hbar}\boldsymbol{p}\cdot\boldsymbol{r}}$$

b) 箱归一化

平面波归一化的问题也可以采用“箱归一化”的办法。设想粒子是在一维有限范围内运动。如粒子局限于$(-L/2,+L/2)$区域运动，L可以很大，但总有限。在此有限区域中研究动量算符的本征问题，最后令$L\to\infty$，从而恢复到原来的情况。

动量算符$\hat{p}_x=-i\hbar\frac{\partial}{\partial x}$是厄米算符，在$(-L/2,+L/2)$区域这个属性也不会改变，于是对于任意波函数$\varphi,\psi$，有

$$\int_{-\frac{L}{2}}^{\frac{L}{2}} dx\varphi^* \frac{\hbar}{i}\frac{\partial}{\partial x}\psi = \int_{-\frac{L}{2}}^{\frac{L}{2}} dx\psi\left(\frac{\hbar}{i}\frac{\partial}{\partial x}\varphi\right)^*$$

$$\int_{-\frac{L}{2}}^{\frac{L}{2}} dx\varphi^* \frac{\partial}{\partial x}\psi = -\int_{-\frac{L}{2}}^{\frac{L}{2}} dx\psi\frac{\partial}{\partial x}\varphi^*$$

$$\int_{-\frac{L}{2}}^{\frac{L}{2}} dx\left(\varphi^* \frac{\partial}{\partial x}\psi + \psi\frac{\partial}{\partial x}\varphi^*\right) = \int_{-\frac{L}{2}}^{\frac{L}{2}} dx\frac{\partial(\varphi^*\psi)}{\partial x} = \varphi^*\psi\Big|_{-\frac{L}{2}}^{\frac{L}{2}} = 0$$

即

$$\varphi^*\left(\frac{L}{2}\right)\psi\left(\frac{L}{2}\right) = \varphi^*\left(-\frac{L}{2}\right)\psi\left(-\frac{L}{2}\right)$$

因为φ是任意波函数，如果取$\varphi=$常数$(\neq 0)$，则由上式得

$$\psi\left(\frac{L}{2}\right) = \psi\left(-\frac{L}{2}\right)$$

即为使动量算符$\hat{p}_x=-i\hbar\frac{\partial}{\partial x}$在$(-L/2,+L/2)$区域是厄米算符，这个区域上的波函数需满足周期性条件$\psi\left(\frac{L}{2}\right)=\psi\left(-\frac{L}{2}\right)$。

如果考虑三维的情况，可设想粒子被限制在一个立方形箱中，箱的每边长为L，选取箱的中心为坐标原点，并要求波函数在两个相对的箱壁上对应的点具有相同的值，此即为周期性条件。加上这个条件后，动量算符的本征值就由连续谱变成分立谱了。

动量算符的本征函数形式如式(4-15)，利用周期性条件

$$\psi_p(\boldsymbol{r})\big|_{\mu=\frac{L}{2}} = \psi_p(\boldsymbol{r})\big|_{\mu=-\frac{L}{2}}, \quad \mu = x,y,z$$

得

$$e^{\frac{i}{\hbar}Lp_\mu} = 1$$

进一步得

$$\frac{L}{\hbar}p_\mu = 2\pi n_\mu, \quad n_\mu = 0,\pm 1,\pm 2,\cdots$$

从而

$$p_\mu = \frac{2\pi\hbar}{L}n_\mu \tag{4-18}$$

上式表明，本征值谱为分立谱，且相邻本征值的间隔与L成反比。当L取值足够大时，本征值的间隔可以足够小。当$L\to\infty$时，分立谱变成了连续谱。

在加上了周期条件后，连续谱变成了分立谱，从而相应的动量本征函数可以按通常的归

一化条件来定，即

$$\int_{-\frac{L}{2}}^{\frac{L}{2}} |\psi_p^2| \mathrm{d}\tau = |c|^2 \int_{-\frac{L}{2}}^{\frac{L}{2}} \mathrm{d}\tau = 1$$

得 $c=L^{-\frac{3}{2}}\mathrm{e}^{\mathrm{i}\delta}$，取 $\delta=0$，则动量归一化本征函数为

$$\psi_p(\boldsymbol{r}) = \frac{1}{L^{\frac{3}{2}}}\mathrm{e}^{\frac{\mathrm{i}}{\hbar}\boldsymbol{p}\cdot\boldsymbol{r}}$$

这种“箱归一化”方法在具体应用中，常常会使问题处理得更加简明。

总之，动量算符本征函数的归一化方法有两个，即

$$\begin{cases}\displaystyle\int_{-\infty}^{\infty} \psi_{p'}^*(\boldsymbol{r})\psi_{p'}(\boldsymbol{r})\mathrm{d}\tau = \delta(\boldsymbol{p}'-\boldsymbol{p}) \\ \displaystyle\int_{-L/2}^{L/2} \psi_{p'}^*(\boldsymbol{r})\psi_{p'}(\boldsymbol{r})\mathrm{d}\tau = \delta_{p'p}\end{cases} \tag{4-19}$$

式中，$\delta_{p'p}$ 为 δ 符号，

$$\delta_{p'p} = \begin{cases}1, & \boldsymbol{p}'=\boldsymbol{p} \\ 0, & \boldsymbol{p}'\neq\boldsymbol{p}\end{cases}$$

用 δ 函数归一时

$$\psi_p(\boldsymbol{r}) = \frac{1}{(2\pi\hbar)^{\frac{3}{2}}}\mathrm{e}^{\frac{\mathrm{i}}{\hbar}\boldsymbol{p}\cdot\boldsymbol{r}}$$

p 可取任意实数，为连续谱。用箱归一化时

$$\psi_p(\boldsymbol{r}) = \frac{1}{L^{\frac{3}{2}}}\mathrm{e}^{\frac{\mathrm{i}}{\hbar}\boldsymbol{p}\cdot\boldsymbol{r}}$$

p 取分立谱时

$$p_\mu = \frac{2\pi\hbar}{L}n_\mu,\quad \mu=x,y,z,\quad n_\mu=0,\pm1,\pm2,\cdots$$

4.2.3　角动量算符

1. 定义

当位函数与时间无关时，力场叫保守力场。中心力场是保守力场中重要的一种类型。在中心力场中位能不仅与时间无关，而且与坐标 $\boldsymbol{r}$ 的方向无关。

在中心力场中运动的粒子作有心运动，如氢原子，电子围绕原子核运动。在经典理论中，有心运动时，反映质点转动性质的物理量——角动量具有重要作用。同样，量子力学中，也有相应的物理量，而且也起着重要作用。

为了表征这个角动量与量子现象中特有的角动量——自旋不同，我们把这个角动量(与经典角动量相对应)称为“**轨道角动量**”。

经典理论中角动量为 $\boldsymbol{L}=\boldsymbol{r}\times\boldsymbol{p}$。

应用算符化规则得到量子力学中的角动量算符

$$\hat{L} = \hat{r}\times\hat{p}$$

在笛卡儿坐标系中

$$\hat{L} = (x\boldsymbol{i}+y\boldsymbol{j}+z\boldsymbol{k})\times\left[-\mathrm{i}\hbar\left(\frac{\partial}{\partial x}\boldsymbol{i}+\frac{\partial}{\partial y}\boldsymbol{j}+\frac{\partial}{\partial z}\boldsymbol{k}\right)\right]$$

$$= \hat{L}_x\boldsymbol{i} + \hat{L}_y\boldsymbol{j} + \hat{L}_z\boldsymbol{k}$$

其中$\begin{cases} \hat{L}_x = -\mathrm{i}\hbar\left(y\dfrac{\partial}{\partial z} - z\dfrac{\partial}{\partial y}\right) \\ \hat{L}_y = -\mathrm{i}\hbar\left(z\dfrac{\partial}{\partial x} - x\dfrac{\partial}{\partial z}\right) \\ \hat{L}_z = -\mathrm{i}\hbar\left(x\dfrac{\partial}{\partial y} - y\dfrac{\partial}{\partial x}\right) \end{cases}$，同时有$\hat{L}^2 = \hat{L}_x^2 + \hat{L}_y^2 + \hat{L}_z^2$。

在球坐标系中

$$\begin{cases} \hat{L}_x = \mathrm{i}\hbar\left(\sin\varphi\dfrac{\partial}{\partial\theta} + \cot\theta\cos\varphi\dfrac{\partial}{\partial\varphi}\right) \\ \hat{L}_y = -\mathrm{i}\hbar\left(\cos\varphi\dfrac{\partial}{\partial\theta} - \cot\theta\sin\varphi\dfrac{\partial}{\partial\varphi}\right) \\ \hat{L}_z = -\mathrm{i}\hbar\dfrac{\partial}{\partial\varphi} \end{cases}$$

$$\hat{L}^2 = -\hbar^2\left[\frac{1}{\sin\theta}\frac{\partial}{\partial\theta}\left(\sin\theta\frac{\partial}{\partial\theta}\right) + \frac{1}{\sin^2\theta}\frac{\partial^2}{\partial\varphi^2}\right]$$

引入球面拉普拉斯算子

$$\nabla_{\theta\varphi}^2 = \left[\frac{1}{\sin\theta}\frac{\partial}{\partial\theta}\left(\sin\theta\frac{\partial}{\partial\theta}\right) + \frac{1}{\sin^2\theta}\frac{\partial^2}{\partial\varphi^2}\right]$$

从而有

$$\hat{L}^2 = -\hbar^2\nabla_{\theta\varphi}^2 \tag{4-20}$$

显然，$\hat{L}$和$\hat{L}^2$是线性厄米算符。

在经典理论中$\boldsymbol{L}$的大小和方向可以完全确定，即它的三个分量均可完全确定，从而可以完全确定$\boldsymbol{L}$的大小和方向。但在量子理论中，由于量子客体的固有属性，不可能完全确定轨道角动量的方向。我们可以同时确定L的大小和在某一空间方向（一般约定为z方向）的大小。

2. 对易关系

a) $\hat{L}$各分量之间不可对易

$$[\hat{L}_x, \hat{L}_y] = \mathrm{i}\hbar\hat{L}_z$$

z
x → y

b) $\hat{L}^2$与$\hat{L}$各分量之间可对易

$$[\hat{L}^2, \hat{L}_\mu] = 0, \quad \mu = x, y, z$$

c) $\hat{L}$与坐标算符之间的对易关系

$$[\hat{L}_x, x] = 0, \quad [\hat{L}_x, y] = \mathrm{i}\hbar z, \quad [\hat{L}_x, z] = -\mathrm{i}\hbar y$$

$$[\hat{L}_y, x] = -\mathrm{i}\hbar z, \quad [\hat{L}_y, y] = 0, \quad [\hat{L}_y, z] = \mathrm{i}\hbar x$$

$$[\hat{L}_z, x] = \mathrm{i}\hbar y, \quad [\hat{L}_z, y] = -\mathrm{i}\hbar x, \quad [\hat{L}_z, z] = 0$$

可以统一地表示为

$$[\hat{L}_\alpha, \beta] = \varepsilon_{\alpha\beta\gamma} \mathrm{i}\hbar\gamma, \quad \alpha,\beta,\gamma = x,y,z$$

其中 $\varepsilon_{\alpha\beta\gamma}$ 是 Levi-Civita 符号，定义如下：

$$\varepsilon_{\alpha\beta\gamma} = -\varepsilon_{\beta\alpha\gamma} = -\varepsilon_{\alpha\gamma\beta}$$

$$\varepsilon_{xyz} = 1$$

式中 $\varepsilon_{\alpha\beta\gamma}$ 对任意两个指标对换，要改变符号，若有两个指标相同则为零。

d) $\hat{L}$ 与动量算符之间的对易关系

$$[\hat{L}_\alpha, \hat{p}_\beta] = \varepsilon_{\alpha\beta\gamma} \mathrm{i}\hbar \hat{p}_\gamma$$

3. $\hat{L}^2$ 的本征问题

$$\hat{L}^2 Y(\theta,\varphi) = \lambda\hbar^2 Y(\theta,\varphi) \tag{4-21}$$

λ 是待求常数，$\lambda\hbar^2$ 是 $\hat{L}^2$ 的本征值。利用式(4-20)，上式可写成

$$-\nabla_{\theta\varphi}^2 Y(\theta,\varphi) = \lambda Y(\theta,\varphi) \tag{4-22}$$

由 $\nabla_{\theta\varphi}^2$ 的表达式可知方程(4-22)存在分离变量解，令

$$Y(\theta,\varphi) = \Theta(\theta)\Phi(\varphi), \tag{4-23}$$

代入方程(4-22)，两边再除以 $\Theta(\theta)\Phi(\varphi)$，得

$$\left[\frac{1}{\sin\theta}\frac{\partial}{\partial\theta}\left(\sin\theta\frac{\partial\Theta}{\partial\theta}\right)\frac{1}{\Theta} + \lambda\right]\sin^2\theta = -\frac{\partial^2\Phi(\varphi)}{\partial\varphi^2}\frac{1}{\Phi(\varphi)} = m^2$$

其中 m^2 为分离参数，由此将方程(4-22)变成两个方程

$$\frac{\partial^2\Phi(\varphi)}{\partial\varphi^2} = -m^2\Phi(\varphi) \tag{4-24}$$

$$\frac{1}{\sin\theta}\frac{\partial}{\partial\theta}\left(\sin\theta\frac{\partial\Theta}{\partial\theta}\right) - \frac{m^2}{\sin^2\theta}\Theta + \lambda\Theta = 0 \tag{4-25}$$

方程(4-24)的解容易给出

$$\Phi_m(\varphi) = \frac{1}{\sqrt{2\pi}}\mathrm{e}^{\mathrm{i}m\varphi}, \quad m = 0, \pm 1, \pm 2, \cdots \tag{4-26}$$

下面求解方程(4-25)，这是一个变系数常微分方程，令

$$\xi = \cos\theta, \quad \xi \in [-1, +1]$$

则方程(4-25)化为

$$(1-\xi^2)\Theta'' - 2\xi\Theta' + \left(\lambda - \frac{m^2}{1-\xi^2}\right)\Theta = 0 \tag{4-27}$$

简略一些复杂的过程，上述方程(4-27)解的形式可写成

$$\Theta(\xi) = (1-\xi^2)^{\frac{|m|}{2}} v \tag{4-28}$$

其中 $v = \sum_{k=0}^{\infty} a_k \xi^k$。

将式(4-28)代入方程(4-27)得到递推关系

$$a_{k+2} = \frac{k(k-1) + 2(|m|+1)k - \lambda + |m| + m^2}{(k+2)(k+1)} a_k$$

为使解有限，必须令 v 是有限多项式，即应在某一项处 v 被切断。略去细节，只有在 $\lambda = l(l+1)$ 且 $|m| = 0,1,2,\cdots,l$ 的条件下，方程(4-27)才会有满足自然条件的解。

解的形式为

$$\Theta(\theta)=P_l^{(m)}(\xi)=(1-\xi^2)^{\frac{|m|}{2}}\frac{\mathrm{d}^{|m|}P_l(\xi)}{\mathrm{d}\xi^{|m|}}$$

$$=\frac{1}{2^l l!}(1-\xi^2)^{\frac{|m|}{2}}\frac{\mathrm{d}^{l+|m|}}{\mathrm{d}\xi^{l+|m|}}(\xi^2-1)^l \tag{4-29}$$

其中 $P_l(\xi)=\frac{1}{2^l l!}\frac{\mathrm{d}^l}{\mathrm{d}\xi^l}(\xi^2-1)^l$ 称为勒让德(Legendre)多项式，$P_l^{(m)}(\xi)$称为连带 Legendre 多项式。

由式(4-29)、式(4-26)和式(4-23)可以给出$\hat{L}^2$ 的本征函数为

$$Y_{lm}(\theta,\varphi)=N_{lm}P_l^{(m)}(\cos\theta)\mathrm{e}^{\mathrm{i}m\varphi}$$

$$l=0,1,2,\cdots,\quad |m|\leqslant l$$

其中 N_{lm} 为归一化因子。

$\hat{L}^2$ 的本征值为

$$\lambda\hbar^2=l(l+1)\hbar^2$$

因此$|\boldsymbol{L}|=\hbar\sqrt{l(l+1)}$。称 $Y_{lm}(\theta,\varphi)$为球谐函数。

4. $\hat{\boldsymbol{L}}_z$ 的本征问题

轨道角动量的 z 分量$\hat{L}_z=-\mathrm{i}\hbar\frac{\partial}{\partial\varphi}$的本征方程为

$$\hat{L}_z\Phi(\varphi)=-\mathrm{i}\hbar\frac{\partial}{\partial\varphi}\Phi(\varphi)=L_z\Phi(\varphi) \tag{4-30}$$

解方程得

$$\Phi(\varphi)=C\mathrm{e}^{\frac{\mathrm{i}}{\hbar}L_z\varphi}$$

球坐标系中，φ 增加 2π，坐标又回到原处，因此有 $\Phi(0)=\Phi(2\pi)$。由此得

$$L_z=m\hbar,\quad m=0,\pm1,\pm2,\cdots$$

由归一化条件

$$\int_0^{2\pi}\Phi^*(\varphi)\Phi(\varphi)\mathrm{d}\varphi=1$$

得归一化因子为

$$C=\frac{1}{\sqrt{2\pi}}$$

从而

$$\Phi_m(\varphi)=\frac{1}{\sqrt{2\pi}}\mathrm{e}^{\mathrm{i}m\varphi} \tag{4-31}$$

由于$\hat{L}_z$ 不可能取值$|L|=\hbar\sqrt{l(l+1)}$，因此说明轨道角动量的方向永远不会与 z 轴重合。

5. $\hat{\boldsymbol{L}}^2$ 和$\hat{\boldsymbol{L}}_z$ 的共同本征函数系

在量子力学中波函数允许相差一“常数”。所谓“常数”无非是指与波函数自变量无关的其他所有常数或函数。

例如，$\hat{L}_z$ 的波函数 $\Phi_m(\varphi)=\frac{1}{\sqrt{2\pi}}e^{im\varphi}$，其自变量是 φ，而 $\Theta(\theta)$ 与 φ 无关，因此它相对于 $\Phi(\varphi)$ 是个“常数”。从而 $\Theta_{lm}(\theta)\Phi_m(\varphi)$ 也是 $\hat{L}_z$ 的本征函数，并且对应的本征值与 $\Phi_m(\varphi)$ 对应的本征值相同。这样我们就直接得到了 $\hat{L}^2$ 和 $\hat{L}_z$ 的共同本征函数系，即球谐函数。

最后我们明晰地写出结果：

$$\begin{cases}\hat{L}^2\\ \hat{L}_z\end{cases} Y_{lm}(\theta,\varphi)=\begin{cases}\hbar^2 l(l+1)\\ \hbar m\end{cases} Y_{lm}(\theta,\varphi) \tag{4-32}$$

$$l=0,1,2,\cdots,\quad |m|\leqslant l$$

称 l 为轨道角动量量子数，m 为轨道磁量子数。本征值都为断续谱。

球谐函数满足正交归一化条件

$$\int_0^{2\pi}\int_0^{\pi} Y^*_{l'm'}(\theta,\varphi)Y_{lm}(\theta,\varphi)\sin\theta \mathrm{d}\theta \mathrm{d}\varphi=\delta_{ll'}\delta_{mm'}$$

而且具有完备性，即单位球面上的非奇异函数总可以向球谐函数展开

$$F(\theta,\varphi)=\sum_{l=0}^{\infty}\sum_{m=-l}^{m=+l} a_{lm}Y_{lm}(\theta,\varphi)$$

其中

$$a_{lm}=\iint Y^*_{lm}(\theta,\varphi)F(\theta,\varphi)\mathrm{d}\Omega$$

下面给出 $Y_{lm}(\theta,\varphi)$ 取较低量子数时的具体表达式：

$$Y_{00}=\frac{1}{\sqrt{4\pi}}$$

$$Y_{10}=\sqrt{\frac{3}{4\pi}}\cos\theta,\quad Y_{1\pm1}=\pm\sqrt{\frac{3}{8\pi}}\sin\theta e^{\pm i\varphi}$$

$$Y_{20}=\sqrt{\frac{5}{16\pi}}(3\cos^2\theta-1),\quad Y_{2\pm1}=\mp\sqrt{\frac{15}{8\pi}}\cos\theta\sin\theta e^{\pm i\varphi}$$

$$Y_{2\pm2}=\frac{1}{2}\sqrt{\frac{15}{8\pi}}\sin^2\theta e^{\pm 2i\varphi}$$

球谐函数具有不少好的性质及有用的公式，下面将不加证明地直接给出结果(同学们可以尝试自行证明)。

① 在宇称变换下($r,\theta,\varphi\to r,\pi-\theta,\pi+\varphi$)球谐函数 $Y_{lm}(\theta,\varphi)$ 具有确定的宇称，即

$$Y_{lm}(\pi-\theta,\pi+\varphi)=(-1)^l Y_{lm}(\theta,\varphi)$$

当 l 为偶数时，$Y_{lm}(\theta,\varphi)$ 具有偶宇称；当 l 为奇数时，$Y_{lm}(\theta,\varphi)$ 具有奇宇称；

② $Y^*_{lm}=(-1)^m Y_{l-m}$

③ $\cos\theta Y_{lm}=a_{l,m}Y_{l+1,m}+a_{l-1,m}Y_{l-1,m}$

$\sin\theta e^{i\varphi}Y_{lm}=b_{l-1,-(m+1)}Y_{l-1,m+1}-b_{l,m}Y_{l+1,m+1}$

$\sin\theta e^{-i\varphi}Y_{lm}=-b_{l-1,m-1}Y_{l-1,m-1}+b_{l,-m}Y_{l+1,m-1}$

其中

$$a_{l,m}=\sqrt{\frac{(l+1)^2-m^2}{(2l+1)(2l+3)}},\quad b_{l,m}=\sqrt{\frac{(l+m+1)(l+m+2)}{(2l+1)(2l+3)}}$$

6. 量子数 l,m 的物理意义及空间量子化

中心力场中,用球谐函数 $Y_{lm}(\theta,\varphi)$描述的状态,其轨道角动量 $\boldsymbol{L}$ 的绝对值取确定值$|\boldsymbol{L}|=\hbar\sqrt{l(l+1)}$。$\boldsymbol{L}$ 的 z 分量 L_z 取值为 $L_z=m\hbar,m=0,\pm1,\pm2,\cdots,\pm l$,共计$(2l+1)$个值,而不能取任意连续值,这就是"空间量子化"。

"空间量子化"是相对经典的情况而言的。在经典时,轨道角动量的值可以取任意实数值。在 $\boldsymbol{L}$ 的大小一定时,其轨道平面法线方向可以连续变化。但在量子力学中,这种"轨道平面"的空间方位却不能连续变化,只能取个别的几个方向。例如 $l=2$ 时,轨道角动量的绝对值为$|\boldsymbol{L}|=\hbar\sqrt{l(l+1)}=\sqrt{6}\hbar$,此时 m 可以取 5 个值,分别为 $m=0,\pm1,\pm2$,亦即 $\boldsymbol{L}$ 在 z 方向上的投影只能取 5 个值,如图 4-1 所示。

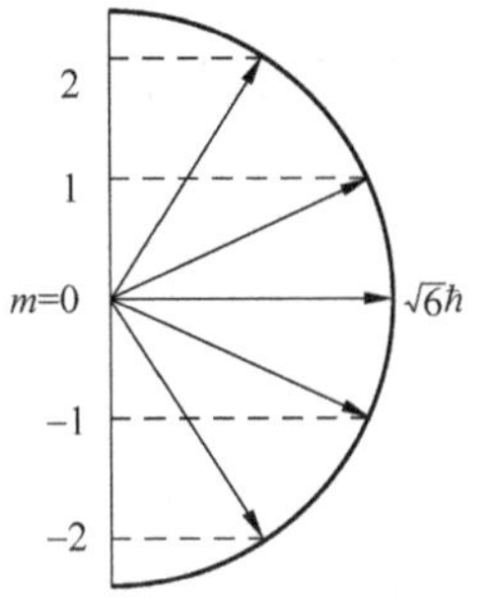

图 4-1 空间量子化示意图

4.3 展开假定 测量和连续谱

4.3.1 展开假定

如果量子体系并不处在某力学量算符$\hat{F}$取确定值的态,那么在这个态上对$\hat{F}$进行测量,其结果自然会得到一个取值的概率分布。

在量子力学的理论框架中如何给出取值概率分布的问题,被包括在基本原理——展开假定之中。

展开假定的一部分内容已经在前面 1、2 节中陆续给出,本节将给出展开假定的全部内容。

展开假定作为基本原理有三方面内容。我们先分别讨论,最后给出综合论述。

(1) 物理量对应着线性厄米算符,设此算符为$\hat{F}$,其本征方程为(以 x 代表全部空间自变量)

$$\hat{F}f(x)=\lambda f(x)$$

其中本征值谱$\{\lambda\}$可以是分立谱,也可以是连续谱或混合谱。而且$\hat{F}$的本征函数系构成正交、归一、完备的函数系。

为了书写方便(不失普遍性),总假定$\{\lambda\}$是分立谱$\{\lambda_n\}$,即

$$\hat{F}f_n(x)=\lambda_n f_n(x)$$

(2) 态空间中的每一个元素——任意可以实现的归一波函数,均可以向本征函数系$\{f_n\}$展开,即

$$\psi(x,t)=\sum_n c_n(t)f_n(x)$$

其中 $c_n(t)$为展开系数。

$$c_n(t)=\int f_n^*(x)\psi(x,t)\mathrm{d}x$$

由于 $\psi(x,t)$的归一性,有

$$1=\int\psi^*(x,t)\psi(x,t)\mathrm{d}x=\sum_{m,n}c_m^*(t)c_n(t)\int f_m^*(x)f_n(x)\mathrm{d}x$$
$$=\sum_{m,n}c_m^*(t)c_n(t)\delta_{mn}=\sum_n|c_n(t)|^2$$

也就是说,展开系数也应满足归一化条件

$$\sum_n|c_n(t)|^2=1$$

(3) 在 $\psi(x,t)$ 上,$\hat{F}$尽管不取确定值,但它总有平均值,根据平均值的定义有

$$\bar{F}=\langle F\rangle=\int\psi^*(x,t)\hat{F}\psi(x,t)\mathrm{d}x$$
$$=\sum_{m,n}c_m^*c_n\int f_m^*\hat{F}f_n\mathrm{d}x=\sum_{m,n}c_m^*c_n\lambda_n\delta_{mn}=\sum_n|c_n|^2\lambda_n$$

即

$$\bar{F}=\sum_n\lambda_n|c_n(t)|^2\tag{4-33}$$

平均值的经典含义是:设对物理量$\hat{F}$进行了大数量 N 次测量。若有 N_1 次测得 λ_1,N_2 次测得 λ_2,…,从而平均值为

$$\bar{F}=\frac{N_1\lambda_1+N_2\lambda_2+\cdots+N_n\lambda_n+\cdots}{N}$$
$$=\lambda_1\frac{N_1}{N}+\lambda_2\frac{N_2}{N}+\cdots+\lambda_n\frac{N_n}{N}+\cdots$$
$$=\lambda_1W(\lambda_1)+\lambda_2W(\lambda_2)+\cdots+\lambda_nW(\lambda_n)+\cdots$$

即

$$\bar{F}=\sum_n\lambda_nW(\lambda_n)\tag{4-34}$$

比较式(4-33)和式(4-34),显然,如果将$|c_n(t)|^2$ 解释为概率的含义,也是恰当的。即$|c_n(t)|^2$ 是在 $\psi(x,t)$态上,某一时刻对 F 进行测量,得到 λ_n 的概率,即 $W(\lambda_n)=|c_n(t)|^2$ 这种解释自然仍是一种假定。

综上所述,作为基本原理的展开假定,其内容如下:

(1) 量子体系的任何物理量(或可观测量)都能够用线性厄米算符表示。

(2) 每一个对应物理量的线性厄米算符都存在正交、归一、完备的本征函数系。该算符的本征函数描述相应物理量取确定值的态。本征函数对应的本征值就是在该态上测得此物理量的值,本征值谱即为该物理量的全部可测量值。

(3) 任意一物理上可以接受的状态波函数均可以向本征函数系展开,设这状态为 $\psi(x,t)$,则

$$\psi(x,t)=\sum_nc_n(t)f_n(x)$$

其中 $c_n(t)=\int f_n^*(x)\psi(x,t)\mathrm{d}x$。

如果 $\psi(x,t)$归一化,则有

$$\sum_n|c_n(t)|^2=1$$

$|c_n(t)|^2$ 是在 $\psi(x,t)$态上测量$\hat{F}$得到λ_n 的概率,即 $W(\lambda_n)=|c_n(t)|^2$。

如果$\hat{F}$的本征值谱为连续谱

$$\hat{F}f_\lambda = \lambda f_\lambda$$

将 $\psi(x,t)$向$\{f_\lambda\}$作展开

$$\psi(x,t) = \int c_\lambda f_\lambda(x)\mathrm{d}\lambda \tag{4-35}$$

其中

$$c_\lambda = \int f_\lambda^* \psi(x,t)\mathrm{d}x \tag{4-36}$$

并且

$$\int |c_\lambda|^2 \mathrm{d}\lambda = 1 \tag{4-37}$$

则在 $\psi(x,t)$态上测$\hat{F}$得 $\lambda \to \lambda + \mathrm{d}\lambda$ 值的概率为

$$\mathrm{d}W(\lambda) = |c_\lambda|^2 \mathrm{d}\lambda \tag{4-38}$$

如果$\hat{F}$的本征值谱是混合谱$\{\lambda_n,\lambda\}$，则 $\psi(x,t)$的展开为

$$\psi(x,t) = \sum_n c_n(t) f_n(x) + \int c_\lambda(t) f_\lambda(x)\mathrm{d}\lambda \tag{4-39}$$

归一化条件为

$$\sum_n |c_n(t)|^2 + \int |c_\lambda(t)|^2 \mathrm{d}\lambda = 1 \tag{4-40}$$

当$\hat{F}$对应本征值是退化的时候，λ_n 对应 k 个线性独立的本征函数(并且总可选为相互正交和归一的)$f_{n1},f_{n2},\cdots,f_{nk}$。

作展开

$$\psi(x,t) = \cdots + c_{n1}f_{n1} + c_{n2}f_{n2} + \cdots + c_{nk}f_{nk} + \cdots \tag{4-41}$$

这时$\hat{F}$取 λ_n 的概率为

$$W(\lambda_n) = |c_{n1}|^2 + |c_{n2}|^2 + \cdots + |c_{nk}|^2 = \sum_i |c_{ni}|^2 \tag{4-42}$$

下面将展开假定的主要内容归纳如下(以分立谱为例)：

力学量(物理量)F ⟷ 线性厄米算符$\hat{F}$

F 取确定值的状态所满足的方程 ⟷ $\hat{F}f_n=\lambda_n f_n$，$\{f_n\}$构成正交、归一、完备系

F 的全部可测量值 ⟷ $\{\lambda_n\}$

F 取 λ_n 的态 ⟷ f_n

$\psi(x,t)$是 F 不取确定值的态 ⟷ $\psi(x,t) = \sum_n c_n(t) f_n(x)$，

$$c_n(t) = \int f_n^*(x)\psi(x,t)\mathrm{d}x$$

$$\sum_n |c_n(t)|^2 = 1$$

F 在 $\psi(x,t)$上取值为 λ_m 的概率 ⟷ $W(\lambda_m)=|c_m(t)|^2$

有退化时 $W(\lambda_m) = \sum_i |c_{mi}(t)|^2$，$i$ 为退化指标

例 2 已知坐标算符的本征函数系为$\{\delta(x-x')\}$，其中 x 为自变量，x'为本征值。任意

波函数 $\psi(x,t)$ 向 $\{\delta(x-x')\}$ 展开

$$\psi(x,t)=\int c_{x'}\delta(x-x')\mathrm{d}x' \tag{4-43}$$

其中

$$c_{x'}=\int\delta(x-x')\psi(x,t)\mathrm{d}x=\psi(x',t) \tag{4-44}$$

从而在 $\psi(x,t)$ 态上，测得坐标为 x' 的概率密度为

$$W(x')=|c_{x'}|^2=|\psi(x',t)|^2 \tag{4-45}$$

这个结果与波恩的统计解释完全一致。

4.3.2 测量概念初步

在状态波函数 $\psi(x,t)$ 上，对力学量 F 进行测量，且假定 $\psi(x,t)$ 不是 F 取确定值的态。

如果在 $t=0$ 时，波函数为 $\psi(x,0)$，按薛定谔方程，随时间推移，$\psi(x,0)$ 变成 $\psi(x,t_0)$，在 t_0 时刻，在 $\psi(x,t_0)$ 上对 F 进行测量，尽管 $\psi(x,t_0)$ 并非是 $\hat{F}$ 取确定值的态，但是一旦实施测量之后，在实验上自然会得到一个完全确定的值。只要在测量仪器所允许的情况下，要多精确就多精确。而且这个值按照"展开假定"必然是 $\hat{F}$ 本征值谱中的一个，设为 λ_n（为简单计，假设 λ_n 非退化）。

一旦在 t_0 时刻实施测量之后，体系处于什么状态？

在 t_0 时刻测量后，λ_n 是被明白无误地测量出来了，因此测量之后体系的状态已经不再是 $\psi(x,t_0)$，而只能是 λ_n 对应的本征态 $f_n(x)$。就是说，对 F 的测量将使体系的状态从测量前的 $\psi(x,t_0)$ 变成 $\hat{F}$ 的本征态 $f_n(x)$，测量结果就是相应的 λ_n。

若想对原来的 $\psi(x,t)$ 进行多次测量，必须将状态恢复到原来的状态，再次测量，得到的结果可能就是 λ_m，而实施测量后，状态变成了 $f_m(x)$。

测量过程归纳为表 4-1。

若在第一次测量之后，紧接着实施第二次测量，"紧接"意味着体系还没有来得及在哈密顿作用下发生变化，或者说，实施第一次测量后不再施加作用，在这种状态下，第二次测量仍会得到 λ_n，因为第二次测量之前的状态是 $f_n(x)$ 而不是 $\psi(x,t)$。

表 4-1 测量过程概述

$t<t_0$	$t=t_0$	$t>t_0$
$\psi(x,0)\xrightarrow{\hat{H}}\psi(x,t_0)$ $\mathrm{i}\hbar\frac{\partial}{\partial t}\psi(x,t)=\hat{H}\psi(x,t)$		$f_1(x),\lambda_1\xrightarrow{\hat{H}}\psi_1(x,t)$ $f_2(x),\lambda_2\xrightarrow{\hat{H}}\psi_2(x,t)$ ------------------ $f_i(x),\lambda_i\xrightarrow{\hat{H}}\psi_i(x,t)$ ------------------
测量前	实施测量	测量后

4.3.3 连续谱

在分立谱时，本征函数总是平方可积的。它们总可按照通常的归一化条件归一。但是，只有少数几个算符才具有完全平方可积的本征函数系。一些重要的算符并不具有这样的特点。由前面的讨论可知，动量算符的本征函数就不是平方可积的。又如，方位阱的本征函数系中，只有对应分立谱的本征函数才是平方可积的，但只有它们还不能构成完备系，需要加进对应连续谱的本征函数，而这些本征函数就不是平方可积的。一般来说，对应连续谱的态（非束缚态）是非平方可积的，因此它们不能按通常的归一化办法“归一化”。

下面，我们从展开假定出发，给出对应连续谱本征函数“归一化”的一般办法。

假定$\hat{F}$具有混合谱，有

$$\hat{F}f_n(x) = \lambda_n f_n(x)$$

$$\hat{F}f_\lambda(x) = \lambda f_\lambda(x)$$

$\{f_n, f_\lambda\}$构成正交完备系，任意有物理意义的归一化波函数 $\psi(x,t)$，总可以向完备基展开

$$\psi(x,t) = \sum_n c_n(t) f_n(x) + \int c_\lambda(t) f_\lambda(x) \mathrm{d}\lambda \tag{4-46}$$

按展开假定在 $\psi(x,t)$上$\hat{F}$的平均值为

$$\bar{F} = \sum_n |c_n(t)|^2 \lambda_n + \int |c_\lambda(t)|^2 \lambda \mathrm{d}\lambda \tag{4-47}$$

另一方面 $\bar{F} = \int \psi^*(x,t)\hat{F}\psi(x,t)\mathrm{d}x$，将式(4-46)代入，有

$$\begin{aligned}
\bar{F} &= \int \left[\sum_n c_n^* f_n^* + \int c_\lambda^* f_\lambda^* \mathrm{d}\lambda\right] \hat{F} \left[\sum_m c_m f_m + \int c_{\lambda'} f_{\lambda'} \mathrm{d}\lambda'\right] \mathrm{d}x \\
&= \int \left[\sum_{m,n} c_n^* c_m f_n^* \hat{F} f_m + \int c_\lambda^* f_\lambda^* \mathrm{d}\lambda \hat{F} \sum_m c_m f_m + \sum_n c_n^* f_n^* \hat{F} \int c_{\lambda'} f_{\lambda'} \mathrm{d}\lambda' + \iint c_\lambda^* c_{\lambda'} f_\lambda^* \hat{F} f_{\lambda'} \mathrm{d}\lambda \mathrm{d}\lambda'\right] \mathrm{d}x \\
&= \sum_{m,n} c_n^* c_m \int f_n^* \hat{F} f_m \mathrm{d}x + \iint c_\lambda^* f_\lambda^* \mathrm{d}\lambda \hat{F} \sum_m c_m f_m \mathrm{d}x \\
&\quad + \int \sum_n c_n^* f_n^* \hat{F} \int c_{\lambda'} f_{\lambda'} \mathrm{d}\lambda' \mathrm{d}x + \iiint c_\lambda^* c_{\lambda'} f_\lambda^* \hat{F} f_{\lambda'} \mathrm{d}\lambda \mathrm{d}\lambda' \mathrm{d}x \\
&= \sum_{m,n} c_n^* c_m \lambda_m \delta_{mn} + \sum_m c_m \int \left(c_\lambda^* \lambda_m \int f_\lambda^* f_m \mathrm{d}x\right) \mathrm{d}\lambda + \sum_n c_n^* \int \left(c_{\lambda'} \lambda' \int f_n^* f_{\lambda'} \mathrm{d}x\right) \mathrm{d}\lambda' \\
&\quad + \int c_\lambda^* \mathrm{d}\lambda \int c_{\lambda'} \lambda' \mathrm{d}\lambda' \int f_\lambda^* f_{\lambda'} \mathrm{d}x \\
&= \sum_n |c_n|^2 \lambda_n + 0 + 0 + \int c_\lambda^* \mathrm{d}\lambda \int c_{\lambda'} \lambda' \mathrm{d}\lambda' \int f_\lambda^* f_{\lambda'} \mathrm{d}x
\end{aligned}$$

即

$$\bar{F} = \sum_n |c_n|^2 \lambda_n + \int c_\lambda^* \mathrm{d}\lambda \int c_{\lambda'} \lambda' \mathrm{d}\lambda' \int f_\lambda^* f_{\lambda'} \mathrm{d}x \tag{4-48}$$

对比式(4-47)和式(4-48)我们发现，若令

$$\int f_\lambda^* f_{\lambda'} \mathrm{d}x = \delta(\lambda - \lambda') \tag{4-49}$$

则由式(4-48)直接得

$$\bar{F}=\sum_n |c_m|^2\lambda_n+\int c_\lambda^* \mathrm{d}\lambda\int c_{\lambda'}\lambda'\mathrm{d}\lambda'\delta(\lambda-\lambda')$$

$$=\sum_n |c_m|^2\lambda_n+\int c_\lambda^* \mathrm{d}\lambda c_\lambda\lambda$$

$$=\sum_n |c_m|^2\lambda_n+\int |c_\lambda|^2\lambda\mathrm{d}\lambda$$

由此可见,从展开假定出发,很自然会要求将连续谱对应的本征函数“规格化”到 δ 函数,即式(4-49)。这一结论与动量算符本征函数规格化的结论是一致的。

4.4 平均值和测不准关系

4.4.1 平均值及差方平均值

1. 平均值

某物理量对应线性厄米算符 $\hat{F}$,假设其仅有分立谱,即

$$\hat{F}f_n(x)=\lambda_n f_n(x)$$

其中 x 代表全部空间自变量。

如前所述,$\hat{F}$在任意物理可实现的状态波函数(已归一)$\psi(x,t)$上的平均值有两种求法,即

$$\langle F\rangle=\int\psi^*(x,t)\hat{F}\psi(x,t)\mathrm{d}x \tag{4-50}$$

$$\langle\hat{F}\rangle=\sum_n\lambda_n|c_n(t)|^2 \tag{4-51}$$

可以证明,这两种求法是等价的。

下面证明由式(4-51)出发,可以给出式(4-50)。按展开假定

$$\langle\hat{F}\rangle=\sum_n\lambda_n W(\lambda_n)=\sum_n\lambda_n|c_n(t)|^2=\sum_{n,m}\lambda_n c_m^* c_n\delta_{mn}=\sum_{n,m}\lambda_n c_m^* c_n\int f_m^* f_n\mathrm{d}x$$

$$=\sum_{n,m}c_m^* c_n\int f_m^*\hat{F}f_n\mathrm{d}x=\int\left[\sum_m c_m^* f_m^*\right]\hat{F}\left[\sum_n c_n f_n\right]\mathrm{d}x=\int\psi^*(x,t)\hat{F}\psi(x,t)\mathrm{d}x$$

读者可以自己证明由式(4-50)出发,得到式(4-51)。

2. 差方平均值

为了定量地描述每一次个别测量结果与平均值的统计偏差的大小,亦即为了定量地描述物理量取值不确定的程度,引进差方平均值。

每次测量结果的差方 $(\Delta F)^2=(\lambda_n-\bar{F})^2$,从而差方平均值为

$$\overline{(\Delta F)^2}\equiv\langle(\Delta F)^2\rangle\equiv\overline{(\hat{F}-\bar{F})^2}=\sum_n(\lambda_n-\bar{F})^2 W(\lambda_n) \tag{4-52}$$

读者可以自行证明上式(注意要用到 $W(\lambda_n-\bar{F})=W(\lambda_n)$)。

由式(4-52)可以直接得到以下两个结论:

（1）若$\hat{F}$在某态上取确定值，则在该态上$\hat{F}$的差方平均值等于零，即

$$\overline{(\Delta F)^2} = 0$$

因为$\hat{F}$取确定值，则该值必定为某一本征值 λ_k，这个态一定是$\hat{F}$的本征态 $\psi(x)=f_k$，在该态上的取值概率分布为 $W(\lambda_n)=\delta_{nk}$，按展开假定，有

$$\bar{F} = \sum_n \lambda_n W(\lambda_n) = \lambda_k$$

从而

$$\overline{(\Delta F)^2} = \sum_n (\lambda_n - \bar{F})^2 W(\lambda_n) = \sum_n (\lambda_n - \lambda_k)^2 \delta_{nk} = 0$$

（2）若$\hat{F}$在某态上不取确定值，则该态上$\hat{F}$的差方平均值大于 0，即

$$\overline{(\Delta F)^2} > 0$$

由于$\hat{F}$不取确定值，所以$\hat{F}$在该态上的取值概率 $W(\lambda_n)$至少两个不为零，由 $\overline{(\Delta F)^2} = \sum_n (\lambda_n - \bar{F})^2 W(\lambda_n)$ 可知，求和式中每一项都大于零，于是$\overline{(\Delta F)^2}>0$。

3. 几个常用的计算公式

a) $\langle (\Delta F)^2 \rangle = \int \psi^*(x,t)(\hat{F}-\bar{F})^2 \psi(x,t)\mathrm{d}x$

b) $\langle (\Delta F)^2 \rangle = \int |(\hat{F}-\bar{F})\psi(x,t)|^2 \mathrm{d}x$

c) $\langle (\Delta F)^2 \rangle = \overline{F^2} - \bar{F}^2$

d) 若 a 是一复常数，则$\langle a\hat{F} \rangle = a\langle \hat{F} \rangle$

如 A,B 分别是两个物理量对应的厄米算符，则

$$\overline{\hat{A}+\hat{B}} = \bar{\hat{A}} + \bar{\hat{B}}$$

显然一般情况下$\overline{\hat{A}\cdot\hat{B}} \neq \bar{\hat{A}}\cdot\bar{\hat{B}}$。

例 3 求$\hat{L}_z = -\mathrm{i}\hbar\frac{\partial}{\partial\varphi}$在波函数 $\psi(\varphi)=A\sin^2\varphi$ 上的平均值及差方平均值。

首先将 $\psi(\varphi)$归一化，由

$$1 = |A|^2 \int_0^{2\pi} \sin^4\varphi \mathrm{d}\varphi$$

得 $A=\left(\frac{4}{3\pi}\right)^{\frac{1}{2}}$，则归一化波函数为 $\psi(\varphi)=\left(\frac{4}{3\pi}\right)^{\frac{1}{2}}\sin^2\varphi$。

平均值

$$\bar{\hat{L}}_z = (-\mathrm{i}\hbar)\frac{4}{3\pi}\int_0^{2\pi} \sin^2\varphi \frac{\mathrm{d}}{\mathrm{d}\varphi}\sin^2\varphi \mathrm{d}\varphi = 0$$

差方平均值

$$\overline{(\Delta L_z)^2} = \int_0^{2\pi} |(\hat{L}_z - \bar{L}_z)\psi(\varphi)|^2 \mathrm{d}\varphi = \int_0^{2\pi} |\hat{L}_z\psi(\varphi)|^2 \mathrm{d}\varphi$$

$$= \frac{4\hbar^2}{3\pi}\int_0^{2\pi}\left(\frac{\mathrm{d}}{\mathrm{d}\varphi}\sin^2\varphi\right)^2 \mathrm{d}\varphi = \frac{4\hbar^2}{3\pi}\int_0^{2\pi}(\sin 2\varphi)^2 \mathrm{d}\varphi = \frac{4}{3}\hbar^2$$

4.4.2　测不准关系

设 $F(x)$,$G(x)$在$[a,b]$上是连续函数,则下式(Schwarz 不等式)恒成立

$$\int_a^b |F(x)|^2\mathrm{d}x \cdot \int_a^b |G(x)|^2\mathrm{d}x \geqslant \left|\int_a^b F^*(x)G(x)\mathrm{d}x\right|^2$$

证明　令 $\alpha\equiv\int_a^b |F(x)|^2\mathrm{d}x$,$\beta\equiv\int_a^b |G(x)|^2\mathrm{d}x$,$\gamma\equiv\int_a^b F^*(x)G(x)\mathrm{d}x$,$\gamma^*\equiv\int_a^b F(x)G^*(x)\mathrm{d}x$,由于

$$\int_a^b |F(x)\beta-G(x)\gamma^*|^2\mathrm{d}x\geqslant 0\quad(\text{当 } F(x)=G(x) \text{ 时等号成立})$$

有

$$\begin{aligned}&\int_a^b[F^*(x)\beta^*-G^*(x)\gamma][F(x)\beta-G(x)\gamma^*]\mathrm{d}x\\&=\int_a^b F^*(x)\beta^*F(x)\beta\mathrm{d}x-\int_a^b F^*(x)\beta^*G(x)\gamma^*\mathrm{d}x\\&\quad-\int_a^b G^*(x)\gamma F(x)\beta\mathrm{d}x+\int_a^b G^*(x)\gamma G(x)\gamma^*\mathrm{d}x\\&=\alpha\beta^*\beta-\gamma\beta^*\gamma^*-\gamma^*\gamma\beta+\beta\gamma\gamma^*=\beta^*(\alpha\beta-\gamma\gamma^*)\geqslant 0\end{aligned}$$

从而

$$\alpha\beta\geqslant\gamma\gamma^*$$

即

$$\int_a^b |F(x)|^2\mathrm{d}x \cdot \int_a^b |G(x)|^2\mathrm{d}x \geqslant \left|\int_a^b F^*(x)G(x)\mathrm{d}x\right|^2 \tag{4-53}$$

自量子力学创立初始,测不准关系就是在科学家中长期引起争论的课题。事实上,测不准关系是量子力学理论发展的合乎逻辑的结果,是“波粒二象性”的反映,是客观存在而不是人为的关系,是量子物理学中的一个重要的关系式。

若量子体系处于某一给定的状态之中,该体系的各种物理量无论是否取确定值,它们的平均值及差方平均值都有各自的确定值。若$\hat{L}$和$\hat{M}$是两个物理量,那么它们的差方平均值之间会有什么关系呢?

经验证明,$\hat{p}_x$ 和 x,$\hat{p}_y$ 和 y,$\hat{p}_z$ 和 z 在同一状态中不可能同时取确定值。一般来说,如果$\overline{(\Delta p_x)^2}$大,则$\overline{(\Delta x)^2}$小;如果$\overline{(\Delta p_x)^2}$小,则$\overline{(\Delta x)^2}$大,亦即,在客观上量子体系不可能同时具有确定的坐标位置及相应的动量值。这类客观事实在理论上如何概括和预言?测不准关系作为基本原理的直接推论,解决了这一问题。

设 $\psi(x)$是任意态矢,$\hat{L}$,$\hat{M}$是对应任意两个物理量的厄米算符,令

$$F(x)=(\hat{L}-\overline{L})\psi(x),\quad G(x)=(\hat{M}-\overline{M})\psi(x)$$

则由 Schwarz 不等式(4-53)得

$$\int|(\hat{L}-\overline{L})\psi(x)|^2\mathrm{d}x\cdot\int|(\hat{M}-\overline{M})\psi(x)|^2\mathrm{d}x\geqslant\left|\int F^*(x)G(x)\mathrm{d}x\right|^2$$

即

$$\overline{(\Delta L)^2} \cdot \overline{(\Delta M)^2} \geqslant \left| \int F^*(x) G(x) \mathrm{d}x \right|^2 \tag{4-54}$$

又

$$\begin{aligned}
\int F^* G \mathrm{d}x &= \int (\hat{L} - \overline{L})^* \psi^* (\hat{M} - \overline{M}) \psi \mathrm{d}x \\
&= \int (\hat{M} - \overline{M}) \psi (\hat{L} - \overline{L})^* \psi^* \mathrm{d}x \\
&= \int \psi^* (\hat{L} - \overline{L})(\hat{M} - \overline{M}) \psi \mathrm{d}x \\
&= \int \psi^* \hat{L} \hat{M} \psi \mathrm{d}x - \int \psi^* \overline{L} \hat{M} \psi \mathrm{d}x - \int \psi^* \hat{L} \overline{M} \psi \mathrm{d}x + \overline{L}\overline{M} \\
&= \int \psi^* (\hat{L} \hat{M} - \overline{L}\overline{M}) \psi \mathrm{d}x
\end{aligned}$$

其中$\hat{L}\hat{M} - \overline{L}\overline{M}$ 可以写成

$$\hat{L} \hat{M} - \overline{L}\overline{M} = \frac{1}{2}(\hat{L} \hat{M} + \hat{M} \hat{L}) + \frac{1}{2\mathrm{i}}\mathrm{i}(\hat{L} \hat{M} - \hat{M} \hat{L}) - \overline{L}\overline{M} \tag{4-55}$$

令 $\hat{\Lambda} = (\hat{L}\hat{M} + \hat{M}\hat{L})$，$\hat{\Omega} = \mathrm{i}(\hat{L}\hat{M} - \hat{M}\hat{L})$，可以证明 $\hat{\Lambda}$，$\hat{\Omega}$ 都是厄米算符，则式(4-55)可写成

$$\hat{L} \hat{M} - \overline{L}\overline{M} = \frac{1}{2}\hat{\Lambda} + \frac{1}{2\mathrm{i}}\hat{\Omega} - \overline{L}\overline{M}$$

于是

$$\int F^* G \mathrm{d}x = \int \psi^* (\hat{L} \hat{M} - \overline{L}\overline{M}) \psi \mathrm{d}x = \frac{1}{2} \bar{\Lambda} + \frac{1}{2\mathrm{i}} \bar{\Omega} - \overline{L}\overline{M} = \left(\frac{1}{2} \bar{\Lambda} - \overline{L}\overline{M} \right) + \frac{1}{2\mathrm{i}} \bar{\Omega}$$

由于 $\hat{\Lambda}$，$\hat{\Omega}$ 都是厄米算符，故$\bar{\Lambda}$，$\bar{\Omega}$均是实数，将上式代入式(4-54)，得

$$\overline{(\Delta L)^2} \cdot \overline{(\Delta M)^2} \geqslant \left| \left(\frac{1}{2} \bar{\Lambda} - \overline{L}\overline{M} \right) + \frac{1}{2\mathrm{i}} \bar{\Omega} \right|^2 \geqslant \frac{1}{4} \bar{\Omega}^2$$

即

$$\overline{(\Delta L)^2} \cdot \overline{(\Delta M)^2} \geqslant \frac{1}{4} \left(\int \psi^* \mathrm{i}[\hat{L}, \hat{M}] \psi \mathrm{d}x \right)^2 \tag{4-56}$$

上式就是测不准关系的表达式。

类似地，若令 $F(x) = \hat{L}\psi(x)$，$G(x) = \hat{M}\psi(x)$。

同样，利用 Schwarz 不等式(4-53)得

$$\overline{L^2} \cdot \overline{M^2} \geqslant \frac{1}{4} \left(\int \psi^* \mathrm{i}[\hat{L}, \hat{M}] \psi \mathrm{d}x \right)^2 \tag{4-57}$$

这也是一个常用的公式。注意式(4-56)，式(4-57)是统计关系，并且与具体的态矢有关。

若$[\overline{L}, \overline{M}] = 0$，则有$\overline{(\Delta L)^2} \cdot \overline{(\Delta M)^2} \geqslant 0$，从而$\overline{(\Delta L)^2}$，$\overline{(\Delta M)^2}$可以允许同时为零，这时，$\hat{L}$，$\hat{M}$对应的两个物理量就可同时取确定值。

如果$[\hat{L},\hat{M}]=\hat{C}\neq 0$，由于$\mathrm{i}\hat{C}$是厄米算符，则$\overline{\mathrm{i}\hat{C}}$为实数，若$\overline{\mathrm{i}\hat{C}}\neq 0$，则$\overline{(\Delta L)^2}\cdot\overline{(\Delta M)^2}\geqslant \frac{1}{4}(\overline{\mathrm{i}\hat{C}})^2>0$，这种情况下，不可能同时有$\overline{(\Delta L)^2}=0$及$\overline{(\Delta M)^2}=0$。

当$\hat{L}=\hat{x},\hat{M}=\hat{p}_x$时，有

$$\overline{(\Delta x)^2}\cdot\overline{(\Delta p_x)^2}\geqslant\frac{\hbar^2}{4}\quad\text{或}\quad\Delta x\Delta p_x\geqslant\frac{\hbar}{2}$$

其中$\Delta x=\sqrt{\overline{(\Delta x)^2}}$，$\Delta p_x=\sqrt{\overline{(\Delta p_x)^2}}$

同样有

$$\overline{(\Delta y)^2}\cdot\overline{(\Delta p_y)^2}\geqslant\frac{\hbar^2}{4},\quad\overline{(\Delta z)^2}\cdot\overline{(\Delta p_z)^2}\geqslant\frac{\hbar^2}{4}$$

及

$$\Delta y\Delta p_y\geqslant\frac{\hbar}{2},\quad\Delta z\Delta p_z\geqslant\frac{\hbar}{2}$$

这就是著名的海森堡关系式。

注意到$\frac{\hbar^2}{4}\approx 10^{-55}$，由海森堡关系知道

若$\overline{(\Delta x)^2}=10^{-10}$，则$\overline{(\Delta p_x)^2}\geqslant 10^{-45}$；

若$\overline{(\Delta x)^2}=10^{-30}$，则$\overline{(\Delta p_x)^2}\geqslant 10^{-25}$；

若$\overline{(\Delta x)^2}=10^{-100}$，则$\overline{(\Delta p_x)^2}\geqslant 10^{45}$。

由此可以清楚看到，量子力学理论本身确实给出了客观存在的结果：无论在何种宏观条件下，坐标和相应的动量不可能同时取确定值。

另外，当$\hat{L}=\hat{H},\hat{M}=\hat{t}$时，由式(4-56)有

$$\overline{(\Delta E)^2}\cdot\overline{(\Delta t)^2}\geqslant\frac{\hbar^2}{4},\quad\Delta E\Delta t\geqslant\frac{\hbar}{2}$$

其中$\overline{(\Delta E)^2}\equiv\overline{(\Delta H)^2}$。

例 4　将粒子束缚在空间有限范围内，其最小平均动能——零点能大于零。

证明　设粒子被束缚在限度为d的范围内

$$\Delta x=d,\quad\overline{(\Delta x)^2}=d^2$$

由海森堡关系得

$$\overline{(\Delta p_x)^2}\geqslant\frac{\hbar^2}{4d^2}$$

而

$$\overline{(\Delta p_x)^2}=\overline{p_x^2}-\bar{p}_x^2=\overline{p_x^2}$$

(请读者自行证明，对于束缚态，总有$\overline{p_x}=0$)故

$$\overline{p_x^{\ 2}}\geqslant\frac{\hbar^2}{4d^2}$$

这样，最低动能为

$$\overline{T_x}=\frac{\overline{p_x^2}}{2m}\geqslant\frac{\hbar^2}{8md^2}$$

对于三维空间

$$\overline{T_x} = \frac{\overline{T}}{3}$$

从而最低能量

$$\overline{T} = 3\,\overline{T_x} \geqslant \frac{3\,\hbar^2}{8md^2} > 0 \tag{4-58}$$

这个结果说明,无论束缚的形式如何,只要 d 有限,则粒子的动能就绝不会为零。

例 5 用测不准关系计算线性谐振子的零点能。

解 由于

$$\left(\frac{\hat{p}_x^2}{2m} + \frac{1}{2}m\omega^2 x^2\right)\psi(x) = E\psi(x)$$

所以

$$E = \frac{\overline{\hat{p}_x^2}}{2m} + \frac{1}{2}m\omega^2\,\overline{x^2}$$

利用海森堡关系及

$$\overline{(\Delta p_x)^2} = \overline{p_x^2} - \overline{p}_x^2 = \overline{p_x^2}$$

$$\overline{(\Delta x)^2} = \overline{x^2} - \overline{x}^2 = \overline{x^2}$$

(请读者自行证明$\overline{x}=0$)得

$$E = \frac{\hbar^2}{8m\,\overline{(\Delta x)^2}} + \frac{1}{2}m\omega^2\,\overline{(\Delta x)^2}$$

设$\overline{(\Delta x)^2}=\beta$,则上式可以看成是 $E(\beta)$,其极小值点有

$$0 = \frac{\partial E}{\partial \beta} = -\frac{\hbar^2}{8m\beta^2} + \frac{1}{2}m\omega^2$$

由此求出,当 $\beta=\frac{\hbar}{2m\omega}$时,$E$ 取最小值为

$$E_{\min} = \frac{1}{2}\hbar\omega$$

结果与前述(第 3 章)结果一致。

例 6 原子中电子运动不存在“轨道”。

由例 1 中的结果,式(4-58),$\overline{T}=3\,\overline{T_x}\geqslant\frac{3\,\hbar^2}{8md^2}$原子中电子的平均动能至少为

$$\overline{T} = \frac{3\,\hbar^2}{8m\,\overline{\Delta x^2}}$$

若原子的线度为 $\Delta x=10^{-8}$cm,则电子的平均动能约为几十个电子伏特。若电子的能量为 10eV,则其速度的数量级为

$$\overline{v} = \sqrt{\frac{2\overline{T}}{m}} \approx 10^8\,\text{cm/s}$$

但速度的不确定程度

$$\overline{\Delta v} = \frac{\overline{\Delta p}}{m} \geqslant \frac{\hbar}{2m\,\overline{\Delta x}} \approx 10^8\,\text{cm/s}$$

这说明电子速度的不确定性程度与速度本身数值属同一数量级，故轨道概念不适用。

例 7　威尔孙云室是一个充满了水或酒精等过饱和蒸汽的容器。当高速电子射入时，使气体分子或原子电离，形成离子。以离子为中心，过饱和蒸汽凝结成小液滴。于是在强光照射下，可以看到一条白亮的雾带状的痕迹——粒子的径迹。

小雾球的线度为 10^{-4}cm，所以电子位置的不确定程度 $\Delta x\approx 10^{-4}$cm，由海森堡关系，动量的不确定程度

$$\overline{\Delta p_x} \geqslant \frac{\hbar}{2\,\overline{\Delta x}} \approx 10^{-28}\,\mathrm{kg\cdot m/s}$$

在云室中电子的动能很大，$T\approx 1000\mathrm{eV}$，因此电子动量

$$p = \sqrt{2mT} \approx 1.8\times 10^{-23}\,\mathrm{kg\cdot m/s}$$

显然 $p\gg\overline{\Delta p_x}$。

从宏观的角度看，$\Delta x\approx 10^{-4}$cm 也是很小的量。

总之，在这种情况下，从宏观上来观察，坐标和动量的取值基本上可以认为是确定的，因此可以使用“轨道”的概念。

4.5　力学量随时间的变化

量子力学中力学量随时间的变化与经典力学的情况有很大差异。在经典力学中任何体系在任何时刻无论处于何种状态，其力学量都取确定值。但在量子力学中某时刻处于某状态的体系，其力学量并非都取确定值，只是取值概率分布及平均值取确定值。因此我们分别讨论平均值及取值概率分布随时间的变化。

4.5.1　力学量平均值随时间的变化

设任意力学量算符$\hat{F}$，在任意可接受的态 $\psi(x,t)$上$\hat{F}$的平均值为

$$\overline{F} = \int\psi^*(x,t)\,\hat{F}\psi(x,t)\mathrm{d}x$$

对时间作微商

$$\frac{\mathrm{d}}{\mathrm{d}t}\overline{F} = \int\frac{\partial}{\partial t}\psi^*(x,t)\cdot\hat{F}\psi(x,t)\mathrm{d}x + \int\psi^*(x,t)\cdot\frac{\partial}{\partial t}\hat{F}\cdot\psi(x,t)\mathrm{d}x + \int\psi^*(x,t)\cdot\hat{F}\cdot\frac{\partial}{\partial t}\psi(x,t)\mathrm{d}x \tag{4-59}$$

由薛定谔方程得

$$\frac{\partial}{\partial t}\psi(x,t) = \frac{-\mathrm{i}}{\hbar}\hat{H}\psi(x,t)$$

$$\frac{\partial}{\partial t}\psi^*(x,t) = \frac{\mathrm{i}}{\hbar}\hat{H}^*\psi^*(x,t)$$

于是

$$\int\frac{\partial}{\partial t}\psi^*(x,t)\cdot\hat{F}\psi(x,t)\mathrm{d}x = \int\frac{\mathrm{i}}{\hbar}\hat{H}^*\psi^*\cdot\hat{F}\psi(x,t)\mathrm{d}x$$

$$= \int\frac{\mathrm{i}}{\hbar}\hat{F}\psi(x,t)\,\hat{H}^*\psi^*\cdot\mathrm{d}x = \frac{\mathrm{i}}{\hbar}\int\psi^*\,\hat{H}\hat{F}\psi(x,t)\mathrm{d}x$$

$$\int\psi^*(x,t)\cdot\hat{F}\cdot\frac{\partial}{\partial t}\psi(x,t)\mathrm{d}x=\int\psi^*(x,t)\,\hat{F}\,\frac{-\mathrm{i}}{\hbar}\,\hat{H}\psi(x,t)\mathrm{d}x=\frac{-\mathrm{i}}{\hbar}\int\psi^*(x,t)\,\hat{F}\,\hat{H}\psi(x,t)\mathrm{d}x$$

代入式(4-59)有

$$\frac{\mathrm{d}}{\mathrm{d}t}\overline{F}=\frac{\mathrm{i}}{\hbar}\int\psi^*(x,t)(\hat{H}\hat{F}-\hat{F}\hat{H})\psi(x,t)\mathrm{d}x+\int\psi^*(x,t)\cdot\frac{\partial}{\partial t}\hat{F}\cdot\psi(x,t)\mathrm{d}x$$

即

$$\frac{\mathrm{d}\overline{F}}{\mathrm{d}t}=\frac{\mathrm{i}}{\hbar}\overline{[\hat{H},\hat{F}]}+\overline{\frac{\partial}{\partial t}\hat{F}}=\overline{\frac{\mathrm{i}}{\hbar}[\hat{H},\hat{F}]+\frac{\partial}{\partial t}\hat{F}} \tag{4-60}$$

上式就是任意力学量的平均值随时间的变化规律。

通常定义$\overline{\frac{\mathrm{d}\hat{F}}{\mathrm{d}t}}=\frac{\mathrm{d}\overline{F}}{\mathrm{d}t}$,从而得到力学量的时间微分算符为

$$\frac{\mathrm{d}\hat{F}}{\mathrm{d}t}=\frac{\partial\hat{F}}{\partial t}+\frac{\mathrm{i}}{\hbar}[\hat{H},\hat{F}] \tag{4-61}$$

上式常称为力学量的运动方程。

4.5.2 概率分布随时间的变化

1. $\hat{F}$与$\hat{H}$有共同本征函数系

$$\begin{matrix}\hat{F}\\ \hat{H}\end{matrix}\,f_n(x)=\begin{matrix}\lambda_n\\ E_n\end{matrix}\,f_n(x) \tag{4-62}$$

任意态矢 $\psi(x,t)$向 $f_n(x)$作展开

$$\psi(x,t)=\sum_n c_n(t)f_n(x)$$

其中 $c_n(t)=\int f_n^*(x)\psi(x,t)\mathrm{d}x$。

对时间作微商

$$\begin{aligned}\frac{\mathrm{d}}{\mathrm{d}t}c_n(t)&=\int f_n^*(x)\,\frac{\partial}{\partial t}\psi(x,t)\mathrm{d}x=\frac{1}{\mathrm{i}\hbar}\int f_n^*(x)\,\hat{H}\psi(x,t)\mathrm{d}x\\&=\frac{1}{\mathrm{i}\hbar}\int\psi(x,t)\,\hat{H}^*f_n^*(x)\mathrm{d}x=\frac{1}{\mathrm{i}\hbar}\int\psi(x,t)E_nf_n^*(x)\mathrm{d}x=\frac{E_n}{\mathrm{i}\hbar}c_n(t)\end{aligned}$$

对上式作积分,立刻得到

$$c_n(t)=c_n(0)\mathrm{e}^{-\frac{\mathrm{i}}{\hbar}E_nt} \tag{4-63}$$

根据展开假定,t 时刻$\hat{F}$在$\psi(x,t)$上取值 λ_n 的概率为

$$W(\lambda_n,t)=|c_n(t)|^2=|c_n(0)|^2=W(\lambda_n,0) \tag{4-64}$$

说明在$\hat{F}$与$\hat{H}$有共同本征函数的情况下,力学量取值概率不随时间改变。

$$\psi(x,t)=\sum_n c_n(0)f_n(x)\mathrm{e}^{-\frac{\mathrm{i}}{\hbar}E_nt} \tag{4-65}$$

2. $\hat{F}$与$\hat{H}$不存在共同本征函数系

$$\hat{F}f_n(x)=\lambda_nf_n(x)$$

$$\hat{H}f_n(x) \neq E_n f_n(x)$$

则

$$\begin{aligned}\frac{\mathrm{d}}{\mathrm{d}t}c_n(t) &= \int f_n^*(x)\,\frac{\partial}{\partial t}\psi(x,t)\mathrm{d}x = \frac{1}{\mathrm{i}\hbar}\int f_n^*(x)\,\hat{H}\psi(x,t)\mathrm{d}x \\ &= \frac{1}{\mathrm{i}\hbar}\sum_m c_m(t)\int f_n^*(x)\,\hat{H}f_m(x)\mathrm{d}x = \frac{1}{\mathrm{i}\hbar}\sum_m H_{nm}c_m(t)\end{aligned} \tag{4-66}$$

其中 $H_{nm} \equiv \int f_n^*(x)\,\hat{H}f_m(x)\mathrm{d}x$ 是与时间无关的常数。从而

$$\mathrm{i}\hbar\frac{\mathrm{d}}{\mathrm{d}t}c_n(t) = \sum_m H_{nm}c_m(t) \tag{4-67}$$

为了求出 $W(\lambda_n,t)=|c_n(t)|^2$ 需要求解上面的微分方程组。一般来说，$W(\lambda_n,t)$ 与 t 是有关系的。

4.5.3 公式“$\frac{\mathrm{d}\hat{F}}{\mathrm{d}t}=\frac{\mathrm{i}}{\hbar}[\hat{H},\hat{F}]+\frac{\partial}{\partial t}\hat{F}$”的应用

（1）当 $\hat{F}=\hat{H}$ 且 $\hat{H}$ 不显含时间 t 时，有

$$\frac{\mathrm{d}\hat{H}}{\mathrm{d}t} = 0$$

对应于经典的总能量守恒，$\frac{\mathrm{d}E}{\mathrm{d}t}=0$。

（2）当 $\hat{F}=\hat{r}$ 时，有

$$\frac{\mathrm{d}}{\mathrm{d}t}\langle\hat{r}\rangle = \frac{\langle\hat{p}\rangle}{m}$$

经典力学中对应 $\frac{\mathrm{d}}{\mathrm{d}t}\boldsymbol{r}=\boldsymbol{v}=\frac{\boldsymbol{p}}{m}$。

证明 因为

$$\begin{aligned}\frac{\mathrm{d}}{\mathrm{d}t}\langle\hat{r}\rangle &= \langle\frac{\partial\hat{r}}{\partial t}\rangle + \frac{\mathrm{i}}{\hbar}\langle[\hat{H},\hat{r}]\rangle \\ &= \frac{\mathrm{i}}{\hbar}\langle\left[\frac{\hat{p}^2}{2m},\hat{r}\right]\rangle\end{aligned}$$

又因为 $[\hat{p}_\mu^2,\mu]=-2\mathrm{i}\hbar\hat{p}_\mu$，$\mu=x,y,z$，所以

$$\frac{\mathrm{d}}{\mathrm{d}t}\langle\hat{r}\rangle = \frac{\langle\hat{p}\rangle}{m}$$

（3）爱仑弗斯特(Ehrenfest)定理

$$\frac{\mathrm{d}}{\mathrm{d}t}\langle\hat{p}\rangle = -\langle\nabla V\rangle$$

经典力学中对应有 $-\nabla V=\boldsymbol{F}=m\frac{\mathrm{d}^2\boldsymbol{r}}{\mathrm{d}t^2}=\frac{\mathrm{d}\boldsymbol{p}}{\mathrm{d}t}$。

证明 因为 $\frac{\partial\hat{p}}{\partial t}=0$，所以有

$$\frac{\mathrm{d}}{\mathrm{d}t}\langle\hat{p}\rangle = \frac{\mathrm{i}}{\hbar}\langle[\hat{H},\hat{p}]\rangle = \frac{\mathrm{i}}{\hbar}\langle[V,\hat{p}]\rangle$$

$$= \frac{\mathrm{i}}{\hbar}\langle \mathrm{i}\hbar\frac{\partial V}{\partial x}\rangle \boldsymbol{i} + \frac{\mathrm{i}}{\hbar}\langle \mathrm{i}\hbar\frac{\partial V}{\partial y}\rangle \boldsymbol{j} + \frac{\mathrm{i}}{\hbar}\langle \mathrm{i}\hbar\frac{\partial V}{\partial z}\rangle \boldsymbol{k}$$

$$= - \langle \nabla V \rangle$$

证毕。

例 8 自由运动时，$V=$常数，从而$\frac{\mathrm{d}}{\mathrm{d}t}\langle \hat{p} \rangle = 0$。相当于动量守恒。

例 9 当 $V=gx$ 时(g 为常数)

$$\frac{\mathrm{d}}{\mathrm{d}t}\langle \hat{p}_x \rangle = - g$$

故

$$\frac{\mathrm{d}}{\mathrm{d}t}\langle \hat{p} \rangle = - g\boldsymbol{i}$$

(4) 当$\hat{F}=\hat{L}$时有

$$\frac{\mathrm{d}}{\mathrm{d}t}\langle \hat{L} \rangle = - \langle \boldsymbol{r} \times \nabla V \rangle \tag{4-68}$$

相当于经典力学中的角动量定理。

证明 因为

$$[\hat{H}, \hat{L}_z] = \left[\frac{\hat{p}^2}{2m}, \hat{L}_z\right] + [V, \hat{L}_z]$$

$$\left[\frac{\hat{p}^2}{2m}, \hat{L}_z\right] = \frac{\hat{p}}{2m} \cdot [\hat{p}, \hat{L}_z] + \frac{[\hat{p}, \hat{L}_z]}{2m} \cdot \hat{p}$$

$$= \frac{\hat{p}}{2m} \cdot (-\mathrm{i}\hbar \hat{p}_y \boldsymbol{i} + \mathrm{i}\hbar \hat{p}_x \boldsymbol{j}) + \frac{(-\mathrm{i}\hbar \hat{p}_y \boldsymbol{i} + \mathrm{i}\hbar \hat{p}_x \boldsymbol{j})}{2m} \cdot \hat{p}$$

$$= 0$$

$$[V, \hat{L}_z] = \frac{\hbar}{\mathrm{i}}\left(y\frac{\partial V}{\partial x} - x\frac{\partial V}{\partial y}\right)$$

所以有

$$\frac{\mathrm{i}}{\hbar}[\hat{H}, \hat{L}_z] = \left(y\frac{\partial V}{\partial x} - x\frac{\partial V}{\partial y}\right)$$

同理有

$$\frac{\mathrm{i}}{\hbar}[\hat{H}, \hat{L}_x] = \left(z\frac{\partial V}{\partial y} - y\frac{\partial V}{\partial z}\right)$$

$$\frac{\mathrm{i}}{\hbar}[\hat{H}, \hat{L}_y] = \left(x\frac{\partial V}{\partial z} - z\frac{\partial V}{\partial x}\right)$$

从而

$$\frac{\mathrm{i}}{\hbar}[\hat{H}, \hat{L}] = - \begin{vmatrix} \boldsymbol{i} & \boldsymbol{j} & \boldsymbol{k} \\ x & y & z \\ \frac{\partial}{\partial x} & \frac{\partial}{\partial y} & \frac{\partial}{\partial z} \end{vmatrix} V = - \boldsymbol{r} \times \nabla V$$

再由式(4-60)可得

$$\frac{\mathrm{d}\bar{L}}{\mathrm{d}t} = \overline{\frac{\mathrm{i}}{\hbar}[\hat{H}, \hat{L}] + \frac{\partial}{\partial t}\hat{L}} = - \overline{\boldsymbol{r} \times \nabla V}$$

若引入力算符 $\boldsymbol{F} = -\nabla V$，则式(4-68)也可写成

$$\frac{\mathrm{d}}{\mathrm{d}t}\langle\hat{L}\rangle=\langle\boldsymbol{r}\times\hat{F}\rangle$$

角动量算符的时间微分算符为

$$\frac{\mathrm{d}}{\mathrm{d}t}\hat{L}=\boldsymbol{r}\times\hat{F}$$

证毕。

例 10　中心力场 $V(\boldsymbol{r})$（包括 V 等于常数的情况）时，由于 $V(\boldsymbol{r})$ 与 $\boldsymbol{r}$ 方向无关，故 $\nabla V(\boldsymbol{r})$ 与 $\boldsymbol{r}$ 平行，从而 $\boldsymbol{r}\times\nabla V=0$，因此

$$\frac{\mathrm{d}}{\mathrm{d}t}\langle\bar{L}\rangle=0$$

即中心力场中，角动量守恒。

由以上讨论可以看出，经典力学中的主要守恒定律在量子力学中仍相应成立，这是因为守恒定律是物质运动规律统一性的具体表现，正因为存在着微观的守恒定律，才导致相应的宏观的守恒定律。

（5）归一化条件不随时间改变，即

$$\frac{\mathrm{d}}{\mathrm{d}t}\int\psi^{*}(\boldsymbol{r},t)\psi(\boldsymbol{r},t)\mathrm{d}\tau=0$$

证明　因为

$$\frac{\mathrm{d}}{\mathrm{d}t}\int\psi^{*}(\boldsymbol{r},t)\psi(\boldsymbol{r},t)\mathrm{d}\tau=\frac{\mathrm{d}}{\mathrm{d}t}\int\psi^{*}(\boldsymbol{r},t)\,\hat{I}\psi(\boldsymbol{r},t)\mathrm{d}\tau=\frac{\mathrm{d}}{\mathrm{d}t}\langle\hat{I}\rangle$$

其中 $\hat{I}$ 为单位算符，再由式(4-60)可得

$$\frac{\mathrm{d}}{\mathrm{d}t}\langle\hat{I}\rangle=\frac{\mathrm{i}}{\hbar}[\hat{H},\hat{I}]=0$$

于是 $\frac{\mathrm{d}}{\mathrm{d}t}\int\psi^{*}(\boldsymbol{r},t)\psi(\boldsymbol{r},t)\mathrm{d}\tau=0$，证毕。

4.5.4　维里(Virial)定理

先证明一个等式，设能量算符为 $\hat{H}=\frac{\hat{p}^2}{2m}+V$，则有

$$\frac{\mathrm{d}}{\mathrm{d}t}\langle\hat{r}\cdot\hat{p}\rangle=\left\langle\frac{\hat{p}^2}{m}\right\rangle-\langle\hat{r}\cdot\nabla V\rangle \tag{4-69}$$

证明　因为

$$\begin{aligned}\frac{\mathrm{d}}{\mathrm{d}t}\langle\hat{r}\cdot\hat{p}\rangle&=\frac{\mathrm{i}}{\hbar}\langle[\hat{H},\hat{r}\cdot\hat{p}]\rangle+\left\langle\frac{\partial}{\partial t}(\hat{r}\cdot\hat{p})\right\rangle\\&=\frac{\mathrm{i}}{\hbar}\langle[\hat{H},\hat{r}\cdot\hat{p}]\rangle\\&=\frac{\mathrm{i}}{\hbar}\left\langle\left[\frac{\hat{p}^2}{2m},\hat{r}\cdot\hat{p}\right]\right\rangle+\frac{\mathrm{i}}{\hbar}\langle[V,\hat{r}\cdot\hat{p}]\rangle\end{aligned}$$

其中，

$$\left\langle\left[\frac{\hat{p}^2}{2m},\hat{r}\cdot\hat{p}\right]\right\rangle=\left\langle\hat{r}\cdot\left[\frac{\hat{p}^2}{2m},\hat{p}\right]+\left[\frac{\hat{p}^2}{2m},\hat{r}\right]\cdot\hat{p}\right\rangle$$

$$= \frac{\hbar}{\mathrm{i}m}\langle \hat{p}^2 \rangle$$

上式推导利用了$[\hat{p}^2, \hat{r}] = -2\mathrm{i}\hbar\, \boldsymbol{p}$

$$\langle [V, \hat{r} \cdot \hat{p}] \rangle = \langle \hat{r} \cdot [V, \hat{p}] \rangle + \langle [V, \hat{r}]\, \hat{p} \rangle = \langle \hat{r} \cdot (\mathrm{i}\hbar \nabla V) \rangle = -\frac{\hbar}{\mathrm{i}}\langle \hat{r} \cdot \nabla V \rangle$$

于是有

$$\frac{\mathrm{d}}{\mathrm{d}t}\langle \hat{r} \cdot \hat{p} \rangle = \left\langle \frac{\hat{p}^2}{m} \right\rangle - \langle \hat{r} \cdot \nabla V \rangle$$

证毕。

对于定态

$$\psi_E(\boldsymbol{r}, t) = \varphi_E(\boldsymbol{r}, 0)\mathrm{e}^{-\frac{\mathrm{i}}{\hbar}Et}$$

其中 $\varphi_E(\boldsymbol{r}, 0)$是$\hat{H}$的本征函数，因为

$$\langle \hat{r} \cdot \hat{p} \rangle = \int \varphi_E^* \mathrm{e}^{\frac{\mathrm{i}}{\hbar}Et}\, \hat{r} \cdot \hat{p} \varphi_E \mathrm{e}^{-\frac{\mathrm{i}}{\hbar}Et} \mathrm{d}\tau = \int \varphi_E^*\, \hat{r} \cdot \hat{p} \varphi_E \mathrm{d}\tau$$

此式与时间 t 无关，所以

$$\frac{\mathrm{d}}{\mathrm{d}t}\langle \hat{r} \cdot \hat{p} \rangle = \frac{\mathrm{d}}{\mathrm{d}t}\int \varphi_E^*\, \hat{r} \cdot \hat{p} \varphi_E \mathrm{d}\tau = 0$$

再由式(4-69)得

$$\left\langle \frac{\hat{p}^2}{m} \right\rangle = \langle \hat{r} \cdot \nabla V \rangle \tag{4-70}$$

因为$\hat{T} = \frac{\hat{p}^2}{2m}$，所以有

$$\langle \hat{T} \rangle = \frac{1}{2}\langle \hat{r} \cdot \nabla V \rangle \tag{4-71}$$

此即维里定理。

特别当 $V(x, y, z)$可以写成是 x, y, z 的齐次函数形式时，即

$$V(x, y, z) = \alpha x^n + \beta y^n + \gamma z^n$$

则有

$$\boldsymbol{r} \cdot \nabla V(x, y, z) = n(\alpha x^n + \beta y^n + \gamma z^n) = nV(x, y, z)$$

从而由式(4-71)得

$$\langle \hat{T} \rangle = \frac{n}{2}\langle V \rangle \tag{4-72}$$

上式形式的维里定理在应用上十分普遍。

定态时总能量为

$$E = \langle \hat{T} \rangle + \langle V \rangle = \frac{n+2}{2}\langle V \rangle = \frac{n+2}{n}\langle \hat{T} \rangle \tag{4-73}$$

下面介绍几个特例。

谐振子位：$V = \frac{1}{2}m\omega^2 x^2$，$n = 2$，有

$$\langle \hat{T} \rangle = \langle V \rangle; \quad E = 2\langle V \rangle = 2\langle \hat{T} \rangle$$

库仑位：$V = -\frac{ze^2}{r}$，$n = -1$，有

$$\langle \hat{T} \rangle = -\frac{1}{2}\langle V \rangle; \quad E = \langle T \rangle + \langle V \rangle = \frac{1}{2}\langle V \rangle = -\langle T \rangle$$

4.5.5 费曼-海尔曼(Feynman-Hellmann)定理

若 λ 是能量算符 $\hat{H}$ 中的参数,则对 $\hat{H}$ 的束缚态 ψ_n,E_n 而言,必有

$$\overline{\frac{\partial \hat{H}}{\partial \lambda}} = \frac{\partial E_n}{\partial \lambda} \tag{4-74}$$

证明　因为

$$E_n = \int \psi^* \hat{H} \psi \mathrm{d}\tau$$

所以

$$\begin{aligned}\frac{\partial E_n}{\partial \lambda} &= \int \frac{\partial \psi_n^*}{\partial \lambda} \hat{H} \psi_n \mathrm{d}\tau + \int \psi_n^* \frac{\partial \hat{H}}{\partial \lambda} \psi_n \mathrm{d}\tau + \int \psi_n^* \hat{H} \frac{\partial \psi_n}{\partial \lambda} \mathrm{d}\tau \\ &= \overline{\frac{\partial \hat{H}}{\partial \lambda}} + E_n \left[\int \left(\frac{\partial \psi_n^*}{\partial \lambda} \psi + \psi_n^* \frac{\partial \psi_n}{\partial \lambda} \right) \mathrm{d}\tau \right] \\ &= \overline{\frac{\partial \hat{H}}{\partial \lambda}} + E_n \frac{\partial}{\partial \lambda} \int \psi_n^* \psi_n \mathrm{d}\tau = \overline{\frac{\partial \hat{H}}{\partial \lambda}}\end{aligned}$$

证毕。

例 11　质量为 m 的粒子在如下中心力场中运动,其中 C,r_0 均为常数

$$V(\boldsymbol{r}) = C\ln(r/r_0)$$

求证:(1) 粒子速度平方的平均值与态无关。

(2) 任意两能级之间距离与 m 无关。

证明

(1) 因为在球坐标下

$$\nabla = \frac{\partial}{\partial r}\boldsymbol{e}_r + \frac{1}{r}\frac{\partial}{\partial \theta}\boldsymbol{e}_\theta + \frac{1}{r\sin\theta}\frac{\partial}{\partial \varphi}\boldsymbol{e}_\varphi$$

$$\nabla V(\boldsymbol{r}) = \frac{C}{r}\boldsymbol{e}_r$$

所以 $\boldsymbol{r} \cdot \nabla V(\boldsymbol{r}) = C$,根据维里定理

$$\overline{T} = \frac{1}{2}\overline{\boldsymbol{r} \cdot \nabla V(\boldsymbol{r})} = \frac{C}{2} = \frac{m}{2}\overline{v^2}$$

从而 $\overline{v^2} = \frac{C}{m}$,即粒子速度平方的平均值与态无关。

(2) 将 m 作为参数,有

$$\frac{\partial \hat{H}}{\partial m} = \frac{\partial}{\partial m}\left(\frac{\hat{p}^2}{2m} + C\ln\frac{r}{r_0}\right) = -\frac{\hat{p}^2}{2m^2} = -\frac{1}{m}\hat{T}$$

根据费曼-海尔曼定理,有

$$\overline{\frac{\partial \hat{H}}{\partial m}} = -\frac{1}{m}\langle \hat{T} \rangle = \frac{\partial E}{\partial m} = -\frac{C}{2m}$$

上式积分得

$$E = -\frac{C}{2}\ln m + \varepsilon$$

其中 ε 是积分常数，与 m 无关

$$E_n = -\frac{C}{2}\ln m + \varepsilon_n$$

$$E_k = -\frac{C}{2}\ln m + \varepsilon_k$$

$$E_n - E_k = \varepsilon_n - \varepsilon_k\text{，与 } m \text{ 无关}$$

证毕。

4.6 完整力学数量组

在一定条件下，两个力学量算符及两个以上力学量算符可以存在共同的本征函数系。例如，坐标算符的三个分量$\hat{x}$，$\hat{y}$，$\hat{z}$有共同本征函数系为$\delta(\boldsymbol{r}-\boldsymbol{r}')$，即

$$\begin{pmatrix}\hat{x}\\ \hat{y}\\ \hat{z}\end{pmatrix}\delta(\boldsymbol{r}-\boldsymbol{r}') = \begin{pmatrix}x'\\ y'\\ z'\end{pmatrix}\delta(\boldsymbol{r}-\boldsymbol{r}')$$

动量算符的三个分量$\hat{p}_x$，$\hat{p}_y$，$\hat{p}_z$ 有共同本征函数系为

$$\psi_{\boldsymbol{p}}(\boldsymbol{r}) = \frac{1}{(2\pi\hbar)^{3/2}}e^{\frac{i}{\hbar}\boldsymbol{p}\cdot\boldsymbol{r}}$$

即

$$\begin{pmatrix}\hat{p}_x\\ \hat{p}_y\\ \hat{p}_z\end{pmatrix}\psi_{\boldsymbol{p}}(\boldsymbol{r}) = \begin{pmatrix}p_x\\ p_y\\ p_z\end{pmatrix}\psi_{\boldsymbol{p}}(\boldsymbol{r})$$

轨道角动量的平方及其 z 分量有共同本征函数系——球谐函数 $Y_{lm}(\theta,\varphi)$，即

$$\begin{pmatrix}\hat{L}^2\\ \hat{L}_z\end{pmatrix}Y_{lm}(\theta,\varphi) = \begin{pmatrix}\hbar^2 l(l+1)\\ \hbar m\end{pmatrix}Y_{lm}(\theta,\varphi)$$

线形谐振子的能量算符与宇称算符有共同本征函数系为 $\psi_n(x)$，即

$$\begin{pmatrix}\hat{H}\\ \hat{\pi}\end{pmatrix}\psi_n(x) = \begin{pmatrix}\hbar\omega\left(n+\frac{1}{2}\right)\\ (-1)^n\end{pmatrix}\psi_n(x)$$

那么若干个力学量算符存在共同本征函数系的条件是什么呢？

1. 两个算符具有完备的共同本征函数系的充要条件

设两算符$\hat{A}$，$\hat{B}$，则它们具有完备的共同本征函数系的充要条件是它们彼此对易。

证明 先证明必要性，由

$$\begin{pmatrix}\hat{A}\\ \hat{B}\end{pmatrix}\psi_n = \begin{pmatrix}a_n\\ b_n\end{pmatrix}\psi_n$$

有$\hat{B}\hat{A}\psi_n=a_nb_n\psi_n$和$\hat{A}\hat{B}\psi_n=b_na_n\psi_n$，进而$[\hat{A},\hat{B}]\psi_n=0$。

任意态矢$\psi(\boldsymbol{r})$均可以向完备系$\{\psi_n\}$展开

$$\psi(\boldsymbol{r})=\sum_n c_n\psi_n$$

两边作用$[\hat{A},\hat{B}]$，得

$$[\hat{A},\hat{B}]\psi(\boldsymbol{r})=\sum_n c_n[\hat{A},\hat{B}]\psi_n=0$$

从而$[\hat{A},\hat{B}]=0$。

再证明充分性。

不存在退化时，由于$\hat{A}\psi_n=a_n\psi_n$，则$\hat{B}\hat{A}\psi_n=a_n\hat{B}\psi_n$。由于$[\hat{A},\hat{B}]=0$，有

$$\hat{A}(\hat{B}\psi_n)=a_n(\hat{B}\psi_n)$$

说明$(\hat{B}\psi_n)$也是$\hat{A}$的对应本征值为a_n的本征态，因此它与ψ_n仅相差一个常数因子b_n，即

$$\hat{B}\psi_n=b_n\psi_n$$

这说明$\{\psi_n\}$不仅是$\hat{A}$的本征函数系，也是$\hat{B}$的本征函数系。

当存有退化时也应有以上结论，但这时的共同本征函数系需要加以适当的选择。例如：$\hat{L}^2$是退化的(当$l\neq 0$时)，对应的退化波函数不仅仅是$Y_{lm}(\theta,\varphi)$，球谐函数对磁量子数的线性叠加也是退化波函数。以$l=1$为例，这时本征值为$2\hbar^2$，对应的退化本征函数为Y_{1-1}，Y_{10}，Y_{1+1}，但

$$\varphi_i=\sum_{m=-l}^{+l}c_m^iY_{lm},\quad i=1,2,3$$

也是退化本征函数，其中c_m^i为复常数。因此对应$(2\hbar^2)$的退化本征函数原则上可以有无穷多组，其中一组可以是

$$\begin{cases}\varphi_1=\dfrac{1}{\sqrt{2}}(Y_{11}+Y_{1-1})\\ \varphi_2=Y_{10}\\ \varphi_3=\dfrac{1}{\sqrt{2}}(Y_{11}-Y_{1-1})\end{cases}$$

显然，它们就不同时是$\hat{L}_z$的本征函数(尽管其中的$\varphi_2=Y_{10}$是$\hat{L}_z$的本征函数)，因此$\{\varphi_i\}$并不是$\hat{L}^2$，$\hat{L}_z$共同本征函数系。

这个例子说明：1)退化时，共同本征函数系应经过适当的选择；2)两算符不存在共同本征函数系，但却可以有个别相同的本征函数。

2. 多个算符有共同本征函数系的条件

一组算符，如果其中每两个算符都对易，则它们必有共同的本征函数系。

例如，中心力场中的能量算符$\hat{H}$与$\hat{L}^2$，$\hat{L}_z$彼此之间两两对易，因此它们存在共同本征函数系(关于这个问题，在第5章中还将加以引申)。

3. 完整力学数量组(力学量的完全集合)

若在某状态上测得轨道角动量的绝对值为$\sqrt{6}\hbar$,则这个态可以用波函数 Y_{2m} 描述,但 Y_{2m} 有五种取法,若想唯一地确定描述状态的波函数,还需要测量角动量在某一方向(如 z 方向)上的值,若测得值为 $1\cdot\hbar$,则就可以唯一地确定出描述该状态的波函数为 Y_{21}。

一般地说,能够唯一确定体系波函数所需要的相互对易的力学量的集合,叫完整力学数量组。体系的波函数用完整力学数量组中各力学量算符对应的本征值的集合来标志。

4.7 守恒量及对称性

凡满足$[\hat{F},\hat{H}]=0$,且不显含时间的力学量算符$\hat{F}$称为守恒量(或运动积分)。

在体系的任何状态下,守恒量的平均值及其取值概率分布不随时间变化。

如果有一组包括$\hat{H}$在内的完整力学数量组$\{\hat{A},\hat{B},\cdots,\hat{H}\}$,则$\hat{A},\hat{B},\cdots$均为守恒量,且在用这组完整力学数量组描述的定态上取确定值。相应的量子数称为好量子数。

标志体系状态的好量子数及相应的选择规则与体系的某种对称性紧密相关,如:

空间反演不变性对应宇称守恒;

空间转动不变性对应角动量守恒;

空间平移不变性对应动量守恒。

例 12 设粒子处在波函数 $\psi(\theta,\varphi)=\frac{\sqrt{5}}{3}Y_{21}(\theta,\varphi)-\frac{1}{3}Y_{20}(\theta,\varphi)+\frac{1}{\sqrt{3}}Y_{31}(\theta,\varphi)$所描述的态上。求:

(1) 在 $\psi(\theta,\varphi)$态上测量$\hat{L}^2$ 的可测值与相应概率。

(2) 在 $\psi(\theta,\varphi)$态上测量$\hat{L}_z$ 的可测值与相应概率。

(3) 如果先在 $\psi(\theta,\varphi)$态上测$\hat{L}^2$ 得 $12\hbar^2$ 后,紧接着测$\hat{L}_z$,求其可测值与相应概率。

(4) 如果先在 $\psi(\theta,\varphi)$态上测$\hat{L}_z$ 得$\hbar$后,紧接着测$\hat{L}^2$,求其可测值与相应概率。

解 按展开假定,求力学量的可能取值问题就是将体系所处状态波函数向该力学量的本征函数系作展开,求展开系数,所以有

$$\psi(\theta,\varphi)=\sum_{lm}c_{lm}Y_{lm}(\theta,\varphi)$$

由已知 $\psi(\theta,\varphi)$的形式可知,展开系数 $c_{21}=\frac{\sqrt{5}}{3}$,$c_{20}=-\frac{1}{3}$,$c_{31}=\frac{1}{\sqrt{3}}$,其余为 0。

由 $|c_{21}|^2+|c_{20}|^2+|c_{31}|^2=\frac{5}{9}+\frac{1}{9}+\frac{1}{3}=1$ 可知,$\psi(\theta,\varphi)$已归一。

(1) 根据展开定理,在 $\psi(\theta,\varphi)$ 态上测量$\hat{L}^2$ 的可测值为 $2\times3\hbar^2=6\hbar^2$ 和 $3\times4\hbar^2=12\hbar^2$;其中取 $6\hbar^2$ 的概率为$\left(\frac{\sqrt{5}}{3}\right)^2+\left(\frac{1}{3}\right)^2=\frac{2}{3}$,其中取 $12\hbar^2$ 的概率为$\left(\frac{1}{\sqrt{3}}\right)^2=\frac{1}{3}$。

(2) 根据展开定理,在 $\psi(\theta,\varphi)$态上测量$\hat{L}_z$ 的可测值为 $1\hbar=\hbar$和 $0\times\hbar=0$;其中取 0 的

概率为$\left(\frac{1}{3}\right)^2=\frac{1}{9}$,其中取$\hbar$的概率为$\left(\frac{\sqrt{5}}{3}\right)^2+\left(\frac{1}{\sqrt{3}}\right)^2=\frac{8}{9}$。

(3) 测量引起状态的改变。测量使原来的状态变到被测量的力学量的本征态。在$\psi(\theta,\varphi)$态上测$\hat{L}^2$得$12\hbar^2$时,把$\psi(\theta,\varphi)$变成了$\hat{L}^2$取值$12\hbar^2$对应的本征态,即

$$\psi(\theta,\varphi)\rightarrow\psi'(\theta,\varphi)=Y_{31}(\theta,\varphi)$$

因为$Y_{31}(\theta,\varphi)$也是$\hat{L}_z$的本征态,本征值为$\hbar$,所以在$\psi(\theta,\varphi)$态上测$\hat{L}^2$得$12\hbar^2$后,紧接着测$\hat{L}_z$,其结果为$\hbar$,概率为100%。

(4) 如果先在$\psi(\theta,\varphi)$态上测$\hat{L}_z$得$\hbar$,这时$\psi(\theta,\varphi)$变到$\hat{L}_z$取本征$\hbar$的本征态,即

$$\psi(\theta,\varphi)\rightarrow\psi'(\theta,\varphi)=\frac{\sqrt{5}}{3}Y_{21}(\theta,\varphi)+\frac{1}{\sqrt{3}}Y_{31}(\theta,\varphi)$$

但$\psi'(\theta,\varphi)$不是$\hat{L}^2$的本征态。为求在$\psi'(\theta,\varphi)$态上$\hat{L}^2$的取值与相应的取值概率,首先把$\psi'(\theta,\varphi)$归一化,令归一化因子为a,于是应有

$$a^2\frac{5}{9}+a^2\frac{1}{3}=1,\quad 于是\ a=\sqrt{\frac{9}{8}}$$

即归一化的$\psi'(\theta,\varphi)$应为

$$a\frac{\sqrt{5}}{3}Y_{21}(\theta,\varphi)+a\frac{1}{\sqrt{3}}Y_{31}(\theta,\varphi)=\sqrt{\frac{5}{8}}Y_{21}(\theta,\varphi)+\sqrt{\frac{3}{8}}Y_{31}(\theta,\varphi)$$

所以测$\hat{L}^2$,结果为$6\hbar^2$和$12\hbar^2$,其取值概率分别为$\frac{5}{8}$和$\frac{3}{8}$。

例 13　平面转子在$t=0$时刻处在波函数$\psi(\varphi,0)=N\cos^2\varphi$描述的状态上。求$t>0$是转子的位置概率密度和力学量$\hat{L}_z$的可测值与相应的概率。

解　求任意时刻(t)力学量取值概率的方法是:先由给定的初态求得t时刻体系的波函数,然后再向被测力学量的本征态作展开,展开式系数的模平方即为所求的概率。

平面转子的哈密顿算符为

$$\hat{H}=-\frac{\hbar^2}{2I}\frac{d^2}{d\varphi}\quad(I\ 为转子的转动惯量)$$

本征值

$$E_m=-\frac{\hbar^2m^2}{2I},\quad m=0,\pm1,\pm2,\cdots$$

本征函数

$$\psi_m(\varphi)=\frac{1}{\sqrt{2\pi}}e^{im\varphi}$$

为计算取值概率,首先把初态波函数归一化,由

$$\int_0^{2\pi}N^2\cos^4\varphi d\varphi=1$$

得$N=\sqrt{\frac{4}{3\pi}}$,所以,初态归一化的波函数为

$$\psi(\varphi,0)=\sqrt{\frac{4}{3\pi}}\cos^2\varphi$$

因为体系哈密顿算符不显含时间$\left(\frac{\partial \hat{H}}{\partial t}=0\right)$，所以 $t>0$ 时刻的波函数为

$$\psi(\varphi,t)=\sum_n c_n(0)\mathrm{e}^{-\frac{\mathrm{i}}{\hbar}E_n t}\psi_n(\varphi)$$

其中，$c_n(0)=\int_0^{2\pi}\psi_n^*(\varphi)\psi(\varphi,0)\mathrm{d}\varphi$。

现在把初始态波函数 $\psi(\varphi,0)$ 向 $\hat{H}$ 的本征态作展开，即用 $\psi_m(\varphi)$ 的线性组合表示出来。由于

$$\begin{aligned}\cos^2\varphi&=\frac{1}{4}(\mathrm{e}^{\mathrm{i}\varphi}+\mathrm{e}^{-\mathrm{i}\varphi})^2=\frac{1}{4}(\mathrm{e}^{\mathrm{i}2\varphi}+2+\mathrm{e}^{-\mathrm{i}2\varphi})\\&=\frac{1}{4}\left(\sqrt{2\pi}\psi_2(\varphi)+2\sqrt{2\pi}\psi_0(\varphi)+\sqrt{2\pi}\psi_{-2}(\varphi)\right)\\&=\frac{\sqrt{2\pi}}{4}(\psi_2(\varphi)+2\psi_0(\varphi)+\psi_{-2}(\varphi))\end{aligned}$$

所以

$$\psi(\varphi,0)=\sqrt{\frac{4}{3\pi}}\cos^2\varphi=\sqrt{\frac{1}{6}}(\psi_2(\varphi)+2\psi_0(\varphi)+\psi_{-2}(\varphi))$$

$$c_n(0)=\sqrt{\frac{1}{6}}(\delta_{n2}+2\delta_{n0}+\delta_{n-2})$$

即 $c_0(0)=\sqrt{\frac{2}{3}}$，$c_2(0)=\sqrt{\frac{1}{6}}$，$c_{-2}(0)=\sqrt{\frac{1}{6}}$，其他为 0，因此

$$\psi(\varphi,t)=\sqrt{\frac{2}{3}}\psi_0+\sqrt{\frac{1}{6}}(\psi_2+\psi_{-2})\mathrm{e}^{-\frac{\mathrm{i}}{\hbar}E_2 t}$$

其中 $E_2=\frac{2\hbar^2}{I}$，t 时刻在 $\varphi\to\varphi+\mathrm{d}\varphi$ 间找到粒子的概率为

$$W(\varphi,t)=|\psi(\varphi,t)|^2\mathrm{d}\varphi=\frac{1}{3\pi}\left[1+2\cos2\varphi\cos\left(\frac{E_2}{\hbar}t\right)+\cos^2 2\varphi\right]\mathrm{d}\varphi$$

力学量$\hat{L}_z=-\mathrm{i}\hbar\frac{\mathrm{d}}{\mathrm{d}\varphi}$与$\hat{H}$对易，并且

$$\hat{L}_z\psi_m(\varphi)=m\hbar\psi_m(\varphi)$$

即 $\psi_m(\varphi)$是$\hat{H}$与$\hat{L}_z$ 的共同本征函数。因为$\hat{L}_z$ 是守恒量，其取值概率不随时间变化，所以

$$W(L_z=0)=\frac{2}{3}$$

$$W(L_z=2\hbar)=\frac{1}{6}$$

$$W(L_z=-2\hbar)=\frac{1}{6}$$

习题

1. 设算符$\hat{A}$,$\hat{B}$与它们的对易子$[\hat{A},\hat{B}]$都对易，证明：

$$[\hat{A},\hat{B}^n]=n\hat{B}^{n-1}[\hat{A},\hat{B}]$$

$$[\hat{A}^m,\hat{B}] = n\hat{A}^{n-1}[\hat{A},\hat{B}]$$

2. 证明在不连续的能量本征态下，动量平均值为 0。

3. 设$\hat{H}$是能量算符，它的本征函数与本征值分别为 E_n，ψ_n，证明对任意线性厄米算符$\hat{A}$有 $\int\psi_n^*[\hat{H},\hat{A}]\psi_n\mathrm{d}\tau = 0$。

4. 粒子作一维运动，其能量算符为$\hat{H}=\frac{\hat{p}_x^2}{2m}+V(x)$，且假设其具有断续谱

$$\hat{H}\psi_n = E_n\psi_n$$

试证明

$$\int\psi_n^*\ \hat{p}_x\psi_m\mathrm{d}x = \alpha\int\psi_n^* x\psi_m\mathrm{d}x$$

其中 α 为依赖于 E_n-E_m 的常数，并写出该常数的表达式。

5. 设粒子在一维无限深势阱中运动，如果粒子的状态波函数为

$$\psi(x) = \frac{4}{\sqrt{a}}\sin\frac{\pi x}{a}\cos^2\frac{\pi x}{a}$$

求粒子能量的可能取值与相应的概率。

6. 质量为 m 的粒子，在宽度为 a 的一维无限深势阱中运动，若 $t=0$ 时体系处于

$$\psi(x) = c_1\varphi_1(x) + c_2\varphi_2(x) + c_3\varphi(x)$$

且已经归一化，其中 $\varphi_n(x)$是$\hat{H}$的本征函数，求：

(1) 在 $t=0$ 时给出能量 $E_n\leqslant\frac{18\pi^2\hbar^2}{ma^2}$的测量概率；

(2) 求 $t>0$ 时刻的波函数与能量取值概率分布。

7. 设体系的哈密顿量为

$$\hat{H} = \frac{1}{2I_1}(\hat{L}_x^2 + \hat{L}_y^2) + \frac{1}{2I_2}\hat{L}_z^2$$

求能量算符的本征值。其 I_1，I_2 是转动惯量。

中心力场问题和氢原子

5.1 粒子在中心力场中运动的一般描述

5.1.1 径向方程的建立

在经典力学中中心力场具有相当重要的地位，日月星辰的运动都可以看成是在中心力场中运动。中心力场中运动的物体遵循一个重要的规律——角动量守恒。

在量子力学中，中心力场问题同样占据着特别重要的地位。

尤其是最重要的几种中心力场——库仑场、万有引力场、无限深球方势阱、各向同性谐振子等都是量子力学中少数几个能精确求解的问题。在原子结构的研究中，库仑场是相互作用的基础。

中心力场是保守力场的一种，这种力场不仅与时间无关，而且与 $\boldsymbol{r}$ 的方向无关，即位能算符为 $V(r)$。这种力场具有空间转动不变性，因此必有角动量守恒。

$$[\hat{L},\hat{H}]=0$$

中心力场中定态薛定谔方程为

$$\left[-\frac{\hbar^2}{2m}\nabla^2+V(r)\right]\psi(\boldsymbol{r})=E\psi(\boldsymbol{r}) \tag{5-1}$$

三维微分方程(5-1)一般不能用解析方法求出(某些特殊的 $V(r)$时有解析解)。当式(5-1)可以用三个空间坐标分别写出来时，则三维问题化成一维问题。如对自由质点，1934 年艾森哈特(Eisenhart)证明上面的薛定谔方程可以用 11 种坐标系统把它分开，其中最重要的是球坐标。

$$x=r\sin\theta\cos\varphi,\quad 0\leqslant r<\infty$$
$$y=r\sin\theta\sin\varphi,\quad 0\leqslant\theta<\pi$$
$$z=r\cos\theta,\quad 0\leqslant\varphi<2\pi$$

由于许多物理上的问题可以用各种不同形式的球对称位来准确地或大略地加以描述，因此采用球坐标将方程分离，然后求解是比较方便的。

在球坐标系中，动能算符的表达式为

$$\hat{T} = \frac{-\hbar^2}{2m}\nabla_r^2$$

$$= \frac{-\hbar^2}{2m}\left[\frac{1}{r^2}\frac{\partial}{\partial r}\left(r^2\frac{\partial}{\partial r}\right) + \frac{1}{r^2\sin^2\theta}\frac{\partial}{\partial\theta}\left(\sin\theta\frac{\partial}{\partial\theta}\right) + \frac{1}{r^2\sin^2\theta}\frac{\partial^2}{\partial\varphi^2}\right]$$

$$= \frac{\hat{p}_r^2}{2m} + \frac{\hat{L}^2}{2mr^2} \tag{5-2}$$

其中

$$\hat{p}_r = -\mathrm{i}\hbar\left(\frac{\partial}{\partial r} + \frac{1}{r}\right); \qquad \hat{p}_r^2 = -\hbar^2\left(\frac{\partial^2}{\partial r^2} + \frac{2}{r}\frac{\partial}{\partial r}\right)$$

$\hat{p}_r$ 称为径向动量，它虽然是厄米算符，但并非描述力学量。

将式(5-2)代入式(5-1)得

$$\left\{\frac{1^2}{2m}\left[\hat{p}_r^2 - \frac{\hbar^2}{r^2}\nabla_{\theta\varphi}^2\right] + V(r)\right\}\psi(r,\theta,\varphi) = E\psi(r,\theta,\varphi) \tag{5-3}$$

式(5-3)具有分离变量解

$$\psi(r,\theta,\varphi) = R(r)Y(\theta,\varphi) \tag{5-4}$$

代入式(5-3)，再以式(5-4)除等式两边，得

$$\frac{1}{R}\frac{\mathrm{d}}{\mathrm{d}r}\left(r^2\frac{\mathrm{d}R}{\mathrm{d}r}\right) + \frac{2mr^2}{\hbar^2}[E - V(r)] = -\frac{1}{Y}\nabla_{\theta\varphi}^2 Y = \lambda$$

其中 λ 是分离常数。

由此将式(5-1)分成了两个方程

$$\frac{1}{r^2}\frac{\mathrm{d}}{\mathrm{d}r}\left(r^2\frac{\mathrm{d}R}{\mathrm{d}r}\right) + \left\{\frac{2m}{\hbar^2}[E - V(r)] - \frac{\lambda}{r^2}\right\}R = 0 \tag{5-5}$$

$$\nabla_{\theta\varphi}^2 Y + \lambda Y = 0 \tag{5-6}$$

注意方程(5-6)与位能算符的具体形式无关，它是所有中心力场定态方程的共同部分。

方程(5-6)的解已经在4.2节中给出，即为球谐函数 $Y_{lm}(\theta,\varphi)$，并且 $\lambda = l(l+1)$，$l=0,1,2,\cdots$

一旦给定了 $V(r)$ 的具体形式，就可以求解方程(5-5)，将 λ 代入方程(5-5)中，得

$$\frac{1}{r^2}\frac{\mathrm{d}}{\mathrm{d}r}\left(r^2\frac{\mathrm{d}R}{\mathrm{d}r}\right) + \left\{\frac{2m}{\hbar^2}[E - V(r)] - \frac{l(l+1)}{r^2}\right\}R = 0 \tag{5-7}$$

再令 $R(r) = \frac{u(r)}{r}$，代入方程(5-7)中得径向方程

$$-\frac{\hbar^2}{2m}\frac{\mathrm{d}^2 u}{\mathrm{d}r^2} + \left[V(r) + \frac{l(l+1)\hbar^2}{2mr^2}\right]u = Eu \tag{5-8}$$

方程(5-8)相当于：一个粒子在力场为

$$V_{eff}(r) = V(r) + \frac{l(l+1)\hbar^2}{2mr^2} \tag{5-9}$$

中的一维运动。中心力场问题就归结到求解径向方程(5-8)。式(5-9)中的第二项，$U(r) = \frac{l(l+1)\hbar^2}{2mr^2}$ 显然与轨道角动量有关，由于

$$F = -\frac{\partial U}{\partial r} = \frac{l(l+1)\hbar^2}{m}\left(\frac{1}{r^3}\right)$$

是沿 $\boldsymbol{r}$ 正方向的离心力，因此相应的 $U(r)$ 是离心位能。当 l 不等于0时，离心位能不等于

0。角动量越小,离心位能越少,体系结合得就越紧,能级就越低。因此 $l=0$ 的态为中心力场中的基态。

5.1.2 径向方程的讨论

1. 与一维方程的区别

径向方程(5-8)与一维方程

$$-\frac{\hbar^2}{2m}\frac{\mathrm{d}^2}{\mathrm{d}r^2}\psi(x)+V(x)\psi(x)=E\psi(x) \tag{5-10}$$

相比较可以看出,两者形式上很相似,但有两点重要区别:其一,方程(5-8)中以 V_{eff} 代替 V,多了离心位能;其二,一维定态方程(5-10)的自变量为$(-\infty,+\infty)$。而方程(5-8)自变量的变化区域在$[0,+\infty)$,因此由 $R(r)=\frac{u(r)}{r}$可知,为了保证波函数满足自然条件,我们必须附加边界条件

$$u(r=0)=0 \tag{5-11}$$

当然上式只是使 $R(0)$有限的必要条件,而非充分条件。但在通常的物理条件下,满足式(5-11)一般就可以保证 $R(0)$有限。因此在求解式(5-8)时,$r=0$ 的边界条件只考虑式(5-11)就可以了,式(5-11)也称为零点条件。

2. 当 $r\to 0$ 时,径向方程解的形式

令 $u(r)$取 r^s 形式,则径向方程变成

$$-\frac{\hbar^2}{2m}s(s-1)r^{s-2}+V(r)r^s+\frac{l(l+1)\hbar^2}{2m}r^{s-2}=Er^s$$

若 $r\to 0$ 时 $V(r)\to r^q$,$q>-2$,则上式变成

$$-\frac{\hbar^2}{2m}[s(s-1)-l(l+1)]+r^{q+2}=Er^2$$

由于 $q>-2$,所以 $r\to 0$ 时 $r^{q+2}\to 0$,要使上式成立,应要求

$$s(s-1)-l(l+1)=0$$

由此得 $s=-l$ 或 $s=l+1$。

当 $s=-l$ 时,不满足零点条件,因此取 $s=l+1$,最后得到 $r\to 0$ 时,径向方程的解

$$\lim_{r\to 0}u(r)\approx r^{l+1}$$

即

$$\underset{r\to 0}{R(r)}\approx r^l \tag{5-12}$$

上面的结果仅适用于 $V(r)=r^q$,$q>-2(r\to 0)$时的情况,而这类的 $V(r)$是十分广泛的,如:

库仑位 $q=-1$,$V(r)=C\frac{1}{r}$;

常数位 $q=0$,$V(r)=Cr^0$;

线性位 $q=1$,$V(r)=Cr^1$;

谐振子位 $q=2$,$V(r)=Cr^2$。

3. 径向方程决定了本征能量 E

径向方程与 $V(r)$及轨道角动量量子数相关,但与磁量子数 m 无关。对于给定的 l,不

同的 m 描述了 L 的 $(2l+1)$ 个不同的方向。

由于体系具有空间旋转不变性，因此能量并不会因为 L 的取向不同而不同，从而产生了 $(2l+1)$ 度退化。

4. **波函数的宇称**

在空间反演变换下，径向波函数 $R(r)$ 不改变，因此波函数的宇称仅取决于角度部分，即取决于 $Y_{lm}(\theta,\varphi)$，而

$$\hat{\pi}Y_{lm}(\theta,\varphi) = (-1)^l Y_{lm}(\theta,\varphi)$$

因此中心力场中波函数具有确定的宇称，且为 $(-1)^l$。

5. **完整力学数量组**

中心力场的能量算符可写为

$$\hat{H} = \frac{-\hbar^2}{2m}\frac{1}{r^2}\frac{\partial}{\partial r}\left(r^2\frac{\partial}{\partial r}\right)+\frac{\hat{L}^2}{2mr^2}+V(r) \tag{5-13}$$

由于 $[\hat{H},\hat{L}^2]=0$，$[\hat{H},\hat{L}_z]=0$，$[\hat{L}^2,\hat{L}_z]=0$，所以 $\{\hat{H},\hat{L}^2,\hat{L}_z\}$ 构成中心力场的完整力学数量组。

5.2 氢原子

一个带电荷 $+Ze$ 的原子核，与一个带 $-e$ 电荷的电子相互吸引的位能 $V(r)=-\frac{2e^2}{4\pi\varepsilon_0 r}$ $\left(\text{今后为了简化推导过程，省略 }4\pi\varepsilon_0\text{，写成 }V(r)=-\frac{Ze^2}{r}\right)$ 是中心力场中最重要的一类——库仑位，它是可以让我们用解析方法严格求解薛定谔方程的少数几个问题之一。由这类位计算出的结果，除了相对论效应外，与氢原子、类氢原子的能级及光谱规律符合得很好。本节以氢原子为例讨论之。

5.2.1 两体问题化为单体问题

在氢原子（或类氢原子）问题中，我们处理的体系实际上是包括电子和原子核的两体问题（将原子核作为一整体），因此描述该体系的波函数应该是 $\psi(\boldsymbol{r}_1,\boldsymbol{r}_2)$，其中 $\boldsymbol{r}_1,\boldsymbol{r}_2$ 分别是电子及原子核的坐标矢量，相应的定态薛定谔方程应该是

$$\left(-\frac{\hbar^2}{2m_1}\nabla_{r_1}^2-\frac{\hbar^2}{2m_2}\nabla_{r_2}^2-\frac{Ze^2}{|\boldsymbol{r}_2-\boldsymbol{r}_2|}\right)\psi(\boldsymbol{r}_1,\boldsymbol{r}_2) = E_{总}\,\psi(\boldsymbol{r}_1,\boldsymbol{r}_2) \tag{5-14}$$

其中 m_1,m_2 分别是电子及原子核的质量。

引入质心坐标和相对坐标，定义质心为

$$M\boldsymbol{R} = m_1\boldsymbol{r}_1 + m_2\boldsymbol{r}_2;\quad M = m_1 + m_2$$

$\boldsymbol{R}$ 为质心的位置矢量，$\boldsymbol{R}=(X,Y,Z)$，相对坐标定义为 $\boldsymbol{r}=\boldsymbol{r}_1-\boldsymbol{r}_2$，$r=(x,y,z)$。

用 $\boldsymbol{R},\boldsymbol{r}$ 代替 $\boldsymbol{r}_1,\boldsymbol{r}_2$，动能算符改写为

$$\hat{T}=-\frac{\hbar^2}{2m_1}\nabla_{r_1}^2-\frac{\hbar^2}{2m_2}\nabla_{r_2}^2=-\frac{\hbar^2}{2M}\left(\frac{\partial^2}{\partial X^2}+\frac{\partial^2}{\partial Y^2}+\frac{\partial^2}{\partial Z^2}\right)-\frac{\hbar^2}{2\mu}\left(\frac{\partial^2}{\partial x^2}+\frac{\partial^2}{\partial y^2}+\frac{\partial^2}{\partial z^2}\right)$$

其中 μ 为折合质量 $\mu=\frac{m_1 m_2}{m_1+m_2}$。

从而方程(5-14)可改写成

$$\left[-\frac{\hbar^2}{2M}\nabla_R^2-\frac{\hbar^2}{2\mu}\nabla_r^2-\frac{Ze^2}{r}\right]\psi(\boldsymbol{R},\boldsymbol{r})=E_{总}\,\psi(\boldsymbol{R},\boldsymbol{r}) \tag{5-15}$$

上式具有分离变量解

$$\psi(\boldsymbol{R},\boldsymbol{r})=\Phi(\boldsymbol{R})\psi(\boldsymbol{r})$$

满足方程

$$-\frac{\hbar^2}{2M}\nabla_R^2\Phi(\boldsymbol{R})=E_R\Phi(\boldsymbol{R}) \tag{5-16}$$

$$\left(-\frac{\hbar^2}{2\mu}\nabla_r^2-\frac{Ze^2}{r}\right)\psi(\boldsymbol{r})=E\psi(\boldsymbol{r}) \tag{5-17}$$

$$E_{总}=E_R+E \tag{5-18}$$

式(5-16)表明，质心的运动相当于质量为 M 的自由粒子的运动。它的解是平面波，能量取连续谱。

式(5-17)表明，相对运动相当于质量为 μ 的粒子在 $V(r)$ 作用下运动。

氢原子(或类氢原子)问题中，我们关注的是电子相对于原子核的运动，因此将两体问题化为式(5-17)求解，由于电子与原子核相差较大，可以看成 $\mu=m$。

求解定态薛定谔方程(5-17)，根据上节的论述，归结为求解径向方程

$$-\frac{\hbar^2}{2m}\frac{\mathrm{d}^2u}{\mathrm{d}r^2}+\left[-\frac{Ze^2}{r}+\frac{l(l+1)\hbar^2}{2mr^2}\right]u=Eu \tag{5-19}$$

首先将上式化成无因次方程，作变量变换和参量变换

$$\rho=\frac{r}{a},\quad \varepsilon=\frac{E}{E_1}$$

其中

$$a=\frac{\hbar^2}{me^2},\quad E_1=\frac{me^4}{2\hbar^2}$$

ρ,ε 分别为无量纲变量及无量纲参量。作此变换后，式(5-19)化成

$$\frac{\mathrm{d}^2u}{\mathrm{d}\rho^2}+\left[\varepsilon+\frac{2Z}{\rho}-\frac{l(l+1)}{\rho^2}\right]u(\rho)=0 \tag{5-20}$$

上式是变系数常微分方程，略去其求解过程，我们直接给出结果。

求解过程发现，只有当

$$\varepsilon=\frac{-Z^2}{(n_r+l+1)^2}=\frac{-Z^2}{n^2} \tag{5-21}$$

其中 $n=n_r+l+1$ 称为主量子数；$n_r=0,1,2,\cdots$ 称为径向量子数。即当 n 取除零之外的一切正整数时，才会使 $R(r)=\frac{u(r)}{r}$ 满足自然条件，从而得束缚态解。解的形式为

$$\begin{cases}u_{nl}(r)=C\mathrm{e}^{-\frac{\xi}{2}}\xi^{l+1}L_{n+l}^{2l+1}(\xi)\\ L_{n+l}^{2l+1}(\xi)=\dfrac{\mathrm{d}^{2l+1}}{\mathrm{d}\xi^{2l+1}}L_{n+l}(\xi)\end{cases} \tag{5-22}$$

其中 $L_{n+l}(\xi)=\mathrm{e}^{\xi}\frac{\mathrm{d}^{n+l}}{\mathrm{d}\xi^{n+l}}(\mathrm{e}^{-\xi}\xi^{n+l})$，$\xi=\frac{2Z}{na}r$。

注意到 $\frac{\mathrm{d}^{n+l}}{\mathrm{d}\xi^{n+l}}(\mathrm{e}^{-\xi}\xi^{n+l})$ 是 ξ 的 $(n+l)$ 次多项式与 $\mathrm{e}^{-\xi}$ 的乘积，因此 $L_{n+l}(\xi)$ 实质是 ξ 的

$(n+l)$次多项式，称为拉盖尔多项式。$L_{n+l}^{2l+1}(\xi)$则是$(n+l)-(2l+1)=n_r$次多项式，称为连带拉盖尔多项式。

考虑到归一化条件，由式(5-22)给出

$$R_{nl}(r)=\frac{u_{nl}(r)}{r}=N_{nl}\mathrm{e}^{-\frac{Z}{na}r}\left(\frac{2Z}{na}r\right)^{l}L_{n+l}^{2l+1}\left(\frac{2Z}{na}r\right)$$
$$n=1,2,\cdots$$
$$l=0,1,2,\cdots,n-1$$

归一化因子为

$$N_{nl}=-\left\{\left(\frac{2Z}{na}\right)^{3}\frac{(n-l-1)!}{2n[(n+l)!]^{3}}\right\}^{1/2}$$

由式(5-21)可得本征值E_n。

综合上述结果得式(5-17)的解为

$$E_n=-\frac{me^4}{2\hbar^2}\frac{Z^2}{n^2}=\frac{e^2}{2a}\frac{Z^2}{n^2},\quad a=\frac{\hbar^2}{me^2}$$
$$\psi_{nlm}(r,\theta,\varphi)=R_{nl}(r)Y_{lm}(\theta,\varphi)$$
$$n=1,2,3,\cdots$$
$$l=0,1,2,\cdots,n-1$$
$$m=0,\pm1,\pm2,\cdots,\pm l$$

归一化条件

$$1=\int|\psi_{nlm}(r,\theta,\varphi)|^2\mathrm{d}\tau=\int|R_{nl}(r)|^2r^2\mathrm{d}r\int|Y_{lm}(\theta,\varphi)|^2\mathrm{d}\Omega$$

径向波函数和球谐函数分别归一化

$$\int|Y_{lm}(\theta,\varphi)|^2\mathrm{d}\Omega=1$$
$$\int|R_{nl}(r)|^2r^2\mathrm{d}r=\int|u_{nl}(r)|^2\mathrm{d}r=1$$

5.2.2 讨论

1. 能级

(1) 混合谱

$$\begin{cases}E_n=-\dfrac{me^4}{2\hbar^2}\dfrac{Z^2}{n^2}, & n=1,2,\cdots\\ E>0\end{cases}\tag{5-23}$$

当氢原子处于束缚态(即结合态)时，对应的能谱为分立谱，由式(5-23)中的E_n决定。当氢原子处于非束缚态(即离解态)时，对应的能谱为连续谱，这时电子脱离原子核的库仑作用而自由运动，相应的能量取大于零的任意值。

必须指出，前面的求解过程实际是对类氢原子($Z>1$)进行的。对于氢原子，$Z=1$。氢原子束缚态能级间隔为

$$\Delta E=E_{n+1}-E_n=-\frac{me^4}{2\hbar^2}\left[\frac{1}{(n+1)^2}-\frac{1}{n^2}\right]$$

即随着n的增加，能级间隔将减小，因此能级图越来越密，如图5-1所示。

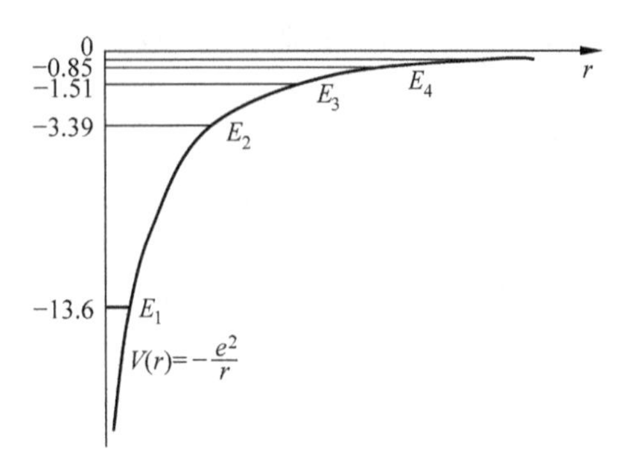

图 5-1 氢原子能级示意图

(2) 离解能(电离能)和基态能量

当 $n=1$ 时，能量最低，即基态能量

$$E_1=-\frac{me^4}{2\hbar^2}\frac{1}{n^2}=-\frac{me^4}{2\hbar^2}\approx-13.60\text{eV}$$

分立谱中最高能级为 $n=\infty$ 时的能级 $E_\infty=0$。

离解能为二者之差，即 $E_\infty-E_1\approx13.60\text{eV}$。

应该强调指出，当位能取为 $V(\boldsymbol{r})=\frac{-Ze^2}{r}$ 时，就意味着能量零点取在“无穷远”处，所谓“无穷远处”是指电子刚好受不到库仑作用的地方。这种能量零点的规定下，束缚态的能量小于零就是很自然的。刚刚分离的状态就是能量取零的状态(电子还没有获得动能)。在原子结构问题中一般总是这样来取能量零点的。

(3) 退化度

氢原子的能级仅与主量子数 n 有关，而波函数却与三个量子数(nlm)有关，对于给定的 l,m 可以取($2l+1$)个值。

因此其退化度为

$$f=\sum_{l=0}^{n-1}(2l+1)=n^2$$

所以除基态不退化外，其他态均有退化。

通常中心力场，能量本征值 E 不仅与 n 有关，而且也与 l 有关，即 $E=E_{nl}$，这时退化度为 $f=2l+1$。

由于库仑场比一般中心力场具有更高的对称性，因此库仑场的退化度增加。

(4) 能级跃迁

氢原子中电子可以处于不同的能级，不同能级之间可以发生能级跃迁。即电子可以在不同的能级间进行转换，同时发射或吸收光子。按光量子假说有

$$E_n-E_m=h\nu$$

故而可知，氢原子发射光的频率为

$$\nu=\frac{E_n-E_m}{2\pi\hbar}=\frac{me^4}{4\pi\hbar^3}\left(\frac{1}{m^2}-\frac{1}{n^2}\right)\equiv R\left(\frac{1}{m^2}-\frac{1}{n^2}\right) \tag{5-24}$$

其中 $R=1.097\times10^7\text{m}^{-1}$，称为里德伯常数。式(5-24)就是原子光谱学里面的广义巴尔末

公式，$m=1$ 对应赖曼系光谱，在紫外区域；$m=2$ 对应巴尔末系，在可见光区；$m=3$ 对应帕邢系，在近红外区；$m=4$ 为布喇开系，光谱位于远红外区。

2. 波函数

$$\psi_{nlm}(r,\theta,\varphi)=R_{nl}(r)Y_{lm}(\theta,\varphi)$$

径向波函数 $R_{nl}(\boldsymbol{r})$ 为实函数。

1）完整力学数量组

前面讲过，中心力场定态的完整力学数量组 $\{\hat{H},\hat{L}^2,\hat{L}_z\}$，它足以完全地确定定态波函数。下面以氢原子为例加以说明。

若氢原子处于某一定态，测量得到能量值为 -3.38eV，相应的主量子数 $n=2$。对应这一能量的状态可以有四种：

$$\psi_{2lm}=\begin{cases}\psi_{200}\\ \psi_{21m}\quad\begin{cases}\psi_{211}\\ \psi_{210}\\ \psi_{21-1}\end{cases}\end{cases}$$

如果在这同一态上，再测量出角动量的绝对值，如 $\sqrt{2}\hbar$，则可以确定此态对应的 $l=1$。但这时描述此态的波函数仍有三种可能。如果再在这同一态上，测量出轨道角动量的 z 分量值，如 $(+1\hbar)$，则可确定此态对应的 $m=1$。从而将描述此态的波函数完全地确定为 ψ_{211}。

完整力学数量组 $\{\hat{H},\hat{L}^2,\hat{L}_z\}$ 的共同本征函数系是 $\psi_{nlm}(r,\theta,\varphi)$，这点从上面的例子就可以看出，从理论上也是显然的。由于 $\hat{L}^2,\hat{L}_z$ 共同本征函数是 $Y_{lm}(\theta,\varphi)$，它与 r 无关，因此用 r 的任意函数去乘 $Y_{lm}(\theta,\varphi)$，仍然是 $\hat{L}^2,\hat{L}_z$ 的共同本征函数系。自然用径向波函数 $R_{nl}(r)$ 乘以 $Y_{lm}(\theta,\varphi)$，即 $\psi_{nlm}(r,\theta,\varphi)=R_{nl}(r)Y_{lm}(\theta,\varphi)$ 也应是 $\hat{L}^2,\hat{L}_z$ 的共同本征函数系。从而 $\psi_{nlm}(r,\theta,\varphi)$ 是 $\hat{H},\hat{L}^2,\hat{L}_z$ 的共同本征函数系，亦即

$$\begin{pmatrix}\hat{H}\\ \hat{L}^2\\ \hat{L}_z\end{pmatrix}\psi_{nlm}(r,\theta,\varphi)=\begin{pmatrix}E_n\\ l(l+1)\hbar^2\\ m\hbar\end{pmatrix}\psi_{nlm}(r,\theta,\varphi)$$

2）位置概率密度

当氢原子处于用 $\psi_{nlm}(r,\theta,\varphi)$ 描述的状态时，电子在 r,θ,φ 点周围的体积元 $\mathrm{d}\tau=r^2\sin\theta\mathrm{d}r\mathrm{d}\theta\mathrm{d}\varphi$ 中的概率是

$$\begin{aligned}W_{nlm}(r,\theta,\varphi)\mathrm{d}\tau&=|\psi_{nlm}(r,\theta,\varphi)|^2\mathrm{d}\tau\\&=|R_{nl}(r)|^2r^2\mathrm{d}r\cdot|Y_{lm}(\theta,\varphi)|^2\sin\theta\mathrm{d}\theta\mathrm{d}\varphi\\&=|u_{nl}(r)|^2\mathrm{d}r\cdot|Y_{lm}(\theta,\varphi)|^2\mathrm{d}\Omega\end{aligned}\tag{5-25}$$

（1）径向概率分布

在半径为 r，厚度为 $\mathrm{d}r$ 的球壳内发现一个电子的概率为

$$\begin{aligned}W_{nl}(r)\mathrm{d}r&=|u_{nl}(r)|^2\mathrm{d}r\cdot\int|Y_{lm}(\theta,\varphi)|^2\mathrm{d}\Omega\\&=|u_{nl}(r)|^2\mathrm{d}r\cdot\int_{\varphi=0}^{2\pi}\int_{\theta=0}^{\pi}|Y_{lm}(\theta,\varphi)|^2\sin\theta\mathrm{d}\theta\mathrm{d}\varphi=|u_{nl}(r)|^2\mathrm{d}r\end{aligned}\tag{5-26}$$

图 5-2 和图 5-3 给出几个 $W_{nl}(r/a_0)$的曲线。

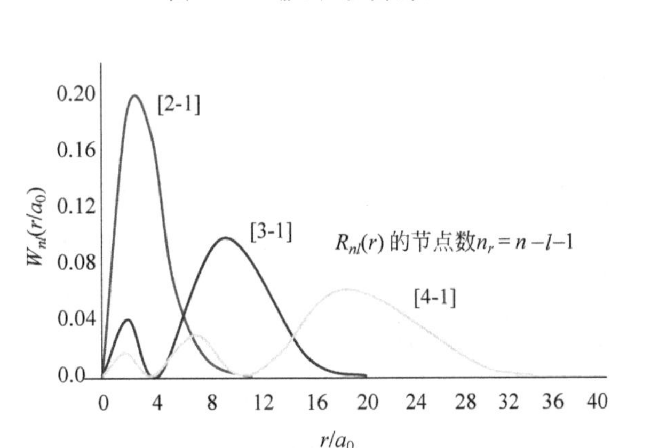

图 5-2 $W_{nl}(r/a_0)$曲线(一)

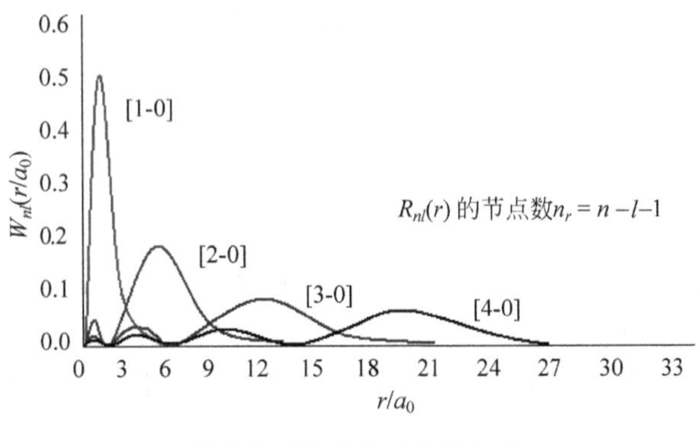

图 5-3 $W_{nl}(r/a_0)$曲线(二)

径向波函数 $u_{nl}(r)$的节点数为

$$n_r = n - l - 1$$

基态没有节点,能量最低。

在量子力学中,电子并没有严格的轨道概念,只有电子的位置概率分布。只不过这分布存在一些峰值和概率密度分布的最大值。以基态为例,波函数

$$\psi_{100}(r,\theta,\varphi) = R_{10}Y_{00} = \left\{2\left(\frac{Z}{a}\right)^{3/2}\mathrm{e}^{-Zr/a}\right\}\left\{\frac{1}{\sqrt{4\pi}}\right\}$$

由概率密度之极值条件

$$\frac{\mathrm{d}}{\mathrm{d}r}W_{10}(r) = \frac{\mathrm{d}}{\mathrm{d}r}\mid u_{10}(r)\mid^2 = 0$$

得

$$\begin{cases} r = 0 \\ r = a = \dfrac{\hbar^2}{me^2} \approx 0.0529\mathrm{nm} \end{cases}$$

$r=0$ 相当于电子落到核上,物理上不合理,因此仅有 $r=a$ 对应最大值。就是说,电子在距离核为 a 的球壳内,概率最大。a 称为最可几半径。

这并不是说在 $r\neq a$ 的地方电子就不出现,相反电子在任意一范围内都有出现的可能,

像一片云一样弥散于空间，称之为“电子云”，只不过在最可几半径的地方，“云层”最厚而已。最可几半径通常也叫原子半径。但不同的问题中，原子半径的定义也有不同，如$\hat{r}$的平均值$\bar{r}$也可称为原子的有效半径。在氢原子基态

$$\bar{r}=\int\psi_{100}^{*}(r,\theta,\varphi)\ \hat{r}\psi_{100}(r,\theta,\varphi)\mathrm{d}\tau=\int_{0}^{\infty}|u_{10}(r)|^{2}\mathrm{d}r=3a/2$$

（2）角度概率密度

与前面讨论相仿，在(θ,φ)方向的立体角$\mathrm{d}\Omega$中电子的位置概率为

$$W_{lm}(\theta,\varphi)\mathrm{d}\Omega=|Y_{lm}(\theta,\varphi)|^{2}\mathrm{d}\Omega \tag{5-27}$$

由于$Y_{lm}(\theta,\varphi)$中与φ有关的部分是$\mathrm{e}^{\mathrm{i}m\varphi}$，因此$W_{lm}(\theta,\varphi)$与$\varphi$无关，仅与$\theta$有关，即

$$W_{lm}(\theta,\varphi)\mathrm{d}\Omega=W_{lm}(\theta)\mathrm{d}\Omega$$

这说明角分布对z轴旋转对称。因此可以用通过z轴的任何一个平面上的曲线来刻画概率密度随θ角的变化。例如，在y-z平面上画出W随θ的变化曲线，然后用此曲线绕z轴旋转，就可以得到概率在空间各方向的分布（图5-4～图5-6）。

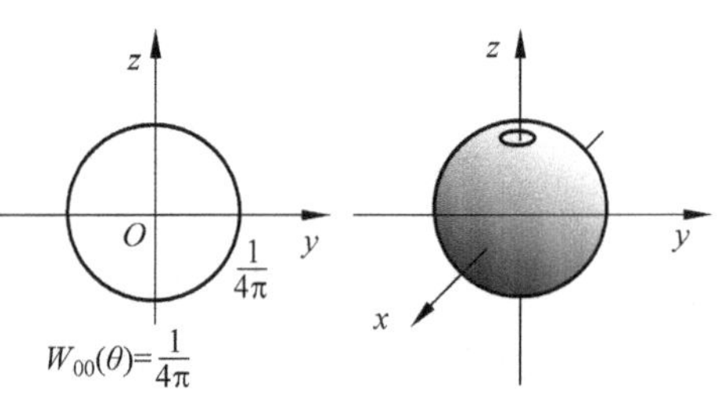

图 5-4　W_{00}空间分布示意图

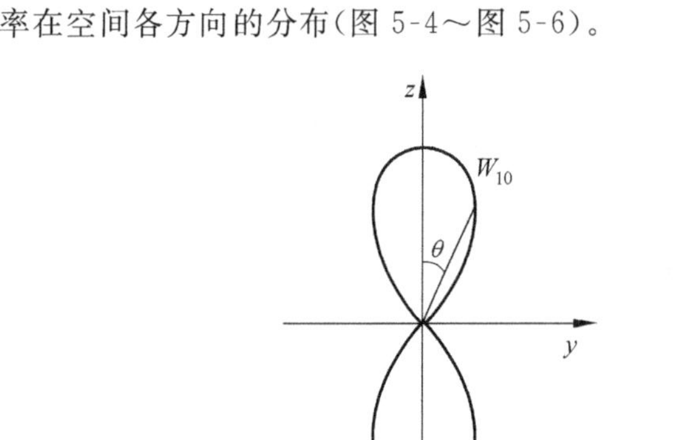
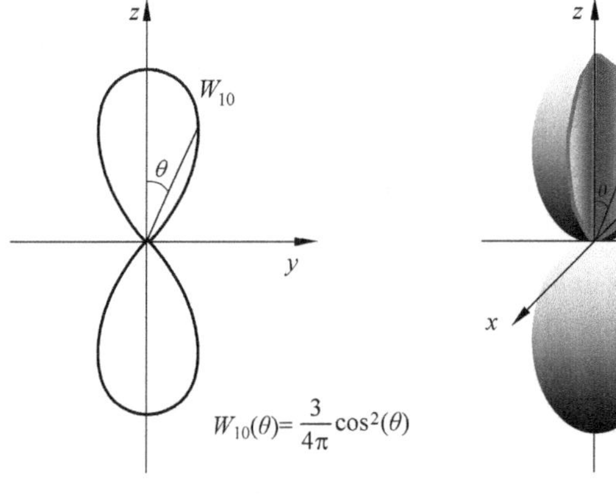

图 5-5　W_{10}空间分布示意图

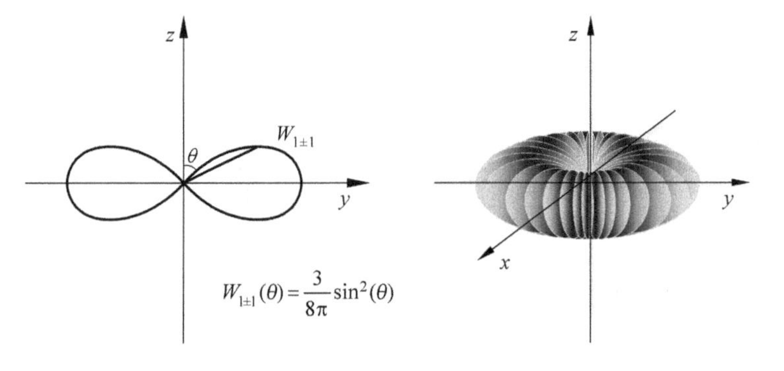

图 5-6　$W_{1\pm1}$空间分布示意图

注意

$$|Y_{l-m}|^2 = |Y_{lm}|^2$$
$$W_{lm}(\theta) = W_{l|m|}(\theta)$$

总之,径向分布标志着“电子云”的尺度,即发现电子的概率随距离的变化;角度分布标志着“电子云”的形状,即发现电子的概率随空间方位的变化。

3. 电流分布与磁矩

1) 电流密度

$$\boldsymbol{J}_q = (-e)\boldsymbol{J}$$

其中概率流密度在球坐标系中的表达式为

$$\boldsymbol{J} = J_r\boldsymbol{e}_r + J_\theta\boldsymbol{e}_\theta + J_\varphi\boldsymbol{e}_\varphi = \frac{\mathrm{i}\hbar}{2\mu}(\psi\nabla\psi^* - \psi^*\nabla\psi)$$

$$\nabla = \frac{\partial}{\partial r}\boldsymbol{e}_r + \frac{1}{r}\frac{\partial}{\partial\theta}\boldsymbol{e}_\theta + \frac{1}{r\sin\theta}\frac{\partial}{\partial\varphi}\boldsymbol{e}_\varphi$$

由于 $R_{nl}(r)$ 与 $Y_{lm}(\theta,\varphi)$ 中的 $\Phi(\theta)$ 部分为实函数,因此有 $J_r = J_\theta = 0$。则

$$\boldsymbol{J} = J_\varphi\boldsymbol{e}_\varphi = \frac{m\hbar}{r\mu\sin\theta}|\psi_{nlm}(r,\theta,\varphi)|^2\boldsymbol{e}_\varphi$$

$$\boldsymbol{J}_q = J_{q\varphi}\boldsymbol{e}_\varphi = \frac{-em\hbar}{r\mu\sin\theta}|\psi_{nlm}(r,\theta,\varphi)|^2\boldsymbol{e}_\varphi$$

即电流密度仅在 $\boldsymbol{e}_\varphi$ 方向不为零。

2) 磁矩

通过垂直于 $\boldsymbol{e}_\varphi$ 方向的小面元 $\mathrm{d}\sigma$ 的环电流元为

$$\mathrm{d}I = J_{q\varphi}\mathrm{d}\sigma = J_{q\varphi}r\mathrm{d}r\mathrm{d}\theta$$

环电流包围的面积为 $S=\pi(r\sin\theta)^2$。

从而 $\mathrm{d}I$ 对磁矩的贡献为 $S\mathrm{d}I$,沿 z 方向。总磁矩为

$$M_z = \int S\mathrm{d}I = \frac{-e\hbar}{2\mu}m\int_0^\infty \mathrm{d}r\int_0^\pi \mathrm{d}\theta 2\pi r^2\sin\theta|\psi_{nlm}|^2$$

由于 $r^2\sin\theta\mathrm{d}\varphi\mathrm{d}r\mathrm{d}\theta=\mathrm{d}\tau$,所以

$$\int_0^\infty \mathrm{d}r\int_0^\pi \mathrm{d}\theta 2\pi r^2\sin\theta|\psi_{nlm}|^2 = \frac{1}{2\pi}\int_0^{2\pi}\mathrm{d}\varphi\int_0^\infty \mathrm{d}r\int_0^\pi \mathrm{d}\theta 2\pi r^2\sin\theta|\psi_{nlm}|^2 = \int|\psi_{nlm}|^2\mathrm{d}\tau = 1$$

由此得

$$M_z = -\frac{e\hbar m}{2\mu} = -\mu_B m \tag{5-28}$$

其中 μ_B 为玻尔磁子:

$$\mu_B \equiv \frac{e\hbar}{2\mu} \approx 9.274\times10^{-24}\mathrm{J/T}$$

3) 磁矩性质

由式(5-28)可看出,M_z 取量子化的值。

式(5-28)可改写为

$$M_z = -\frac{e}{2\mu}m\hbar = -\frac{e}{2\mu}L_z$$

定义磁矩算符为

$$\hat{M}_z = -\frac{e}{2\mu}\hat{L}_z = \gamma \hat{L}_z$$

磁矩向量算符为

$$\hat{M}_L = -\frac{e}{2\mu}\hat{L} = \gamma \hat{L}$$

$\gamma = -\frac{e}{2\mu}$称为回转磁矩比，简称回磁比。$\hat{M}_L$ 是由于带电粒子的“轨道”运动引起的磁矩。由于电子带负电，因此 $\boldsymbol{M}_L$ 与 $\boldsymbol{L}$ 方向相反。

习题

1. 设氢原子处于 $\psi(r,\theta,\varphi)=\frac{1}{2}R_{21}(r)Y_{10}(\theta,\varphi)-\frac{1}{\sqrt{2}}[R_{31}(r)Y_{10}(\theta,\varphi)+R_{21}(r)Y_{1-1}(\theta,\varphi)]$的态下，求氢原子的能量、角动量平方及 z 分量的可能取值及其相应的概率，并求出这些力学量的平均值。

2. 设电子被限制在半径为 a 的球中运动，试讨论它的定态问题。

3. 设氢原子处于基态，求在经典力学所不允许的区域（$E-V=T<0$）内，发现电子的概率。

4. 求氢原子处于 1s，2p 和 3d 态时，发现电子的最可几半径。

5. 证明 $L=\sqrt{6}\hbar$，$L_z=\pm\hbar$的氢原子中的电子，在 $\theta=45°$和 $\theta=135°$的方向上被发现的概率最大。

6. 设氢原子处于基态，求：

（1）距氢原子核两倍玻尔半径以外发现电子的概率；

（2）若要在以原子核中心的球内发现电子的概率为 90%，那么该球的半径应该是多少？

7. 设氢原子处于基态，求：

（1）势能的平均值；

（2）动能的平均值；

（3）动量的概率分布函数。

表象理论

前面讲到过，按照量子力学基本原理，体系的状态用波函数来描述，力学量用线性厄米算符来描述。但基本原理并没有规定波函数和线性厄米算符应如何具体写出。在前面的讨论中，我们直接把它们写成坐标和时间的函数，而没有深入展开分析。下面我们开始深入讨论这个问题。

如前所述体系的波函数用 $\psi(\boldsymbol{r},t)$描述，力学量用 $\boldsymbol{M}(\boldsymbol{r},t)$描述。作为自变量的 $\boldsymbol{r}$，实际上是坐标力学量算符$\hat{r}$的本征值，$\boldsymbol{r}$ 的全部变化区域就是算符$\hat{r}$的本征值谱。因此我们选择的自变量本质上是坐标力学量的全部本征值(即本征值谱)。但是体系的力学量有很多，选择坐标力学量的本征值作自变量显然不应该是唯一的选择。选择其他力学量(如动量、能量等)的本征值谱作为自变量来表示波函数和力学量也应该是可以的，在理论上也是必要的，否则就是赋予了坐标力学量以区别于其他力学量的特殊性！当然如果用其他力学量的本征值谱作为自变量来表示波函数和力学量，它们对同一状态的表述应该是等价的，即对同一状态，不同的表述方法给出来的全部物理信息(力学量的取值及其取值概率连同它们随时间的变化关系)应当全部相同。

量子力学中状态和力学量的**具体表示方式**称为**表象**。前边我们采用的表示方法叫坐标表象。

表象理论具有非常重要的理论意义。根据表现理论，可以针对具体的问题选择恰当的表象，以简化处理问题的运算手续，而且便于将理论结果和实验数据对比。同时，利用表象理论有可能表达全新的、与坐标根本无关的力学量，譬如自旋力学量。

6.1 态的表象

6.1.1 任意力学量算符$\hat{A}$表象

假设$\hat{A}$是某一力学量算符，并假定$\hat{A}$具有断续谱$\{a_n\}$(为了讨论方便，不考虑连续谱情况。连续谱本质上与断续谱没有区别，只是形式上有所不同而已)及相应的本征函数系$\{u_n(x)\}$，即本征方程为

$$\hat{A}u_n(x) = a_n u_n(x) \tag{6-1}$$

设 $\psi(x,t)$是坐标表象中的任意归一化波函数，按展开假定 $\psi(x,t)$可以向$\{u_n(x)\}$展开。

$$\psi(x,t) = \sum_n c_n(t) u_n(x) \tag{6-2}$$

$$c_n(t) = \int u_n^*(x)\psi(x,t)\mathrm{d}x \tag{6-3}$$

由于 $\psi(x,t)$是归一化波函数，故有

$$\sum_n |c_n(t)|^2 = 1 \tag{6-4}$$

下面讨论 $\psi(x,t)$与$\{c_n(t)\}$的等价性。

首先在物理上看二者是等价的。

设 $W(x,t)$是 t 时刻在 x 处发现粒子的概率密度；$W(a,t)$是 t 时刻在 $\psi(x,t)$上测$\hat{A}$的取值为 a_n 的概率，则有

$$W(x,t) = |\psi(x,t)|^2 \tag{6-5}$$

$$W(a_n,t) = |c_n(t)|^2 \tag{6-6}$$

上式表明，$|\psi(x,t)|^2$ 和$|c_n(t)|^2$ 均具有概率的意义，对同一状态，$|\psi(x,t)|^2$ 表示在该态上力学量$\hat{x}$(坐标)的取值概率，$|c_n(t)|^2$ 表示在该态上力学量$\hat{A}$的取值概率。

其次，在数学上二者也是等价的。从式(6-2)看到，由$\{c_n(t)\}$可得 $\psi(x,t)$，从式(6-3)看到，由 $\psi(x,t)$可得$\{c_n(t)\}$。

总之，$\psi(x,t)$和$\{c_n(t)\}$可以给出完全等价的物理信息。

$$\{c_n(t)\}: c_1(t), c_2(t), \cdots, c_n(t), \cdots$$

这是一串数。$c_n(t)$与 a_n 是一一对应的关系，因此也可以写成

$$c(a_1,t), c(a_2,t), \cdots, c(a_n,t), \cdots$$

这就是说，$\{c_n(t)\}$实质上是一个以$\hat{A}$的本征值 a_n 为自变量的函数。把它写成列矩阵的形式

$$\psi = \begin{pmatrix} c_1(t) \\ c_2(t) \\ \vdots \\ c_n(t) \\ \vdots \end{pmatrix} \tag{6-7}$$

这就是状态的$\hat{A}$表象。

如果算符$\hat{A}$具有连续谱$\{a\}$，则$\{c(a,t)\}$就是 a 的函数。形式上也可以写成列矩阵。但在实际使用过程中，用函数的形式更方便。譬如动量表象 $c(\boldsymbol{p},t)$，这是自变量为 $\boldsymbol{p}$ 的函数，而$\{\boldsymbol{p}\}$是动量算符$\hat{p}$的连续本征值谱。

因此，$\psi(x,t)$和$\{c_n(t)\}$无论从物理上还是数学上都处于等价地位。所以，如果用 $\psi(x,t)$可以描述状态，那么用$\{c_n(t)\}$描述状态自然也应该是可以的。

称式(6-7)为状态 ψ 在$\hat{A}$表象中的波函数。$\{u_n(x)\}$称为$\hat{A}$表象的基底。

6.1.2　讨论

(1) 同一状态可以在不同的表象中用波函数来描述。所取的表象不同，波函数的形式

也不同，但它们描述的是同一状态。

(2) 算符$\hat{A}$的本征函数$\mu_k(x)$在它自身表象中的形式为

$$\mu_k = \begin{pmatrix} 0 \\ \vdots \\ 0 \\ 1 \\ 0 \\ \vdots \end{pmatrix} \tag{6-8}$$

这一形式可以由式(6-3)得到，即

$$c_n(t) = \int u_n^*(x)\mu_k(x)\mathrm{d}x = \delta_{nk} \tag{6-9}$$

6.2 力学量算符的表象(矩阵表示)

力学量算符的具体形式应该与波函数的具体形式相适应。波函数在不同的表象中的表达形式不同，相应的力学量算符也应该具有不同的表达形式。

1. 任意力学量算符$\hat{G}$在$\hat{A}$表象中的表示

$\hat{A}$表象中的基底为$\{u_n\}$，其中

$$\hat{A}u_n = a_n u_n \tag{6-10}$$

算符$\hat{G}$作用在任意波函数ψ上，结果为另外一个波函数Φ，即

$$\Phi = \hat{G}\psi \tag{6-11}$$

ψ和Φ分别向$\{u_n\}$展开，有

$$\psi = \sum_n c_n(t)u_n$$

$$\Phi = \sum_n d_n(t)u_n$$

代入式(6-11)，有

$$\sum_n d_n(t)u_n = \hat{G}\sum_n c_n(t)u_n \tag{6-12}$$

式(6-12)两边作用以$\int u_m^*\mathrm{d}\tau$，利用$\{u_n\}$的正交归一性，有

$$d_m = \sum_n G_{mn}c_n(t) \tag{6-13}$$

其中

$$G_{mn} \equiv \int u_m^* \hat{G}u_n\mathrm{d}\tau \tag{6-14}$$

将所有G_{mn}排列成一个方矩阵，

$$\hat{G}=\begin{pmatrix} G_{11} & G_{12} & \cdots & G_{1n} & \cdots \\ G_{21} & G_{22} & \cdots & G_{2n} & \cdots \\ \vdots & \vdots & & \vdots & \\ G_{n1} & G_{n2} & \cdots & G_{nn} & \cdots \\ \vdots & \vdots & & \vdots & \end{pmatrix} \tag{6-15}$$

这就是算符$\hat{G}$在$\hat{A}$表象中的表达式。式(6-13)可以写成

$$\begin{pmatrix} d_1 \\ d_2 \\ \vdots \\ d_n \\ \vdots \end{pmatrix}=\begin{pmatrix} G_{11} & G_{12} & \cdots & G_{1n} & \cdots \\ G_{21} & G_{22} & \cdots & G_{2n} & \cdots \\ \vdots & \vdots & & \vdots & \\ G_{n1} & G_{n2} & \cdots & G_{nn} & \cdots \\ \vdots & \vdots & & \vdots & \end{pmatrix}\begin{pmatrix} c_1 \\ c_2 \\ \vdots \\ c_n \\ \vdots \end{pmatrix} \tag{6-16}$$

这是方程(6-11)在$\hat{A}$表象中的表达式。其中两个列矩阵分别是波函数(态)Φ和ψ在$\hat{A}$表象中的表达式。

在第4章讲到,力学量用线性厄米算符来表述。那么在不同表象下的算符还满足厄米性吗?

下面将证明在算符$\hat{G}$在$\hat{A}$表象中的矩阵是厄米矩阵。

对式(6-14)取复共轭,得

$$G_{mn}^{*}=\int u_m \hat{G}^{*} u_n^{*}\,\mathrm{d}\tau=\int u_n^{*}\hat{G}u_m\,\mathrm{d}\tau=G_{nm} \tag{6-17}$$

其中利用了厄米算符运算规则。

按照厄米共轭的定义(转置加复共轭)有

$$(G^{+})_{nm}=G_{mn}^{*} \tag{6-18}$$

结合式(6-17),式(6-18)可得到

$$(G^{+})_{nm}=G_{nm} \tag{6-19}$$

即$\hat{G}$在$\hat{A}$表象中的矩阵确是厄米矩阵。

2. 算符$\hat{A}$在自身表象中的表达式

在式(6-14)中,把$\hat{G}$换成$\hat{A}$得到

$$A_{nm}=\int u_m^{*}\hat{A}u_n\,\mathrm{d}\tau=a_n\int u_m^{*}u_n\,\mathrm{d}\tau=a_n\delta_{mn} \tag{6-20}$$

于是算符$\hat{A}$在自身表象中的表达式为

$$\hat{A}=\begin{pmatrix} a_1 & 0 & \cdots & 0 & \cdots \\ 0 & a_2 & \cdots & 0 & \cdots \\ \vdots & \vdots & & \vdots & \\ 0 & 0 & \cdots & a_n & \cdots \\ \vdots & \vdots & & \vdots & \end{pmatrix} \tag{6-21}$$

是对角矩阵,对角矩阵元就是算符$\hat{A}$的本征值$\{a_n\}$。

因此,任意力学量算符在自身表象中的表达式是对角矩阵,对角元就是其本征值。

下面用一个具体的例子来体会不同算符在某种表象下的表达式。

例 求线性谐振子的坐标算符$\hat{x}$、动量算符$\hat{p}_x$和哈密顿算符$\hat{H}$在能量表象中的表达式。

解 线性谐振子的能量表象基底是其能量算符(哈密顿算符$\hat{H}$)的本征函数系$\{\psi_n(x)\}$，其本征方程为

$$\hat{H}\psi_n(x) = E_n\psi_n$$
$$E_n = \left(n+\frac{1}{2}\right)\hbar\omega \quad n = 0,1,2,\cdots$$

线性谐振子的定态波函数具有如下特性

$$x\psi_n = \frac{1}{\alpha}\left(\sqrt{\frac{n+1}{2}}\psi_{n+1} + \sqrt{\frac{n}{2}}\psi_{n-1}\right) \tag{6-22}$$

$$\frac{\mathrm{d}}{\mathrm{d}x}\psi_n = \alpha\left(\sqrt{\frac{n}{2}}\psi_{n-1} - \sqrt{\frac{n+1}{2}}\psi_{n+1}\right) \tag{6-23}$$

其中$\alpha \equiv \sqrt{\frac{m\omega}{\hbar}}$。

利用式(6-22)可以得到坐标算符$\hat{x}$的矩阵元

$$x_{mn} = \int \psi_m^* \hat{x}\psi_n \mathrm{d}\tau = \frac{1}{\alpha}\sqrt{\frac{n+1}{2}}\delta_{m,n+1} + \frac{1}{\alpha}\sqrt{\frac{n}{2}}\delta_{m,n-1}$$

于是得到坐标算符$\hat{x}$在能量表象中的表达式为

$$\hat{x} = \frac{1}{\alpha}\begin{pmatrix} 0 & \sqrt{\frac{1}{2}} & 0 & 0 & \cdots \\ \sqrt{\frac{1}{2}} & 0 & \sqrt{\frac{2}{2}} & 0 & \cdots \\ 0 & \sqrt{\frac{2}{2}} & 0 & \sqrt{\frac{3}{2}} & \cdots \\ 0 & 0 & \sqrt{\frac{3}{2}} & 0 & \cdots \\ \vdots & \vdots & \vdots & \vdots & \end{pmatrix} \tag{6-24}$$

利用式(6-23)可以得到动量算符$\hat{p}_x$的矩阵元

$$(p_x)_{mn} = \int \psi_m^* \left(-\mathrm{i}\hbar\frac{\mathrm{d}}{\mathrm{d}x}\right)\psi_n \mathrm{d}\tau = (-\mathrm{i}\hbar\alpha)\left(\sqrt{\frac{n}{2}}\delta_{m,n-1} - \sqrt{\frac{n+1}{2}}\delta_{m,n+1}\right)$$

于是得到动量算符$\hat{p}_x$在能量表象中的表达式为

$$\hat{p}_x = -\mathrm{i}\hbar\alpha\begin{pmatrix} 0 & \sqrt{\frac{1}{2}} & 0 & 0 & \cdots \\ -\sqrt{\frac{1}{2}} & 0 & \sqrt{\frac{2}{2}} & 0 & \cdots \\ 0 & -\sqrt{\frac{2}{2}} & 0 & \sqrt{\frac{3}{2}} & \cdots \\ 0 & 0 & -\sqrt{\frac{3}{2}} & 0 & \cdots \\ \vdots & \vdots & \vdots & \vdots & \end{pmatrix} \tag{6-25}$$

哈密顿算符$\hat{H}$在能量表象中的表达式为

$$\hat{H}=\begin{pmatrix}E_1 & 0 & 0 & 0 & \cdots \\ 0 & E_2 & 0 & 0 & \cdots \\ 0 & 0 & E_3 & 0 & \cdots \\ 0 & 0 & 0 & E_4 & \cdots \\ \vdots & \vdots & \vdots & \vdots & \end{pmatrix}=\hbar\omega\begin{pmatrix}\frac{1}{2} & 0 & 0 & 0 & \cdots \\ 0 & \frac{3}{2} & 0 & 0 & \cdots \\ 0 & 0 & \frac{5}{2} & 0 & \cdots \\ 0 & 0 & 0 & \frac{7}{2} & \cdots \\ \vdots & \vdots & \vdots & \vdots & \end{pmatrix} \tag{6-26}$$

6.3　量子力学公式的矩阵表示

如前所述，量子力学中有很多公式，这些公式在表象理论下，都可以用矩阵形式表示出来。事实上量子力学创立之初就有由海森堡创立的矩阵力学形式和由薛定谔创立的波动力学形式，后来由薛定谔证明两种理论形式是等价的。下面给出几个主要公式的矩阵表示。

以下都在力学量$\hat{A}$表象下给出，其基底为$\hat{A}$的本征函数系$\{u_n(x)\}$。

1. 薛定谔方程

在坐标表象中，薛定谔方程的表达式为

$$\mathrm{i}\hbar\frac{\partial}{\partial t}\psi(x,t)=\hat{H}\psi(x,t) \tag{6-27}$$

在力学量$\hat{A}$表象下其表达式为

$$\mathrm{i}\hbar\frac{\mathrm{d}}{\mathrm{d}t}\begin{pmatrix}c_1(t) \\ c_2(t) \\ \vdots \\ c_n(t) \\ \vdots\end{pmatrix}=\begin{pmatrix}H_{11} & H_{12} & \cdots & H_{1n} & \cdots \\ H_{21} & H_{22} & \cdots & H_{2n} & \cdots \\ \vdots & \vdots & & \vdots & \\ H_{n1} & H_{n2} & \cdots & H_{nn} & \cdots \\ \vdots & \vdots & \vdots & \vdots & \end{pmatrix}\begin{pmatrix}c_1(t) \\ c_2(t) \\ \vdots \\ c_n(t) \\ \vdots\end{pmatrix} \tag{6-28}$$

其中

$$c_n(t)=\int u_n^*(x)\psi(x,t)\mathrm{d}x$$

$$H_{mn}=\int u_m^*(x)\hat{H}u_n(x)\mathrm{d}x$$

证明　将$\psi(x,t)=\sum_n c_n(t)u_n(x)$代入式(6-27)并作用以$\int u_m^*\mathrm{d}x$得到

$$\mathrm{i}\hbar\frac{\mathrm{d}}{\mathrm{d}t}\sum_n c_n(t)\int u_m^* u_n\mathrm{d}x=\mathrm{i}\hbar\frac{\mathrm{d}}{\mathrm{d}t}\sum_n c_n(t)\delta_{mn}=\sum_n c_n(t)\int u_m^*\hat{H}u_n\mathrm{d}x$$

即

$$\mathrm{i}\hbar\frac{\mathrm{d}}{\mathrm{d}t}c_m(t)=\sum_n H_{mn}c_n(t)$$

写成矩阵形式就是式(6-28)，证毕。

2. 本征方程的矩阵表示

力学量算符$\hat{F}$的本征方程在坐标表象中为

$$\hat{F}\psi_f(x) = f\psi_f(x) \tag{6-29}$$

在$\hat{A}$表象下为

$$\begin{pmatrix} F_{11} & F_{12} & \cdots & F_{1n} & \cdots \\ F_{21} & F_{22} & \cdots & F_{2n} & \cdots \\ \vdots & \vdots & & \vdots & \\ F_{n1} & F_{n2} & \cdots & F_{nn} & \cdots \\ \vdots & \vdots & \vdots & \vdots & \end{pmatrix} \begin{pmatrix} c_1 \\ c_2 \\ \vdots \\ c_n \\ \vdots \end{pmatrix} = f \begin{pmatrix} c_1 \\ c_2 \\ \vdots \\ c_n \\ \vdots \end{pmatrix} \tag{6-30}$$

证明 将 $\psi(x,t) = \sum_n c_n(t)u_n(x)$ 代入式(6-29)并作用以$\int u_m^* \mathrm{d}x$得到

$$\sum_n c_n(t)\int u_m^* \hat{F}u_n \mathrm{d}x = f\sum_n c_n(t)\int u_m^* u_n \mathrm{d}x = f\sum_n c_n(t)\delta_{mn}$$

即

$$\sum_n F_{mn}c_n(t) = fc_m(t) \tag{6-31}$$

写成矩阵形式就是式(6-30)。

利用矩阵运算法则,式(6-30)可以改写成

$$\sum_n (F_{mn} - f\delta_{mn})c_n(t) = 0, \quad m = 1,2,\cdots \tag{6-32}$$

即

$$\begin{cases} (F_{11} - f)c_1 + F_{12}c_2 + \cdots + F_{1m}c_m + \cdots = 0 \\ F_{21}c_1 + (F_{22} - f)c_2 + \cdots + F_{12}c_m + \cdots = 0 \\ \qquad \vdots \\ F_{m1}c_1 + F_{m2}c_2 + \cdots + (F_{mm} - f)c_m + \cdots = 0 \\ \qquad \vdots \end{cases}$$

这个线性齐次方程组有非零解的条件是其系数行列式为零,即

$$\begin{vmatrix} F_{11} - f & F_{12} & \cdots & F_{1m} & \cdots \\ F_{21} & F_{22} - f & \cdots & F_{2m} & \cdots \\ \vdots & \vdots & & \vdots & \\ F_{m1} & F_{m2} & \cdots & F_{mm} - f & \cdots \\ \vdots & \vdots & \vdots & \vdots & \end{vmatrix} = 0 \tag{6-33}$$

通过解这个“久期方程”就可以得到本征值 f。

将通过久期方程求得的本征值 f 代入式(6-32)中,于是得到$\hat{A}$表象下力学量算符$\hat{F}$的本征函数(一个列矩阵)。

3. 平均值公式的矩阵表示

在任意状态波函数 $\psi(x,t)$表示的态上面,力学量算符$\hat{F}$的平均值公式在坐标表象中表达为

$$\overline{F}=\langle F\rangle=\int\psi^*(x,t)\,\hat{F}\psi(x,t)\mathrm{d}x \tag{6-34}$$

其在$\hat{A}$表象下的表达式为

$$\overline{F}=\langle F\rangle=(c_1^*(t),c_2^*(t),\cdots,c_n^*(t),\cdots)\begin{pmatrix}F_{11} & F_{12} & \cdots & F_{1n} & \cdots\\ F_{21} & F_{22} & \cdots & F_{2n} & \cdots\\ \vdots & \vdots & & \vdots & \\ F_{n1} & F_{n2} & \cdots & F_{nn} & \cdots\\ \vdots & \vdots & & \vdots & \end{pmatrix}\begin{pmatrix}c_1(t)\\ c_2(t)\\ \vdots\\ c_n(t)\\ \vdots\end{pmatrix} \tag{6-35}$$

其中行矩阵$(c_1^*(t),c_2^*(t),\cdots,c_n^*(t),\cdots)$为波函数$\psi^*(x,t)$在$\hat{A}$表象下的表达式，列矩阵$\begin{pmatrix}c_1(t)\\ c_2(t)\\ \vdots\\ c_n(t)\\ \vdots\end{pmatrix}$为波函数$\psi(x,t)$在$\hat{A}$表象下的表达式，矩阵$\begin{pmatrix}F_{11} & F_{12} & \cdots & F_{1n} & \cdots\\ F_{21} & F_{22} & \cdots & F_{2n} & \cdots\\ \vdots & \vdots & & \vdots & \\ F_{n1} & F_{n2} & \cdots & F_{nn} & \cdots\\ \vdots & \vdots & \vdots & \vdots & \end{pmatrix}$为算符$\hat{F}$在$\hat{A}$表象下的表达式。

证明 由展开假定可知$\psi(x,t)=\sum_n c_n(t)u_n(x)$，代入式(6-34)得

$$\begin{aligned}\langle F\rangle&=\int\psi^*(x,t)\,\hat{F}\psi(x,t)\mathrm{d}x\\ &=\sum_{m,n}c_m^*(t)c_n(t)\int u_m^*(x)\,\hat{F}u_n(x)\mathrm{d}x\\ &=\sum_{m,n}c_m^*(t)c_n(t)F_{mn}\end{aligned}$$

其写成矩阵形式就是式(6-35)。

近似法求解薛定谔方程

在经典力学中，只有极少数我们感兴趣的物理体系可以得到严格的解。同样，在量子力学中，我们也只能严格地解出极少数几个运动方程，例如粒子在一维无限深位阱中的运动、线性谐振子的本征问题、氢原子的本征问题等。稍微再复杂一点的原子(如氦原子)或分子(如氢分子)，就无法严格求解它们的运动方程，只能借助近似方法求解。因此近似方法在量子力学中具有十分重要的地位。当然，近似法的重要并未降低我们对可以得到严格解问题的重视，相反地，后者将更加重要，**因为某类问题的严格解通常都是作为更复杂问题的近似解法的起点和基础**，同时它也可以有助于了解近似方法准确的程度。

近似方法大致可分为两大类：

第一类：定态问题时的近似方法。此时体系的能量算符不显含时间。这类近似方法包括定态微扰法，变分法，WKB 近似法等。

第二类：非定态问题时的近似方法。一般来说，此时体系的能量算符是显含时间 t 的。此时薛定谔方程不存在定态解。依据与时间 t 的依赖关系不同，这类问题要采用不同的近似方法进行处理。

在所有近似方法中，最重要的、应用上也是最广泛的一种近似方法就是"微扰法"。这个方法最早是在 1926 年由薛定谔提出的，后来经过了许多人的丰富和发展。

我们的核心问题仍然是求解能量算符的本征方程

$$\hat{H}\psi_n = E_n\psi_n$$

只是，我们没有办法严格求解它。在这种情况下，我们将利用微扰方法的基本思想，尽量好地求出它的近似解来。

作为一种启示，先讨论氢原子的情况。

氢原子的能量算符 $\hat{H}_0$ 为

$$\hat{H}_0 = -\frac{\hbar^2}{2m}\nabla^2 - \frac{e^2}{r}$$

它的束缚态解在第 5 章中已经严格地求出。当把氢原子放在均匀外电场中时，它的能量算符将变成为

$$\hat{H} = \hat{H}_0 + e\boldsymbol{E}\cdot\boldsymbol{r}$$

其中 $\boldsymbol{E}$ 为电场强度。

这时氢原子的定态薛定谔方程为

$$(\hat{H}_0 + e\boldsymbol{E} \cdot \boldsymbol{r})\psi = E\psi$$

这个方程无法严格求解。但是一般说来，外电场比起源自内部的库仑场要弱得多。譬如说，外电场为 10^7 V/m 已经很强了，但比起原子内部库仑场 10^{11} V/m 却小得多，内部场大约是外电场的一万倍，以至于我们可以预期 $e\boldsymbol{E} \cdot \boldsymbol{r}$ 的影响会很小，似乎对整个体系仅仅是一个“微弱的扰动”——“微扰”(或称为“摄动”)。

我们寻求的是氢原子的波函数在微扰 $e\boldsymbol{E} \cdot \boldsymbol{r}$ 的作用下是如何变化的。当然，在某些情况下，外电场可以达到内部场的量级，这时下面的方法就不适用了。

微扰法在各类应用中将会有其具体的形式，我们仅就束缚态问题做一般性的讨论。

设体系的能量算符可以分为两部分

$$\hat{H} = \hat{H}_0 + \hat{W} \tag{7-1}$$

其中 $\hat{H}_0$ 的结构比较简单，它的定态解可以严格求出，并且作为已知条件，即

$$\hat{H}_0 \varphi_{nj}^{(0)} = E_n^{(0)} \varphi_{nj}^{(0)} \tag{7-2}$$

其中 j 为所有简并量子数。

式(7-1)中的 $\hat{W}$ 与 $\hat{H}_0$ 相比影响要小得多，可以将 $\hat{W}$ 作微扰处理。为了明显地表示 $\hat{W}$ 的微小影响，引入参数 λ，将 $\hat{W}$ 在形式上写成

$$\hat{W} = \lambda \hat{\omega} \tag{7-3}$$

一般来说，λ 是某种相互作用强度的参数，是一个小量：$|\lambda \ll 1|$，显然 λ^n 的幂次越高，则量级越小。

我们的中心问题仍然还是求解方程

$$(\hat{H}_0 + \hat{W})\varphi = E\varphi \tag{7-4}$$

首先讨论 $\hat{H}_0$ 的本征值 $E_k^{(0)}$ 是非退化的情况。在 $\hat{W}$ 的作用下，寻求 $E_k^{(0)}$ 及相应的波函数 $\varphi_k^{(0)}$ 所发生的变化，从而给出方程(7-4)的近似解。

由于 $\hat{W}$ 影响很小(与 $\hat{H}_0$ 相比)，因此可以认为 E_k 和 φ_k 分别与 $E_k^{(0)}$ 和 $\varphi_k^{(0)}$ 相差不大，即微扰体系的本征值及本征函数接近于无微扰体系的本征值及本征函数。

将 φ_k，E_k 按 λ 展开

$$\left.\begin{aligned} \varphi_k &= \varphi_k^{(0)} + \lambda \phi_k^{(1)} + \lambda^2 \phi_k^{(2)} + \cdots + \lambda^n \phi_k^{(n)} + \cdots \\ E_k &= E_k^{(0)} + \lambda \varepsilon_k^{(1)} + \lambda^2 \varepsilon_k^{(2)} + \cdots + \lambda^n \varepsilon_k^{(n)} + \cdots \end{aligned}\right\} \tag{7-5}$$

由于 λ 很小，所以上两式中，后面的项和前面的项相比会很快减小，并且是逐级减小。这样才会使这两个无穷级数收敛。

如果能把上两式中的无穷项都求出来，就等于严格地求出了 E_k，φ_k，但实际上我们不能做到这一点。只要能求出前面几项，达到足够准确的程度就可以了。

如果取

$$\varphi_k \approx \varphi_k^{(0)}$$
$$E_k = E_k^{(0)} \tag{7-6}$$

则称为零级近似，如果取

$$\varphi_k \approx \varphi_k^{(0)} + \lambda\phi_k^{(1)} + \lambda^2\phi_k^{(2)} + \cdots + \lambda^n\phi_k^{(n)}$$
$$E_k \approx E_k^{(0)} + \lambda\varepsilon_k^{(1)} + \lambda^2\varepsilon_k^{(2)} + \cdots + \lambda^n\varepsilon_k^{(n)} \tag{7-7}$$

则称为 n 级近似解，分别称为波函数和本征值的 n 级修正。

自然我们总要求

$$\int \varphi_k^{(0)*}\varphi_k^{(0)}\mathrm{d}\tau = 1$$

$$\int \varphi_k^*\varphi_k\mathrm{d}\tau = 1$$

为了求出各级修正，可将式(7-5)代入方程(7-4)中，然后按 λ 的幂次整理成

$$\lambda^0: \hat{H}_0\varphi_k^{(0)} = E_k^{(0)}\varphi_k^{(0)} \tag{7-8}$$

$$\lambda^1: \hat{H}_0\phi_k^{(1)} + \hat{\omega}\varphi_k^{(0)} = E_k^{(0)}\phi_k^{(1)} + \varepsilon_k^{(1)}\varphi_k^{(0)} \tag{7-9}$$

$$\lambda^2: \hat{H}_0\phi_k^{(2)} + \hat{\omega}\phi_k^{(1)} = E_k^{(0)}\phi_k^{(2)} + \varepsilon_k^{(1)}\phi_k^{(1)} + \varepsilon_k^{(2)}\varphi_k^{(0)} \tag{7-10}$$

$$\vdots$$

$$\lambda^n: \hat{H}_0\phi_k^{(n)} + \hat{\omega}\phi_k^{(n-1)} = E_k^{(0)}\phi_k^{(n)} + \varepsilon_k^{(1)}\phi_k^{(n-1)} + \cdots + \varepsilon_k^n\varphi_k^{(0)} \tag{7-11}$$

剩下的问题就是依次求解上面的方程，亦即逐级求解方程。每求高一级修正时均需已知低级修正项。

由上面的论述可以看出，微扰法的核心在于逐级近似。

下面我们给出一级修正和二级修正的结果。

1. 一级修正

利用式(7-8)求解式(7-9)。

将 $\phi_k^{(1)}$ 向正交归一完备基$\{\varphi_k^{(0)}\}$展开

$$\phi_k^{(1)} = \sum_n a_{nk}^{(1)}\varphi_n^{(0)} \tag{7-12}$$

其中 $a_{nk}^{(1)}$ 为展开系数，$a_{nk}^{(1)} = \int \varphi_{nk}^{(0)*}\phi_k^{(1)}\mathrm{d}\tau$。

将式(7-12)代入式(7-9)

$$\sum_n a_{nk}^{(1)}E_n^{(0)}\varphi_n^{(0)} + \hat{\omega}\varphi_k^{(0)} = E_k^{(0)}\sum_n a_{nk}^{(1)}\varphi_n^{(0)} + \varepsilon_k^{(1)}\varphi_k^{(0)}$$

用$\int \varphi_m^{(0)*}\mathrm{d}\tau$ 作用上式的两边得

$$a_{mk}^{(1)}E_m^{(0)} + \int \varphi_m^{(0)*}\hat{\omega}\varphi_k^{(0)}\mathrm{d}\tau = a_{mk}^{(1)}E_k^{(0)} + \varepsilon_k^{(1)}\delta_{mk}$$

令 $\omega_{mk} \equiv \int \varphi_m^{(0)*}\hat{\omega}\varphi_k^{(0)}\mathrm{d}\tau$，则上式变成

$$(E_m^{(0)} - E_k^{(0)})a_{mk}^{(1)} + \omega_{mk} - \varepsilon_k^{(1)}\delta_{mk} = 0$$

当 $m=k$ 时，有

$$\varepsilon_k^{(1)} = \omega_{kk}$$

从而一级能量修正为

$$E_k^{(1)} = \lambda\varepsilon_k^{(1)} = W_{kk} = \int \varphi_k^{(0)*}\hat{W}\varphi_k^{(0)}\,\mathrm{d}\tau \tag{7-13}$$

当 $m\neq k$ 时，有

$$(E_m^{(0)} - E_k^{(0)})a_{mk}^{(1)} + \omega_{mk} = 0$$

从而

$$a_{mk}^{(1)} = \frac{\omega_{mk}}{E_k^{(0)} - E_m^{(0)}}$$

于是得到波函数的一级修正为

$$\varphi_k^{(1)} = \lambda\phi_k^{(1)} = \sum_{n\neq k}\frac{W_{nk}}{E_k^{(0)} - E_n^{(0)}}\varphi_n^{(0)} + \lambda a_{kk}^{(1)}\varphi_k^{(0)} \tag{7-14}$$

至此，我们得到了能量一级近似**值**和波函数的一级近似**解**

$$E_k \approx E_k^{(0)} + \lambda\varepsilon_k^{(1)} = E_k^{(0)} + E_k^{(1)}$$

$$\varphi_k \approx \varphi_k^{(0)} + \lambda\phi_k^{(1)} = \varphi_k^{(0)} + \varphi_k^{(1)}$$

利用 φ_k 的归一化条件，可得

$$1 = \int\varphi_k^*\varphi_k\,\mathrm{d}\tau = \int(\varphi_k^{(0)*} + \lambda\phi_k^{(1)*})(\varphi_k^{(0)} + \lambda\phi_k^{(1)})\,\mathrm{d}\tau$$

$$= 1 + \lambda\left(\int\phi_k^{(1)*}\varphi_k^{(0)}\,\mathrm{d}\tau + \int\varphi_k^{(0)*}\phi_k^{(1)}\,\mathrm{d}\tau\right) + \lambda^2\int\phi_k^{(1)*}\phi_k^{(1)}\,\mathrm{d}\tau$$

略去 λ^2 项，得

$$a_{kk}^{(1)*} + a_{kk}^{(1)} = 0$$

取实数

$$a_{kk}^{(1)} = 0$$

这样，能量一级近似值及波函数的一级近似解分别为

$$E_k \approx E_k^{(0)} + W_{kk}$$

$$\varphi_k \approx \varphi_k^{(0)} + \sum_{n\neq k}\frac{W_{nk}}{E_k^{(0)} - E_n^{(0)}}\varphi_n^{(0)}$$

其中

$$W_{nk} = \int\varphi_n^{(0)*}\hat{W}\varphi_k^{(0)}\,\mathrm{d}\tau$$

2. 二级修正

在求出一级修正后，即在求解了式(7-9)后，可以在此基础上进一步解式(7-10)，得到能量二级近似值及波函数的二级近似解分别为

$$E_k \approx E_k^{(0)} + W_{kk} + \sum_{n\neq k}\frac{W_{nk}W_{kn}}{E_k^{(0)} - E_n^{(0)}}$$

$$\varphi_k \approx \varphi_k^{(0)} + \sum_{n\neq k}\frac{W_{nk}}{E_k^{(0)} - E_n^{(0)}}\varphi_n^{(0)} - \frac{1}{2}\sum_{n\neq k}\frac{|W_{nk}|^2}{(E_k^{(0)} - E_n^{(0)})^2}\varphi_n^{(0)}$$

$$+ \sum_{m\neq k}\left[\sum_{n\neq k}\frac{W_{nk}W_{mn}}{(E_k^{(0)} - E_m^{(0)})(E_k^{(0)} - E_n^{(0)})} - \frac{W_{kk}W_{mk}}{(E_k^{(0)} - E_m^{(0)})^2}\right]\varphi_m^{(0)}$$

以此类推，可以得到三级、四级、五级近似解，求解难度逐级加大。

量子力学作为描述微观世界的基础理论博大精深，具有相当的概括性和抽象性，非常完美地体现了人类用数学语言准确而恰当地反映微观世界运动规律性的能力。量子力学也是非常系统和完善的理论，使人类对自然界的认识大大前进了一步，它揭示的规律不仅深入到物理学的各个领域，而且也深入到了分子生物学、化学、材料等学科领域中。其内容广泛深入而且还在向前发展，本教材仅仅讲述了量子力学部分基础内容，引入了相应的概念，希望能为选修了这门课程的学生提供进一步学习量子力学的基础。

下篇

固体物理学

固体结构

8.1 晶体结构

固体是凝聚态物质中的一种特殊聚集形态，区别于液体、液晶、凝胶等虽属原子、离子或分子的凝聚体但其外形却随盛装容器的变化而变化的“软”物质。固体在一定温度下，无外力作用时形状保持不变。

对于普通人来说，固体是一个连续的、刚性(硬)的物体。但对于工程科技人员来说固体内部由具有不同层次的结构组成。譬如在原子-电子层次(以 0.1nm 为尺度)可以区分固体中不同的原子组成；在此基础上更大的尺度(几纳米到一百纳米量级)范围内涉及原子的排列方式(有序排列还是无序排列及其区域范围，位错，晶界，扩散层等)；在更大尺度范围(几百纳米到几微米)会有不同物质的混杂分布、晶粒取向、晶粒弥散、气孔大小分布等问题，在更大尺度会有晶须、纤维的复合、取向，组织织构等一系列问题。**固体物理学中讲的固体结构问题主要指原子排列方式方面。**

固体材料中**原子排列的方式称为固体材料的结构。**

根据原子排列规律性的不同，可以把固体材料分为两大类：晶体和非晶体。理想晶体中原子空间排列是十分有规则的，主要体现是原子排列具有周期性，或者称为长程有序。由于周期性的限制，晶体不能保持对任意平移和旋转不变，其对称性是破缺的。而非晶体则不然，它不具有长程的周期性。它的组成原子在空间的分布是完全无序或仅仅在很小的尺度(几个原子的距离)具有一定规律性，从统计意义上看，非晶态固体中原子的分布与液态和气态物质很相似，具有高度的对称性，物理性质各向同性。1984 年从实验上发现了一类既区别于晶体又区别于非晶体的固体材料，称为**准晶体**，准晶体的发现开辟了固体结构研究的新领域。准晶体中虽然原子分布完全有序，但并不具有周期性，仅仅具有长程**取向序**，可以具有晶体所不允许的某种旋转对称性(如 5 次轴对称)。

固体中原子排列的形式是研究固体材料的宏观性质和各种微观过程的基础。人们很早就猜测，晶体具有规则的几何外形，是晶体中原子、分子规则排列的结果。20 世纪初由劳埃(Laue)等提出的 X 射线衍射方法，从实验上验证了这一结论。

人类经过一百多年对晶体材料的研究,已经取得了相当的成就,在此基础上,开发出无数的应用器件。例如固体物理学对半导体材料的研究进展极大地推动了半导体工业的发展,并以此为基础极大地丰富了当代工业门类,IT 产业、自动化、机器人、航空航天等。可以毫不夸张地说人类今天的幸福生活在相当大的程度得益于对固体研究的进步。

晶体中**原子排列的具体形式**一般称为**晶体格子**,或简称**晶格**。

不同晶体原子规则排列的**具体形式**可能是不同的,我们就说它们具有不同的晶体结构。

有些晶体之间(例如:Cu 和 Ag,Ge 和 Si 等)原子规则排列形式相同,只是原子间的距离不同,我们就说它们具有相同的晶体结构。

把晶格设想成为原子球的规则排列,有助于比较直观地理解晶格的组成。

几种常见的晶格结构是:简单立方;体心立方(bcc);面心立方(fcc);六角密堆或密排六方(hcc);金刚石结构;岩盐(NaCl)结构;氯化铯 CsCl 结构;闪锌矿 ZnS 结构;钙钛矿结构。

图 8-1(a)示意原子在一个平面内正方排列,如果把这样的原子层叠起来,各层的球完全对应,就形成所谓简单立方晶格(图 8-1(b))。**注意:没有实际的晶体具有简单立方晶格的结构**。但是一些更复杂的晶格可以在简单立方晶格基础上加以分析。简单立方晶格的原子球心形成一个三维的立方格子结构,往往用图 8-1(c)的形式来表示这种晶格结构,它表示出这个格子的典型单元,用圆点表示原子球,圆点所在的位置就是原子球心的位置,这个晶格可以看作是这样一个典型单元沿着三个方向重复排列构成的结构。

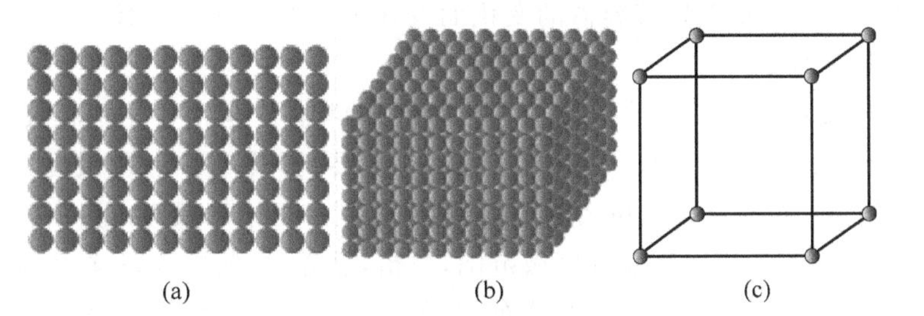

图 8-1 简单立方晶体原子排列及典型单元

图 8-2 画出体心立方晶格的典型单元。可以看出,除了在立方体的顶角位置有原子外,在体心处还有一个原子。在每层内原子球仍然是正方排列,与简单立方的区别在于层与层的堆积方式不同。体心立方的堆积方式是上面一层原子球心对准下面一层的球隙,如图 8-3 所示。

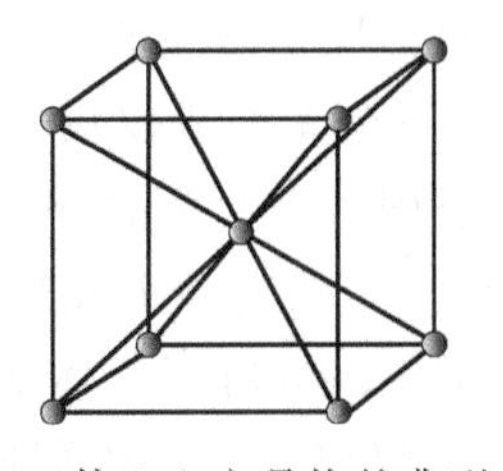

图 8-2 体心立方晶格的典型单元

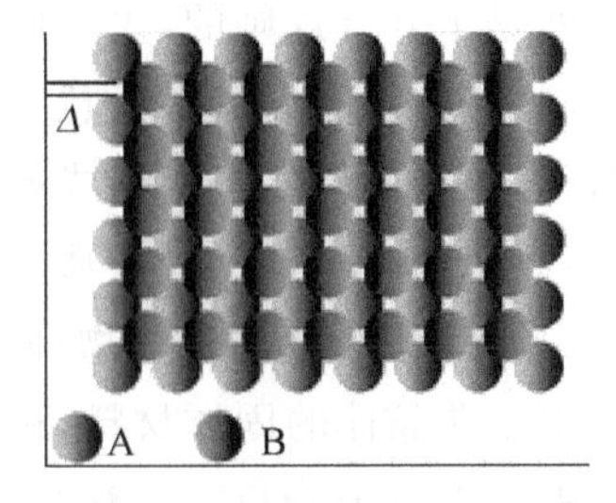

图 8-3 体心立方晶格原子的堆积方式

如果我们把某一层原子球心的排列位置用 A 标记,其球隙位置,也就是上面一层原子球心的位置,用 B 标记,体心立方晶体中正方排列原子层之间的堆积方式可表示为 ABABAB……

必须注意：体心立方晶格中，A 层中原子球的距离等于 A-A 层之间的距离，要做到这一点 A 层原子球并不是紧密靠在一起的，很容易证明，层内原子球之间的间隙：$\Delta=0.31r_0$，r_0 为原子球的半径。

具有体心立方晶格结构的金属：Li、Na、K、Rb、Cs、Fe 等，如图 8-4 所示为 Fe 体心立方晶格结构。

原子在晶体中的平衡位置，排列应该采取尽可能紧密的方式，相应于结合能最低的位置。

一个原子的周围最近邻的原子数，可以被用来描写晶体中粒子排列的紧密程度，这个数称为**配位数**。

晶体由全同的一种粒子组成，将粒子看作小圆球，则这些全同的小圆球最紧密的堆积称为**密堆积；密堆积所对应的配位数，就是晶体结构中最大的配位数**。

全同的小圆球平铺在平面上，任一个球都与 6 个球相切。每三个相切的球的中心构成一等边三角形，并且每个球的周围有 6 个空隙。这样构成一层，记为 A 层，如图 8-5 所示。

图 8-4　Fe 的晶格示意图

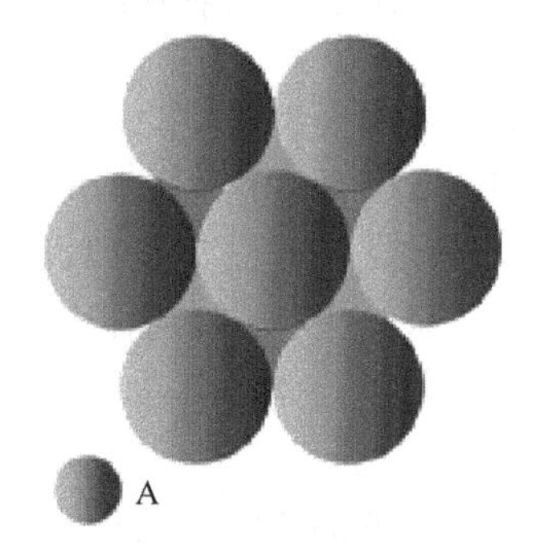

图 8-5　单层密排示意图

第二层也是同样的铺排，记为 B 层，第三层也是同样的铺排，记为 C 层。把 B 层的球放在 A 层相间的 3 个空隙里，第二层的每个球和第一层的三个球紧密相切，如图 8-6 所示。

第三层—— C 层有两种不同的堆法。

第一种堆法为 C 层原子排列之一——六角密排晶格。

原子球排列方式：AB AB AB……

在层的垂直方向是 3 对称性的轴，这个垂直方向的轴就是六角晶系中的 c 轴，如图 8-7 所示。Be、Mg、Zn、Cd 具有六角密排晶格结构。

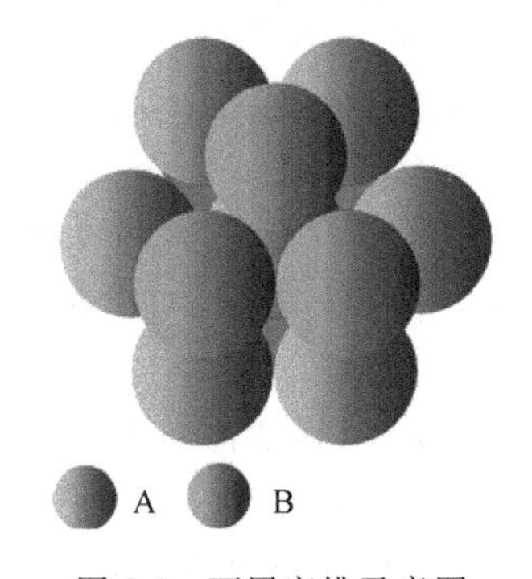

图 8-6　两层密排示意图

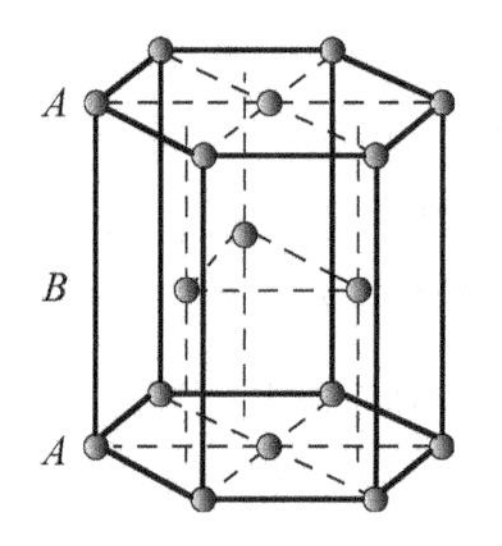

图 8-7　六角密排晶格

第二种堆法为 C 层原子排列之二——面心立方晶格。

原子球排列方式：ABC ABC ABC……形成面心立方晶格，层的垂直方向是对称性为 3 的轴，就是立方体的空间对角线。如图 8-8 所示。Cu、Ag、Au、Al 具有面心立方晶格结构。

金刚石结构是一个很重要的基本晶格结构，其典型单元如图 8-9 所示。

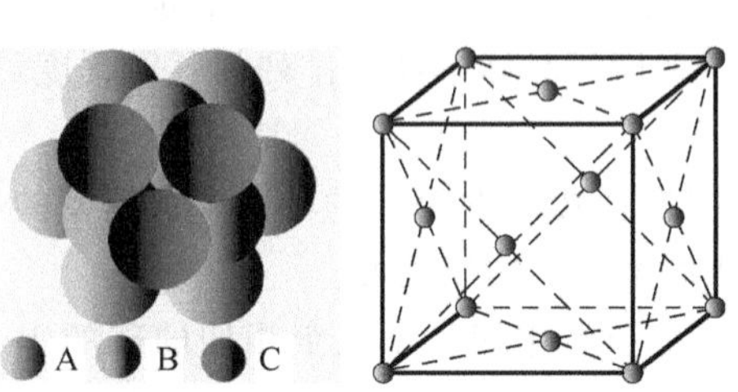
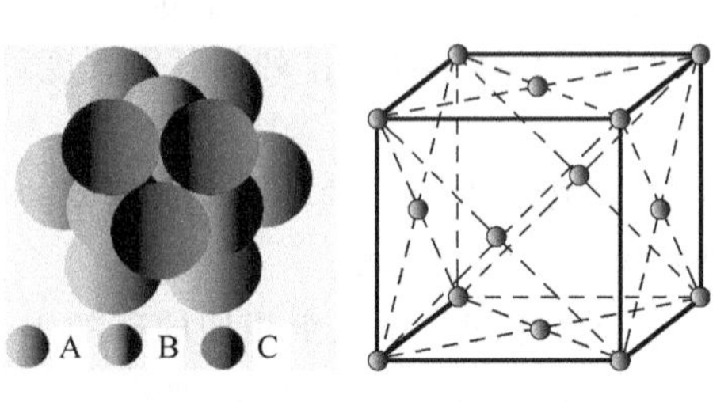

图 8-8　面心立方晶格及原子堆积方式

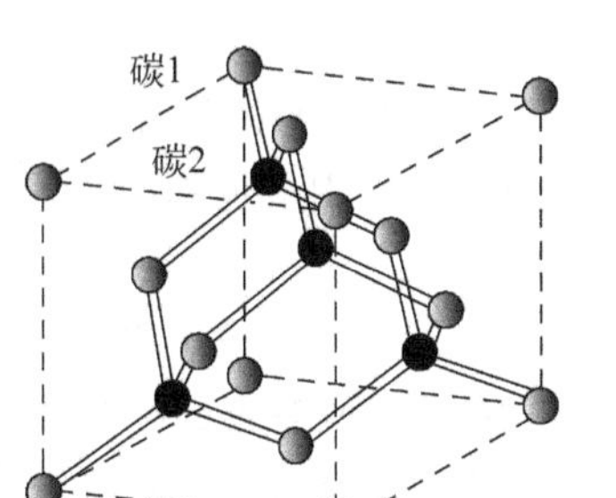
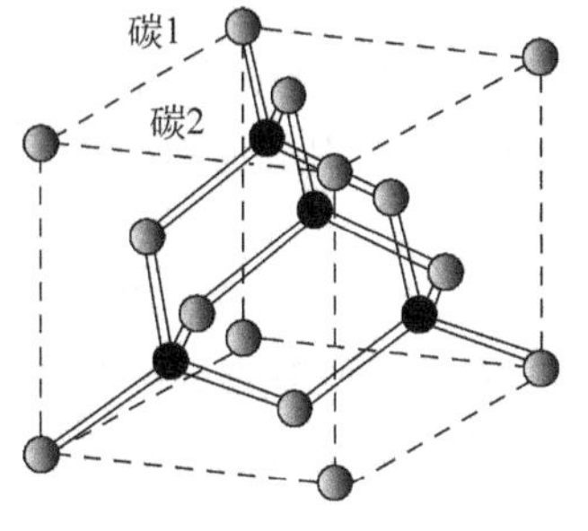

图 8-9　金刚石晶格结构的典型单元

金刚石由碳原子构成，在一个面心立方单元内还有 4 个原子，这 4 个原子分别位于 4 个空间对角线的 1/4 处。这一结构的特点是，每个原子有 4 个最近邻，分别位于正四面体的顶角位置，即一个碳原子位于正四面体的中心和其他四个碳原子构成一个正四面体。如图 8-9 中碳 2 原子位于正四面体中心。

一些重要的半导体材料，如 Ge、Si 等，都有四个价电子，它们的晶体结构和金刚石的结构相同。

碳原子形成的晶体除金刚石外，还有另外一种很典型的层状结构——石墨晶体，在层片内碳原子形成蜂窝状连接，原子间距离较近，结合力很强。层与层之间距离较远，相互作用力较弱。

图 8-10 和图 8-11 分别是金刚石和石墨晶体原子排列示意图。

图 8-10　金刚石晶体中原子排列示意图

图 8-11　石墨晶体中原子排列示意图

以上介绍的都是同一种原子组成的元素晶体，下面介绍几种化合物晶体结构。

最熟知的是岩盐 NaCl 结构，它好像是一个简单立方晶体，但每一行上相间地排列着正的 Na^+ 离子和负的 Cl^- 离子，如图 8-12 所示。

氯化钠由 Na^+ 和 Cl^- 结合而成，是一种典型的离子晶体，其结构如图 8-13 所示。相当于 Na^+ 构成面心立方格子，Cl^- 也构成面心立方格子。然后两个面心立方子晶格相互套构形成 NaCl 结构。碱金属 Li、Na、K、Rb 和卤族元素 F、Cl、Br、I 的化合物都具有 NaCl 晶体结构。

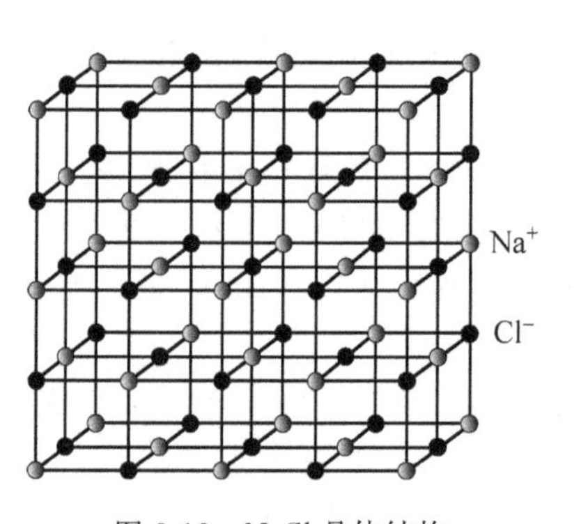

图 8-12 NaCl 晶体结构

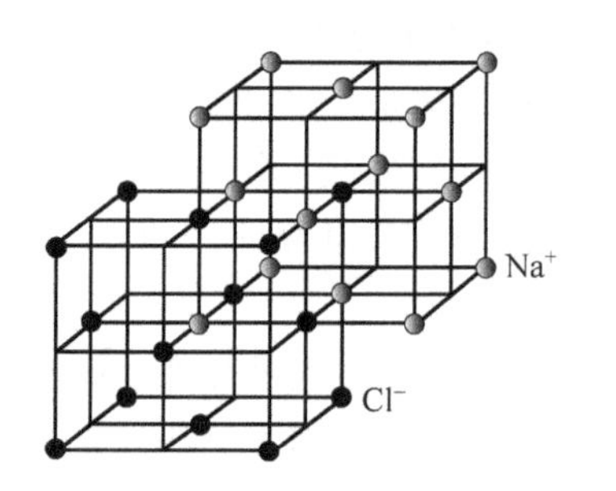

图 8-13 两个面心立方晶格的套构

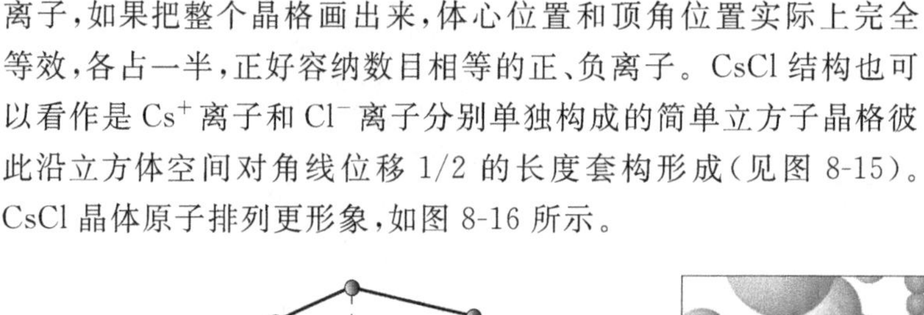

另一种基本的化合物晶体结构是 CsCl 晶体。如图 8-14 所示，它和体心立方相仿，只是体心位置为一种离子，顶角为另一种离子，如果把整个晶格画出来，体心位置和顶角位置实际上完全等效，各占一半，正好容纳数目相等的正、负离子。CsCl 结构也可以看作是 Cs^+ 离子和 Cl^- 离子分别单独构成的简单立方子晶格彼此沿立方体空间对角线位移 1/2 的长度套构形成(见图 8-15)。CsCl 晶体原子排列更形象，如图 8-16 所示。

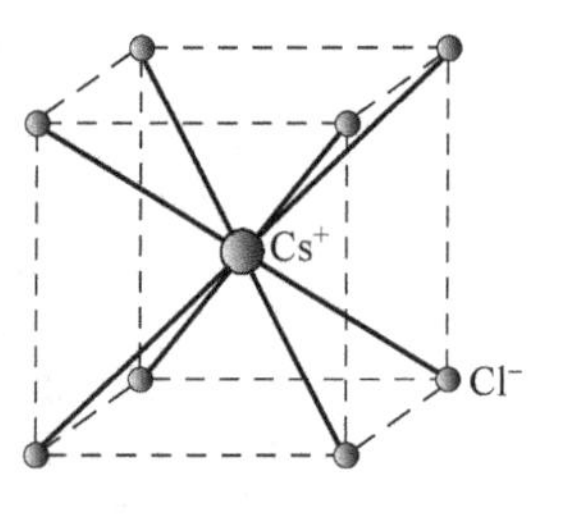

图 8-14 CsCl 晶体结构

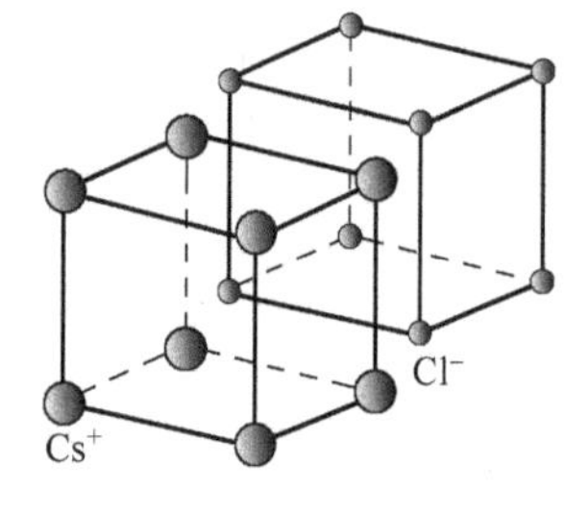

图 8-15 两个简单立方晶格的套构

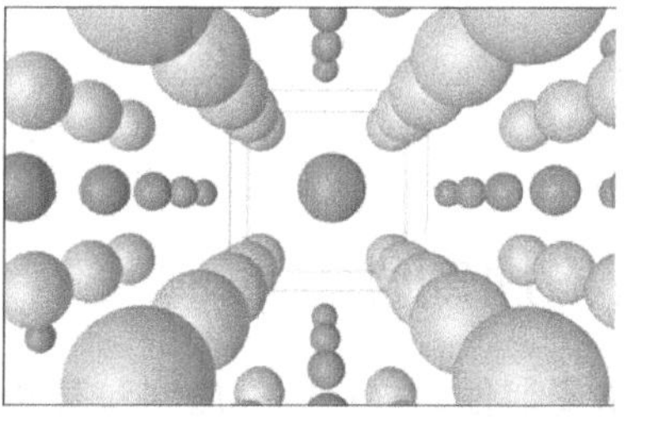

图 8-16 CsCl 晶体中原子排列

闪锌矿 ZnS 的晶格是另一种常见的化合物晶格结构。它与金刚石晶格结构相仿，只要在金刚石晶格立方单元的对角线位置上放一种原子，而在面心立方位置放另外一种原子，就得到闪锌矿结构，如图 8-17 所示。也可以看成是硫和锌分别组成面心立方结构的子晶格而沿空间对角线位移 1/4 的长度套构而成，如图 8-18 所示。

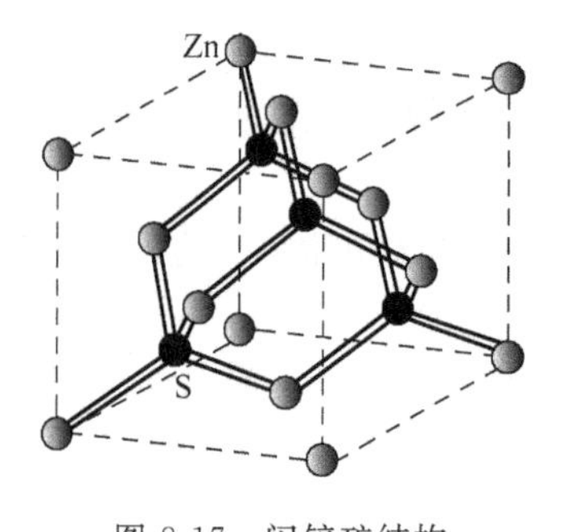

图 8-17 闪锌矿结构

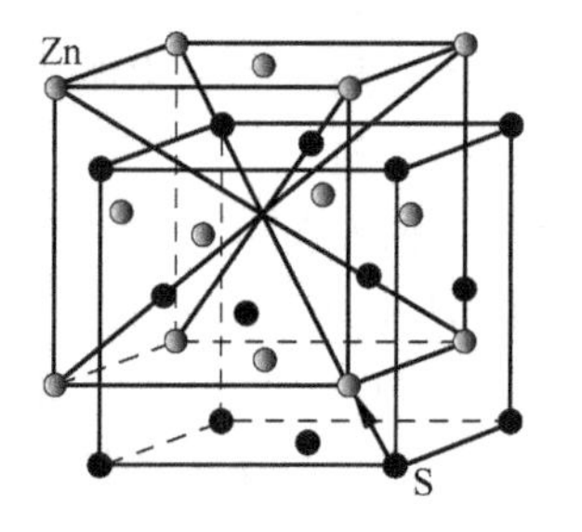

图 8-18 硫和锌的面心立方子晶格的套构

许多重要的化合物半导体，如锑化铟、砷化镓等都是闪锌矿结构，在集成光电子学上显得很重要的磷化铟也是闪锌矿结构。

钙钛矿结构是一种非常重要的三元素化合物结构。钙钛矿名称来源于($CaTiO_3$)矿物结构。现在发现，许多重要的介电晶体，例如，钛酸钡($BaTiO_3$)、锆酸铅($PbZrO_3$)、铌酸锂($LiNbO_3$)、钽酸锂($LiTaO_3$)等都属于这种类型的结构。图 8-19 是 $BaTiO_3$ 的典型单元。

钙钛矿型的化学式可写为 ABO_3，其中 A 一般代表二价或一价的金属，B 代表四价或五价的金属。常把 BO_6 称为氧八面体基团。如图 8-20 所示，氧八面体是钙钛矿型晶体结构上的特点，它与这类晶体的一些重要物理性质很有关系。但实际上，许多具有亚铁磁性的晶体(通称铁氧体)，也具有氧八面体结构，但不属钙钛矿型。氧八面体结构和金刚石或闪锌矿型中的正四面体结构是固体物理领域中很受重视的两大典型结构。

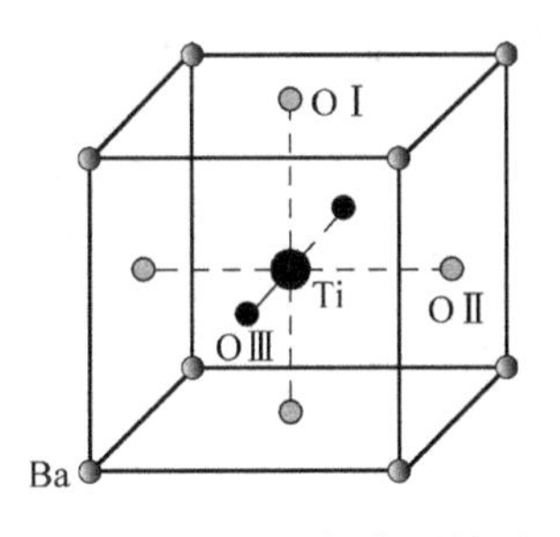

图 8-19　$BaTiO_3$ 的典型单元

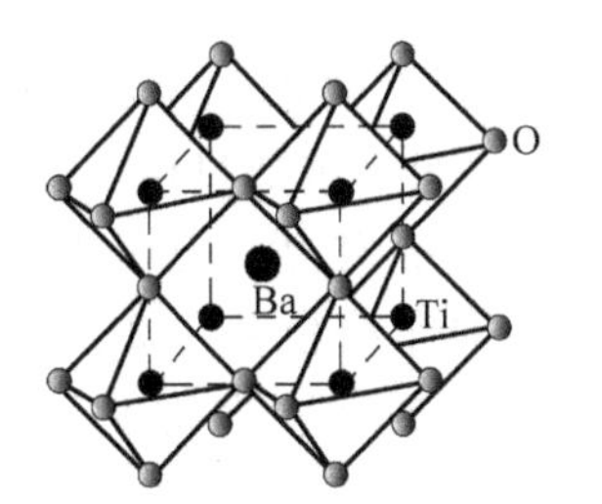

图 8-20　$BaTiO_3$ 中的 TiO_3 氧八面体

8.2　晶格周期性

1. 晶格周期性的描述——原胞和基矢

晶格的共同特点是具有周期性，可以用原胞和基矢来描述。

原胞：一个晶格中**最小重复单元**(体积最小)。原胞的选取不是唯一的，原则上讲只要是最小周期性(重复)单元都可以，如图 8-21 所示，可以有不同的原胞选法，但实际上各种晶格结构已有习惯的原胞选取方式。三维晶格的原胞通常是一个平行六面体。所谓**晶格基矢是指原胞的边矢量，一般用 $\boldsymbol{a}_1,\boldsymbol{a}_2,\boldsymbol{a}_3$ 表示。**

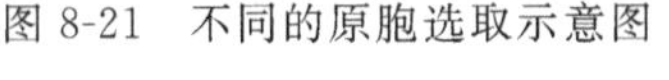

图 8-21　不同的原胞选取示意图

有时为了能体现晶体的对称性特点，常取最小重复单元的几倍作为重复单元，构成单胞(也称晶体学元胞、晶胞)。

单胞的边在晶轴方向，边长等于该方向上的一个周期，代表单胞三个边的矢量称为单胞的基矢，一般用 $\boldsymbol{a},\boldsymbol{b},\boldsymbol{c}$ 表示单胞的基矢。

在一些情况下，单胞就是原胞，如简单立方晶格。图 8-22 所示为简单立方晶格的原胞(也是单胞)和基矢量。而在一些情况下，单胞不是原胞，例如面心立方晶格。图 8-23 为面心立方晶体的原胞和晶胞及原胞基矢。

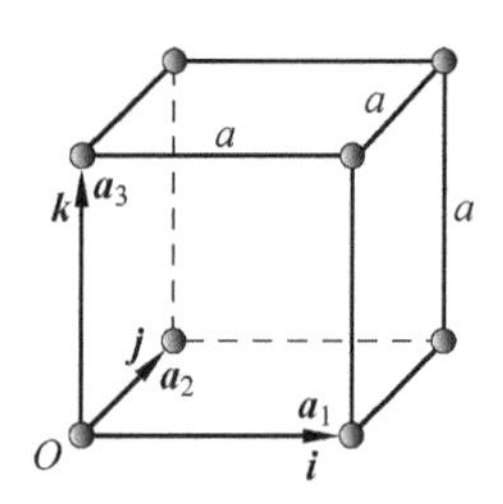

图 8-22　简单立方晶格的单胞即原胞

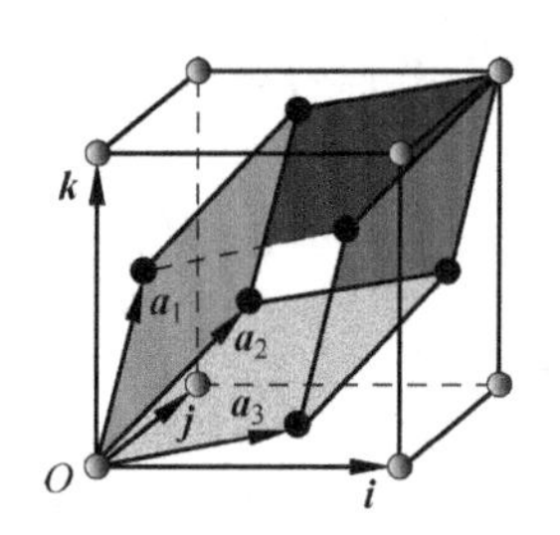

图 8-23　面心立方晶格的单胞和原胞

2. 简单晶格

简单晶格中，某一个原胞只包含一个原子，所有的原子在**几何位置和化学性质上是完全等价的**。用比较形象的比喻来说，如果我们站在一个原子上或另一个原子上将察觉不出任何差别。碱金属具有体心立方晶格结构；Au、Ag 和 Cu 具有面心立方晶格结构，它们均为简单晶格。

图 8-22 所示的简单立方结构当然也是简单晶格，其基矢为

$$\boldsymbol{a}_1 = a\boldsymbol{i}$$

$$\boldsymbol{a}_2 = a\boldsymbol{j}$$

$$\boldsymbol{a}_3 = a\boldsymbol{k}$$

原胞的体积 $V=\boldsymbol{a}_1\cdot(\boldsymbol{a}_2\times\boldsymbol{a}_3)=a^3$，原胞中只包含一个原子。

图 8-23 的面心立方结构中的

$$\text{原胞基矢}\begin{cases}\boldsymbol{a}_1 = \dfrac{a}{2}(\boldsymbol{j}+\boldsymbol{k})\\[2ex] \boldsymbol{a}_2 = \dfrac{a}{2}(\boldsymbol{k}+\boldsymbol{i}),\quad \text{原胞的体积为 } V = \boldsymbol{a}_1\cdot(\boldsymbol{a}_2\times\boldsymbol{a}_3) = \dfrac{1}{4}a^3\\[2ex] \boldsymbol{a}_3 = \dfrac{a}{2}(\boldsymbol{i}+\boldsymbol{j})\end{cases}$$

$$\text{单胞基矢}\begin{cases}\boldsymbol{a} = a\boldsymbol{i}\\ \boldsymbol{b} = a\boldsymbol{j},\quad \text{单胞的体积为 } V = \boldsymbol{a}\cdot(\boldsymbol{b}\times\boldsymbol{c}) = a^3\\ \boldsymbol{c} = a\boldsymbol{k}\end{cases}$$

可见面心立方中晶体学元胞(单胞)的体积是原胞体积的四倍，原胞中只含有一个原子，单胞中含有 4 个原子。单胞的对称性比原胞的对称性要好得多。

图 8-24 是体心立方的单胞和原胞。

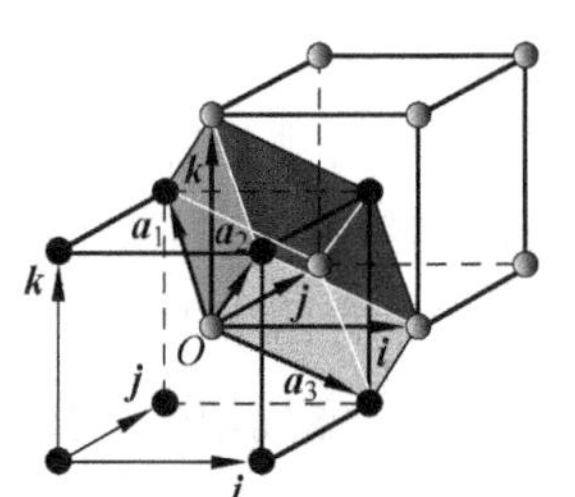

图 8-24　体心立方结构的单胞和原胞

体心立方中除顶角上有原子外，还有一个原子在立方体的中心，故称体心。就整个空间的晶格来看，完全可把单胞的顶点取在单胞的体心上。这样心就变成角，角也就变成心。

由图 8-24 可知，体心立方的原胞基矢 $\boldsymbol{a}_1,\boldsymbol{a}_2,\boldsymbol{a}_3$ 可写成如下形式

$$\begin{cases} \boldsymbol{a}_1 = \dfrac{a}{2}(-\boldsymbol{i}+\boldsymbol{j}+\boldsymbol{k}) \\ \boldsymbol{a}_2 = \dfrac{a}{2}(\boldsymbol{i}-\boldsymbol{j}+\boldsymbol{k}) \\ \boldsymbol{a}_3 = \dfrac{a}{2}(\boldsymbol{i}-\boldsymbol{j}+\boldsymbol{k}) \end{cases}，\quad 原胞的体积为 V = \boldsymbol{a}_1 \cdot (\boldsymbol{a}_2 \times \boldsymbol{a}_3) = \frac{1}{2}a^3。$$

单胞的体积为 a^3，可见体心立方中单胞的体积是原胞的 2 倍，原胞中包含 1 个原子，单胞中包含 2 个原子。

如上所述，简单晶格中一个原胞中只包含一个原子。

3. 复式晶格

复式格子包含两种或两种以上的等价原子。

一类复式晶格是不同原子或离子构成的晶体，如：NaCl、CsCl、ZnS 等；

一类复式晶格是相同原子但几何位置不等价的原子构成的晶体，如：具有金刚石结构的 C、Si、Ge 以及具有六角密排结构的 Be、Mg、Zn 等；

复式格子的特点：**不同等价原子各自构成相同的简单晶格（子晶格），复式格子由它们的子晶格相套而成。**

NaCl 由 Na^+ 和 Cl^- 结合而成，是一种典型的离子晶体，Na^+ 构成一个面心立方晶格；Cl^- 也构成相同的一个面心立方晶格。两个面心立方子晶格各自的原胞具有相同的基矢，由它们相套形成 NaCl 复式晶格，如图 8-12 和图 8-13 所示。

CsCl 结构是由两个简立方的子晶格彼此沿立方体空间对角线位移 1/2 的长度套构而成，如图 8-14 和图 8-15 所示。

立方系的硫化锌（ZnS）：硫和锌分别组成面心立方结构的子晶格而沿空间对角线位移 1/4 的长度套构而成，如图 8-17 和图 8-18 所示。

金刚石结构可以看成是两种不等价碳原子（碳 1 和碳 2）分别构成面心立方子晶格沿空间对角线位移 1/4 的长度套构而成，如图 8-9 所示。

钛酸钡（$BaTiO_3$）的整个晶格是由 Ba、Ti 和 OⅠ、OⅡ、OⅢ各自组成的简立方结构子晶格（共 5 个）套构而成的，如图 8-19 所示。

复式格子的原胞：即是相应简单晶格的原胞，一个原胞中包含各种等价原子各一个。如钛酸钡原胞可以取简单立方体，立方体中包含 3 个不等价的 O 原子、一个 Ba 原子和一个 Ti 原子，共 5 个原子。

六角密排晶格的原胞基矢选取：一个原胞中包含 A 层和 B 层原子各一个，共两个原子。如图 8-25 所示为铍的单胞和原胞。原胞中包含两个不等价铍原子。

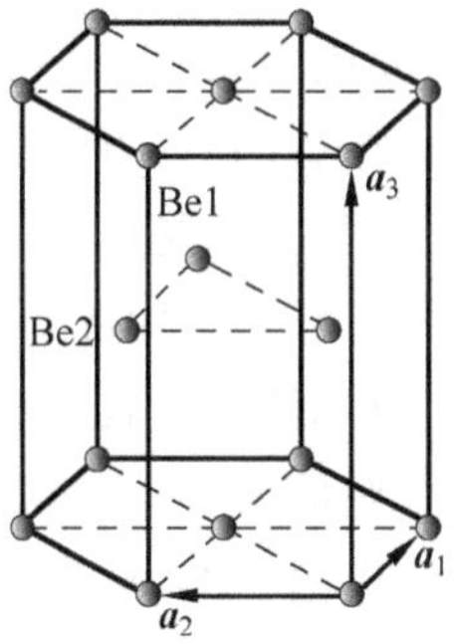

图 8-25 六角密排晶格的原胞和基矢

4. 晶格周期性的描述——布拉菲格子

晶体的周期性除了可以用上面讲的原胞和基矢来表达，还可以用另一种方式来表达。对于简单晶格，任一原子 A 的位置矢量为

$$\boldsymbol{R}_l = l_1\boldsymbol{a}_1 + l_2\boldsymbol{a}_2 + l_3\boldsymbol{a}_3$$

图 8-26 示意二维和三维情况简单晶格原子的位置矢量。

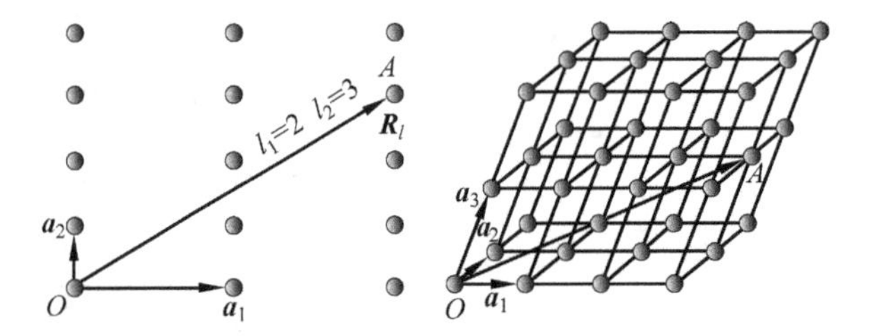

图 8-26　二维和三维简单晶格中原子的位置矢量

对于复式晶格：任一原子 A 的位矢 $\boldsymbol{R}_l$

$$\boldsymbol{R}_l = \boldsymbol{r}_a + l_1\boldsymbol{a}_1 + l_2\boldsymbol{a}_2 + l_3\boldsymbol{a}_3$$

其中，$\boldsymbol{r}_a$ 是原胞中各种等价原子之间的相对位移。

例如：对于金刚石晶格(图 8-9)，面心立方位置(绿色标记)的原子 B 的位置为 $l_1\boldsymbol{a}_1 + l_2\boldsymbol{a}_2 + l_3\boldsymbol{a}_3$，对角线原子 A(红色标记)的位置为 $\boldsymbol{\tau} + l_1\boldsymbol{a}_1 + l_2\boldsymbol{a}_2 + l_3\boldsymbol{a}_3$。其中 $\boldsymbol{\tau}$ 为 $\frac{1}{4}$ 体对角线，即 $\boldsymbol{\tau}_1 = \boldsymbol{0}$，$\boldsymbol{\tau}_2 = \boldsymbol{\tau}$。

我们可以用 $\{l_1\boldsymbol{a}_1 + l_2\boldsymbol{a}_2 + l_3\boldsymbol{a}_3\}$ 表示一个空间格子(也称空间点阵)，即一组 (l_1, l_2, l_3) 的取值表示格子(或点阵)中的一个格点，(l_1, l_2, l_3) 所有可能取值的集合，就表示一个空间格子(空间点阵)。这个空间格子就称为“布拉菲格子”。根据对称性分析，只可能有 14 种布拉菲格子，即只能有 14 种不同的空间点阵。

晶体可以看作是在布拉菲格子(Lattice)的每一个格点上放上一组原子(Basis 基元)构成的，如图 8-27 所示。

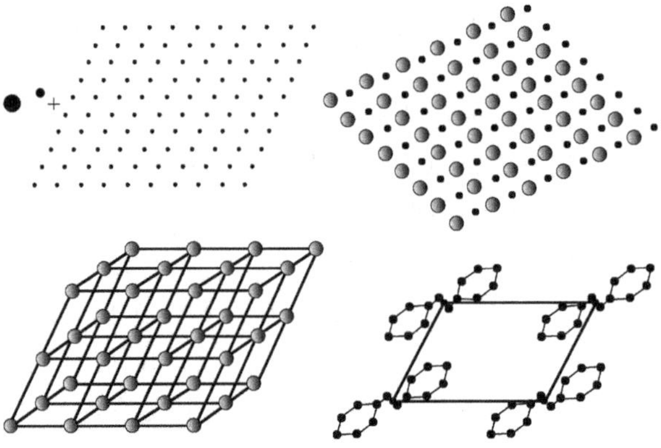

图 8-27　布拉菲格子加不同基元构成不同晶体示意图

5. 魏格纳-塞兹原胞

在布拉菲点阵中，由某一个格点为中心，做出最近格点和次近格点连线的中垂面，这些中垂面所包围的空间为魏格纳-塞兹原胞。如图 8-28 所示为一种二维格子的魏格纳-塞兹原胞，图 8-29～图 8-31 分别图示出简单立方晶格、面心立方晶格、体心立方晶格的魏格纳-塞兹原胞。

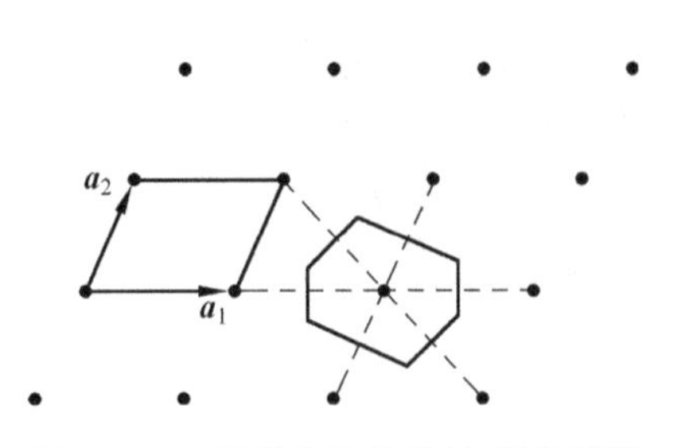

图 8-28　二维晶格的魏格纳-塞兹原胞

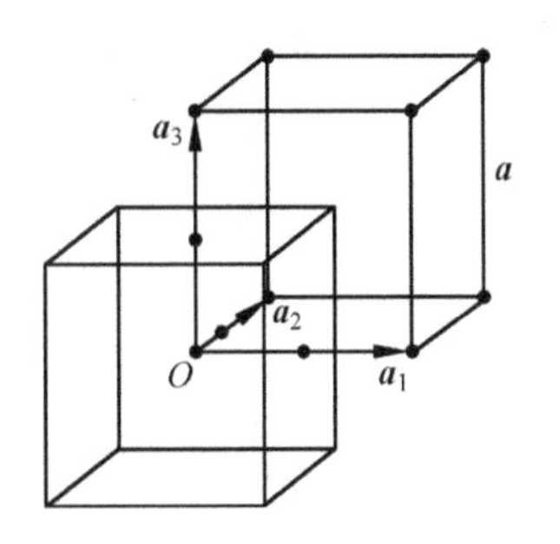

图 8-29　简立方晶格的魏格纳-塞兹原胞

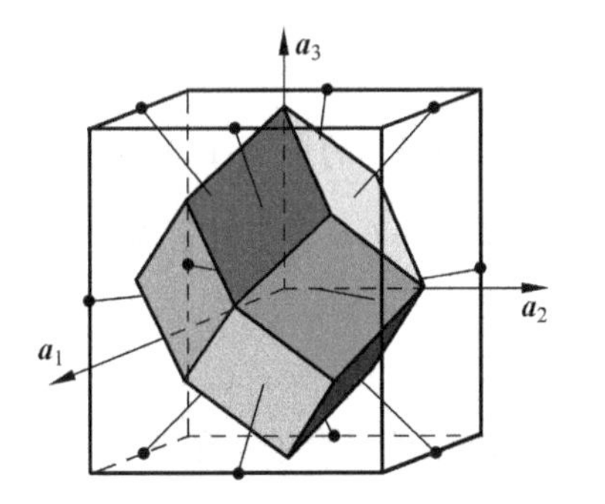

图 8-30　面心立方晶格的魏格纳-塞兹原胞

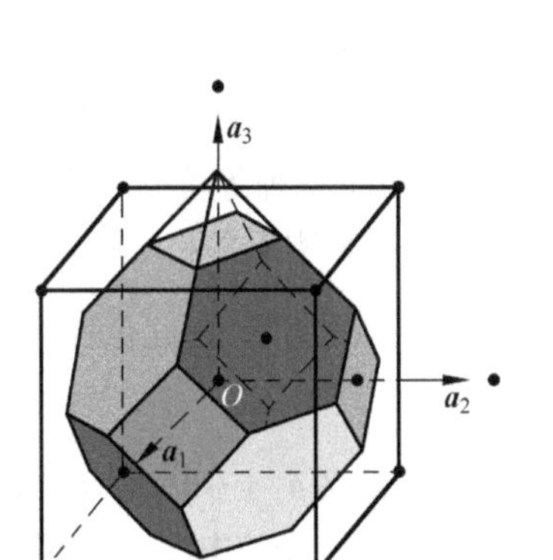

图 8-31　体心立方晶格的魏格纳-塞兹原胞

简单立方格子的魏格纳-塞兹原胞为原点和 6 个近邻格点连线的垂直平分面围成的正立方体。

面心立方格子的魏格纳-塞兹原胞为原点和 12 个近邻格点连线的垂直平分面围成的正十二面体。

体心立方格子的魏格纳-塞兹原胞为原点和 8 个近邻格点连线的垂直平分面围成的正八面体，和沿立方轴的 6 个次近邻格点连线的垂直平分面割去八面体的 6 个角，形成的十四面体。8 个面是正六边形，6 个面是正四边形。

综上所述，晶体结构的周期性可以通过布拉菲格子来体现，只要把基元按相同的规律安放在格点上就得到实际的晶体结构。每个布拉菲格点和一个原胞对应，原胞的平行堆积充满整个晶格。原胞中的任一点 $\boldsymbol{r}$ 与另一原胞的相应点 $\boldsymbol{r}+\boldsymbol{R}_l$ 应有相同的物理性质，这就是晶格的平移对称性。显然，严格的平移对称性只能在无限大的晶体中才能实现，但由于实际晶体的尺寸通常比晶格周期大好几个数量级，故除了专门研究表面的性质外，可以近似把晶体看成无限大。

8.3　晶向　晶面和它们的标志

晶体的一个基本特点是具有方向性，沿晶格的不同方向晶体性质不同，那么怎样来区别和标志晶格中的不同方向呢？

布拉菲格子的特点——所有格点周围的情况都是一样的。在布拉菲格子中作一族平行的直线，这些平行直线可以将所有的格点包括无遗，这些平行直线称为**晶体的晶列**。在一个平面里，相邻晶列之间的距离相等。每一簇晶列定义了一个方向，称为晶向。如图 8-32 所示。

由前述可知，原胞是最小的晶格重复单元，格点只在原胞的顶角上。取某一格点为原点 O，$\boldsymbol{a}_1,\boldsymbol{a}_2,\boldsymbol{a}_3$ 为原胞的三个基矢，沿晶向到最近的一个格点 A 的位矢为（图 8-33 表示二维情况）

$$l_1\boldsymbol{a}_1+l_2\boldsymbol{a}_2+l_3\boldsymbol{a}_3 \quad ——l_1,l_2,l_3\text{ 是整数。}$$

则晶向就用 l_1,l_2,l_3 来标志，写成$[l_1l_2l_3]$。**标志晶向的这组数称为晶向指数。**

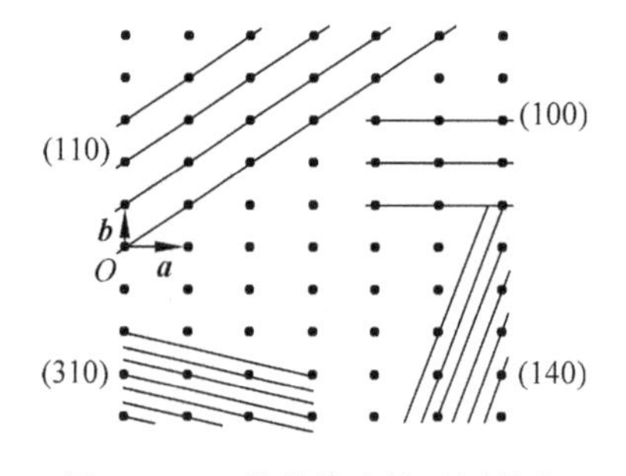

图 8-32 二维晶格中的不同晶向

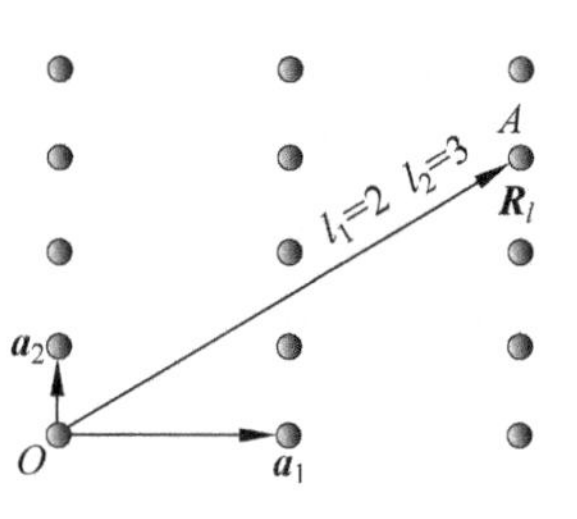

图 8-33 二维晶格中的晶格矢量

立方边 OA 的晶向[100]，立方边共有 6 个不同的晶向，如图 8-34 所示；面对角线 OB 的晶向[110]，面对角线晶向共有 12 个，如图 8-35 所示；体对角线 OC 的晶向[111]，体对角线晶向共有 8 个，如图 8-36 所示。

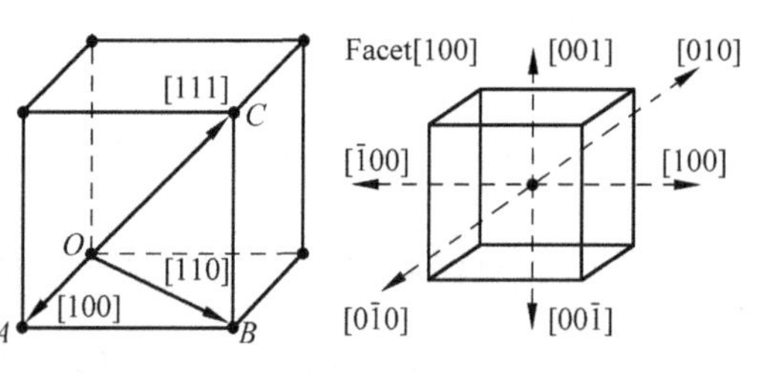

图 8-34 立方晶格中的[100]、[110]、[111]晶向及[100]的等效晶向

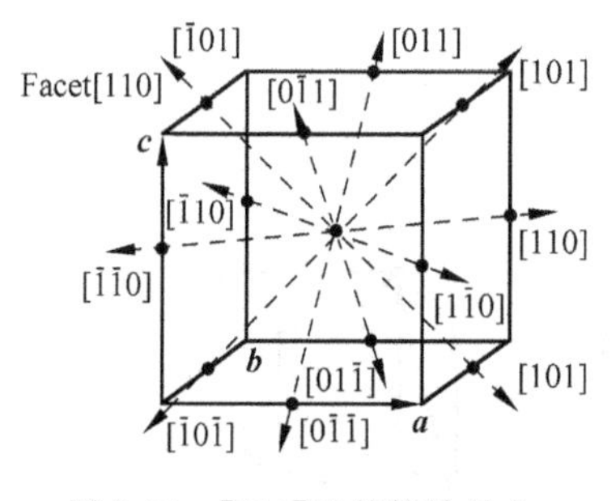

图 8-35 [110]及其等效晶向

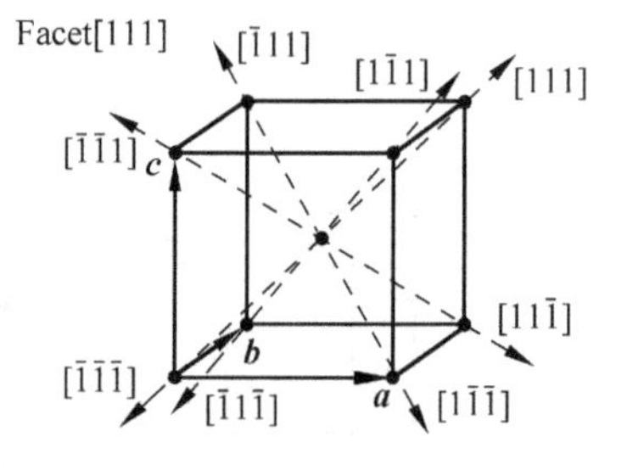

图 8-36 [111]及其等效晶向

由于立方晶格的对称性，以上 3 组晶向是等效的，可以表示为：⟨100⟩，⟨110⟩，⟨111⟩。

在布拉非格子中作一簇平行的平面，这些相互平行、等间距的平面可以将所有的格点包括无遗，这些相互平行的平面称为晶体的晶面。如图 8-37 为两组不同的晶面。

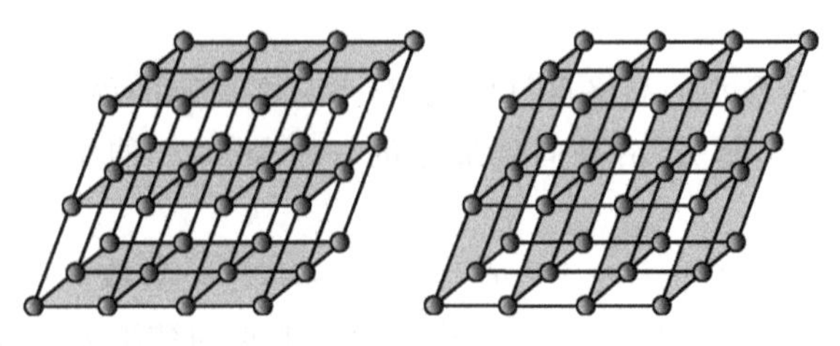

图 8-37　同一晶格中两组不同晶面

选取某一格点为原点 O，原胞的三个基矢 $\boldsymbol{a}_1,\boldsymbol{a}_2,\boldsymbol{a}_3$ 为坐标系的三个轴（这三个轴不一定相互正交）。晶格中一族的晶面不仅平行，并且等距。一族晶面必包含了所有格点而无遗漏，因此，在三个基矢末端的格点必分别落在该簇的不同晶面上。

设 $\boldsymbol{a}_1,\boldsymbol{a}_2,\boldsymbol{a}_3$ 的末端上的格点分别在离原点的距离为 h_1d,h_2d,h_3d 的晶面上，h_1,h_2,h_3 都是整数，如图 8-38 所示。

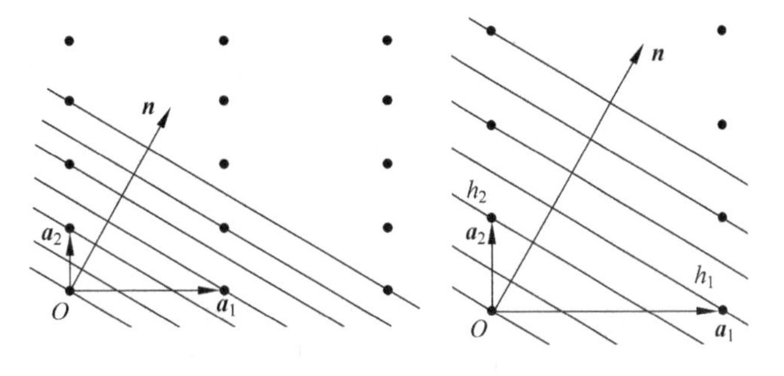

图 8-38　晶格基矢端点落在不同格点上

最靠近原点的晶面在坐标轴上的截距$\frac{a_1}{h_1},\frac{a_2}{h_2},\frac{a_3}{h_3}$，同族的其他晶面的截距为这组最小截距的整数倍。用$(h_1h_2h_3)$标记这一个晶面系，称为**密勒指数**。$h_1h_2h_3$ 的倒数是晶面族$(h_1h_2h_3)$中最靠近原点的晶面的截距(用天然长度单位表示)。

以单胞的基矢(晶轴)为参考系，所得出的晶向指数和晶面的密勒指数，有着重要的意义。

例如对于立方晶格，其三个典型晶面(100)、(110)、(111)如图 8-39 所示。

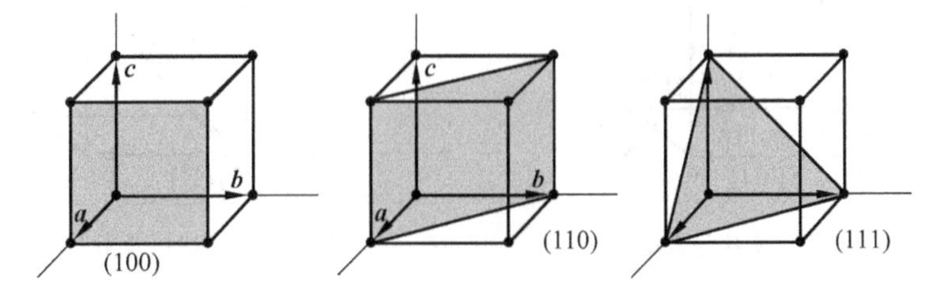

图 8-39　立方晶格中的(100)、(110)、(111)晶面

由于对称性，晶格中存在相互等效的不同晶面，例如，与(100)、(110)、(111)面等效的晶面数分别为：3个、6个和4个。如图8-40为与(100)等效的3个晶面，记为{100}。

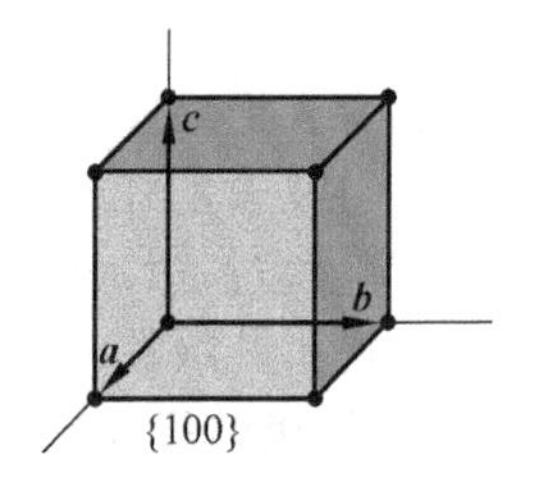

图8-40　{100}：(100)，(010)，(001)

符号相反的晶面指数只是在区别晶体的外表面时才有意义，在晶体内部这些面都是等效的。如图8-41、图8-42所示。

上面以简单立方晶格为例所列举的一些晶向和晶面，在实际问题当中都是很重要的。对于布拉菲格子为面心或体心立方的晶格，在标志晶向、晶面时，常常并不是从晶格原胞的基矢出发，而是基于立方单胞的三个基矢，这时它们的晶向、晶面指数，**实际上是借用了简单立方晶格的结果**。

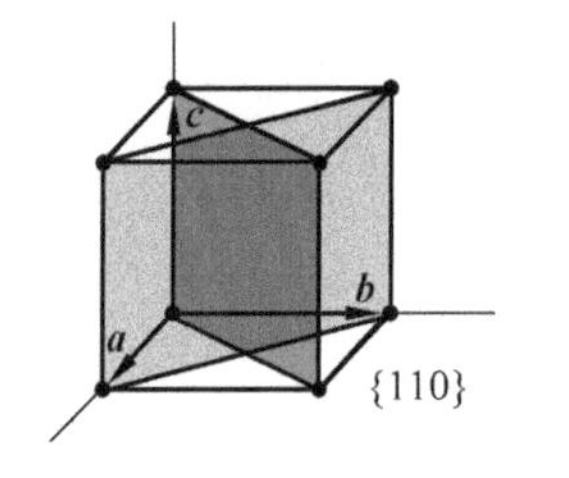

图8-41　{110}：(110)，(011)，(101)，$(1\bar{1}0)$，$(01\bar{1})$，$(10\bar{1})$

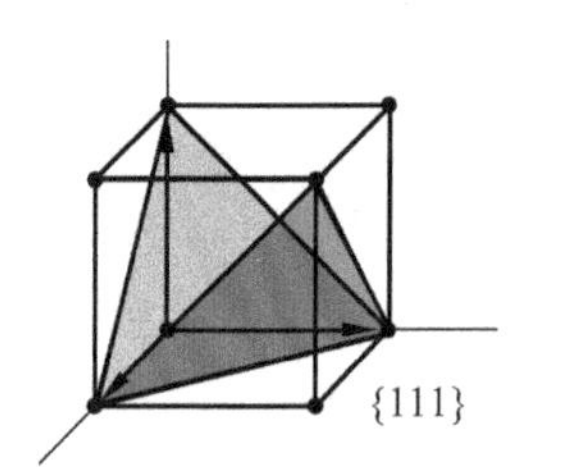

图8-42　{111}：(111)，$(1\bar{1}\bar{1})$，$(11\bar{1})$，$(1\bar{1}1)$

8.4　倒格子

由于晶格具有周期性，晶格中 $\boldsymbol{r}$ 点和 $\boldsymbol{r}+l_1\boldsymbol{a}_1+l_2\boldsymbol{a}_2+l_3\boldsymbol{a}_3$ 点的情况完全相同，因为它们表示两个原胞中相对应的点，如图8-43所示。

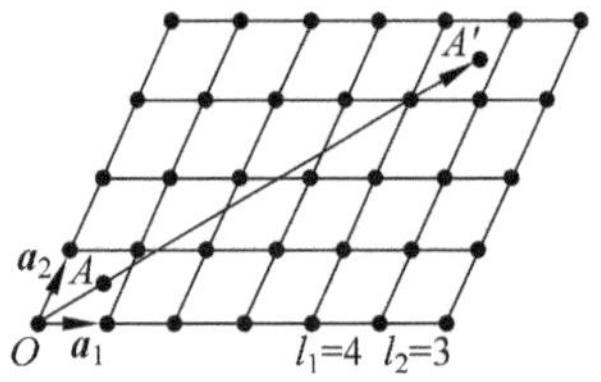

图8-43　A点和A'点对应两个不同原胞中相同的位置

如果 $V(\boldsymbol{r})$ 表示 $\boldsymbol{r}$ 点某一物理量，例如静电势能、电子云密度等，则有

$$V(\boldsymbol{r})=V(\boldsymbol{r}+l_1\boldsymbol{a}_1+l_2\boldsymbol{a}_2+l_3\boldsymbol{a}_3) \tag{8-1}$$

式(8-1)表示 $V(\boldsymbol{r})$ 是以 $\boldsymbol{a}_1,\boldsymbol{a}_2,\boldsymbol{a}_3$ 为周期的三维周期函数。引入倒格子以后，可以很方便地把上述三维周期性函数展开成傅里叶级数。

1. 倒格子的定义

根据晶格基矢定义三个新的矢量：

$$\boldsymbol{b}_3=2\pi\frac{\boldsymbol{a}_1\times\boldsymbol{a}_2}{\boldsymbol{a}_1\cdot(\boldsymbol{a}_2\times\boldsymbol{a}_3)},\quad \boldsymbol{b}_2=2\pi\frac{\boldsymbol{a}_3\times\boldsymbol{a}_1}{\boldsymbol{a}_1\cdot(\boldsymbol{a}_2\times\boldsymbol{a}_3)},\quad \boldsymbol{b}_1=2\pi\frac{\boldsymbol{a}_2\times\boldsymbol{a}_3}{\boldsymbol{a}_1\cdot(\boldsymbol{a}_2\times\boldsymbol{a}_3)} \tag{8-2}$$

称为倒格子基矢量。正如以 $\boldsymbol{a}_1,\boldsymbol{a}_2,\boldsymbol{a}_3$ 为基矢可以构成布拉菲格子一样，以 $\boldsymbol{b}_1,\boldsymbol{b}_2,\boldsymbol{b}_3$ 为基矢也可以构成一个倒格子，倒格子每个格点的位置为

$$\boldsymbol{G}_{n_1n_2n_3}=n_1\boldsymbol{b}_1+n_2\boldsymbol{b}_2+n_3\boldsymbol{b}_3$$

其中 n_1,n_2,n_3 为一组整数。称 $\boldsymbol{G}_{n_1n_2n_3}$ 为倒格子矢量，简称倒格矢。

由倒格子基矢的定义式(8-2)很容易验证它们具有下列基本性质

$$\boldsymbol{a}_i \cdot \boldsymbol{b}_j = 2\pi\delta_{ij}, \quad i,j = 1,2,3 \tag{8-3}$$

也有人把式(8-3)当作倒格子基矢的定义。需要注意的是：倒格子基矢的量纲是[长度]$^{-1}$，与波矢量有相同的量纲。

前面说过，引入倒格子后，可以很方便地把晶体中描述某种物理性质的三维周期性函数展开成傅里叶级数。那么展开成傅里叶级数有什么意义呢？

1）傅里叶展开定理

设函数 $f(t)$在任意有限区间$[0,T]$内绝对可积，则在 $f(t)$的连续点处有指数形式的傅里叶级数

$$f_T(t) = \sum_{n=0}^{+\infty} F_T(n)\mathrm{e}^{\mathrm{i}n\omega t}$$

其中展开系数

$$F_T(n) = \frac{1}{T}\int_0^T f_T(t)\mathrm{e}^{-\mathrm{i}n\omega t}\mathrm{d}t$$

$$\omega = \frac{2\pi}{T}$$

即

$$f_T(t) = \sum_{n=0}^{+\infty} F_T(n)\mathrm{e}^{\mathrm{i}n\frac{2\pi}{T}t} \tag{8-4}$$

$$F_T(n) = \frac{1}{T}\int_0^T f_T(t)\mathrm{e}^{-\mathrm{i}n\frac{2\pi}{T}t}\mathrm{d}t \tag{8-5}$$

2）具有晶格周期性函数的傅里叶级数展开

晶格原胞中任意一点的坐标可以写成$\boldsymbol{r}=\xi_1\boldsymbol{a}_1+\xi_2\boldsymbol{a}_2+\xi_3\boldsymbol{a}_3$，显然$\xi_{1,2,3}$从 0～1 变化，$\boldsymbol{r}$可以覆盖一个原胞中的所有位置。

物理量$V(\boldsymbol{r})=V(\boldsymbol{r}+l_1\boldsymbol{a}_1+l_2\boldsymbol{a}_2+l_3\boldsymbol{a}_3)$可以看作是以$\xi_1,\xi_2,\xi_3$为变量，以 1 为周期的函数。那么函数$V(\boldsymbol{r})$可以展开成傅里叶级数形式，由式(8-4)和式(8-5)有

$$V(\xi_1,\xi_2,\xi_3) = \sum_{h_1h_2h_3} V_{h_1,h_2,h_3}\mathrm{e}^{2\pi\mathrm{i}(h_1\xi_1+h_2\xi_2+h_3\xi_3)} \tag{8-6}$$

$$V_{h_1,h_2,h_3} = \int_0^1\mathrm{d}\xi_1\int_0^1\mathrm{d}\xi_2\int_0^1\mathrm{d}\xi_3\,\mathrm{e}^{-2\pi\mathrm{i}(h_1\xi_1+h_2\xi_2+h_3\xi_3)}V(\xi_1,\xi_2,\xi_3) \tag{8-7}$$

由

$$\boldsymbol{b}_3=2\pi\frac{\boldsymbol{a}_1\times\boldsymbol{a}_2}{\boldsymbol{a}_1\cdot(\boldsymbol{a}_2\times\boldsymbol{a}_3)};\ \boldsymbol{b}_2=2\pi\frac{\boldsymbol{a}_3\times\boldsymbol{a}_1}{\boldsymbol{a}_1\cdot(\boldsymbol{a}_2\times\boldsymbol{a}_3)};\ \boldsymbol{b}_1=2\pi\frac{\boldsymbol{a}_2\times\boldsymbol{a}_3}{\boldsymbol{a}_1\cdot(\boldsymbol{a}_2\times\boldsymbol{a}_3)}$$

$$\boldsymbol{r} = \xi_1\boldsymbol{a}_1+\xi_2\boldsymbol{a}_2+\xi_3\boldsymbol{a}_3$$

可得

$$\xi_1 = \frac{1}{2\pi}\boldsymbol{b}_1\cdot\boldsymbol{r},\quad \xi_2 = \frac{1}{2\pi}\boldsymbol{b}_2\cdot\boldsymbol{r},\quad \xi_3 = \frac{1}{2\pi}\boldsymbol{b}_3\cdot\boldsymbol{r}$$

于是式(8-6)可写成

$$V(\boldsymbol{r}) = \sum_{h_1h_2h_3} V_{h_1,h_2,h_3}\mathrm{e}^{2\pi\mathrm{i}(h_1\xi_1+h_2\xi_2+h_3\xi_3)}$$

$$= \sum_{h_1h_2h_3} V_{h_1,h_2,h_3}\mathrm{e}^{\mathrm{i}(h_1\boldsymbol{b}_1+h_2\boldsymbol{b}_2+h_3\boldsymbol{b}_3)\cdot\boldsymbol{r}} = \sum_{h_1h_2h_3} V_{h_1,h_2,h_3}\mathrm{e}^{\mathrm{i}\boldsymbol{G}_{h_1,h_2,h_3}\cdot\boldsymbol{r}}$$

系数可写成

$$V_{h_1,h_2,h_3} = \int\mathrm{d}\boldsymbol{r}\mathrm{e}^{-\mathrm{i}(h_1\boldsymbol{b}_1+h_2\boldsymbol{b}_2+h_3\boldsymbol{b}_3)\cdot\boldsymbol{r}}V(\boldsymbol{r}) = \int\mathrm{d}\boldsymbol{r}\mathrm{e}^{-\mathrm{i}G_{h_1h_2h_3}\cdot\boldsymbol{r}}V(\boldsymbol{r})$$

积分在一个原胞内进行。

也就是说，引入倒格子后，晶格中的有关具有周期性的物理量可以写成

$$V(\boldsymbol{r}) = \sum_{h_1 h_2 h_3} V_{h_1, h_2, h_3} \mathrm{e}^{\mathrm{i}\boldsymbol{G}_{h_1, h_2, h_3} \cdot \boldsymbol{r}} \tag{8-8}$$

由于倒格矢具有波数的量纲，就使倒格矢可以与晶格中的某种波的波矢量发生联系，在很多问题的处理中会简化计算过程。

2. 倒格子与正格子间的关系

倒格子原胞体积反比于正格子原胞体积

$$\Omega^* = \boldsymbol{b}_1 \cdot (\boldsymbol{b}_2 \times \boldsymbol{b}_3) = \frac{(2\pi)^3}{\Omega^3}(\boldsymbol{a}_2 \times \boldsymbol{a}_3) \cdot [(\boldsymbol{a}_3 \times \boldsymbol{a}_1) \times (\boldsymbol{a}_1 \times \boldsymbol{a}_2)]$$

利用 $\boldsymbol{A}\times\boldsymbol{B}\times\boldsymbol{C}=(\boldsymbol{A}\cdot\boldsymbol{C})\boldsymbol{B}-(\boldsymbol{A}\cdot\boldsymbol{B})\boldsymbol{C}$，得

$$(\boldsymbol{a}_3 \times \boldsymbol{a}_1) \times (\boldsymbol{a}_1 \times \boldsymbol{a}_2) = [(\boldsymbol{a}_3 \times \boldsymbol{a}_1) \cdot \boldsymbol{a}_2]\boldsymbol{a}_1 - [(\boldsymbol{a}_3 \times \boldsymbol{a}_1) \cdot \boldsymbol{a}_1]\boldsymbol{a}_2 = \Omega \boldsymbol{a}_1$$

于是

$$\Omega^* = \boldsymbol{b}_1 \cdot (\boldsymbol{b}_2 \times \boldsymbol{b}_3) = \left[\frac{(2\pi)^3}{\Omega^3}(\boldsymbol{a}_2 \times \boldsymbol{a}_3) \cdot \Omega \boldsymbol{a}_1\right] = \frac{(2\pi)^3}{\Omega}$$

正格子中一簇晶面$(h_1 h_2 h_3)$和 $\boldsymbol{G}_{h_1 h_2 h_3}$ 正交。

证明　如图 8-44 所示，按照前面密勒指数的定义，晶面指数为$(h_1 h_2 h_3)$的晶面中距离原点最近的晶面 ABC 在坐标轴上的截距为$\frac{\boldsymbol{a}_1}{h_1}, \frac{\boldsymbol{a}_2}{h_2}, \frac{\boldsymbol{a}_3}{h_3}$

$$\boldsymbol{CA} = \frac{\boldsymbol{a}_1}{h_1} - \frac{\boldsymbol{a}_3}{h_3}, \quad \boldsymbol{CB} = \frac{\boldsymbol{a}_2}{h_2} - \frac{\boldsymbol{a}_3}{h_3}$$

$$\boldsymbol{a}_i \cdot \boldsymbol{b}_j = 2\pi\delta_{ij}$$

因为

$$\boldsymbol{G}_{h_1 h_2 h_3} = h_1 \boldsymbol{b}_1 + h_2 \boldsymbol{b}_2 + h_3 \boldsymbol{b}_3$$

$$\boldsymbol{G}_{h_1 h_2 h_3} \cdot \boldsymbol{CA} = (h_1 \boldsymbol{b}_1 + h_2 \boldsymbol{b}_2 + h_3 \boldsymbol{b}_3) \cdot \left(\frac{\boldsymbol{a}_1}{h_1} - \frac{\boldsymbol{a}_3}{h_3}\right)$$

$$= \boldsymbol{b}_1 \cdot \boldsymbol{a}_1 - \boldsymbol{b}_3 \cdot \boldsymbol{a}_3 = 2\pi - 2\pi = 0$$

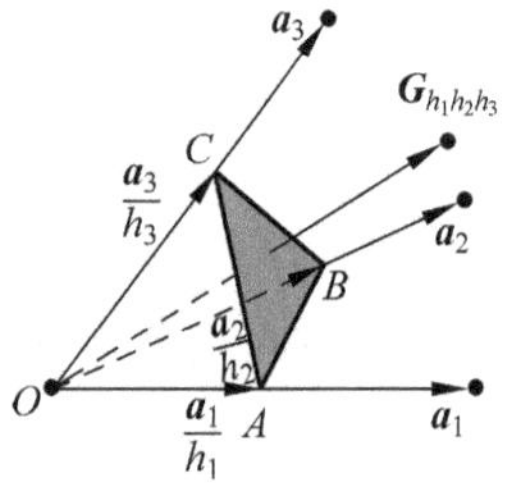

图 8-44　正格子中一簇晶面$(h_1 h_2 h_3)$和 $\boldsymbol{G}_{h_1 h_2 h_3}$ 正交

即 $\boldsymbol{G}_{h_1 h_2 h_3}$ 与 $\boldsymbol{CA}$ 垂直，同理 $\boldsymbol{G}_{h_1 h_2 h_3}$ 与 $\boldsymbol{CB}$ 垂直，$\boldsymbol{G}_{h_1 h_2 h_3}$ 与平面 ABC 中的两条相交直线垂直，说明 $\boldsymbol{G}_{h_1 h_2 h_3}$ 与平面 ABC 垂直，也即 $\boldsymbol{G}_{h_1 h_2 h_3}$ 与密勒指数为$(h_1 h_2 h_3)$的晶面簇正交。$\boldsymbol{G}_{h_1 h_2 h_3}$ 就是晶面指数为$(h_1 h_2 h_3)$的晶面的法线方向。

某一个晶面的方程可以表示成

$$(h_1 \boldsymbol{b}_1 + h_2 \boldsymbol{b}_2 + h_3 \boldsymbol{b}_3) \cdot \boldsymbol{x} = 2\pi n$$

如图 8-45 所示，坐标原点到这个晶面上的垂直距离为

$$d_n = |\boldsymbol{x}| \cos(\boldsymbol{x} \text{ 与 } \boldsymbol{G}_{h_1 h_2 h_3} \text{ 的夹角}) = \frac{2\pi n}{|\boldsymbol{G}_{h_1 h_2 h_3}|}$$

$$= \frac{2\pi n}{|h_1 \boldsymbol{b}_1 + h_2 \boldsymbol{b}_2 + h_3 \boldsymbol{b}_3|}$$

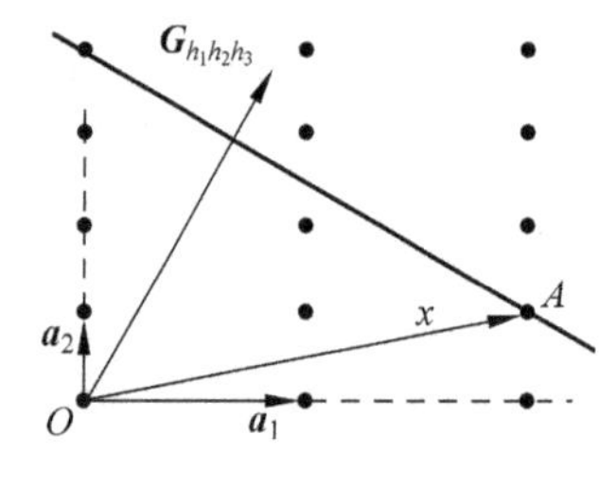

图 8-45　晶面上任意点的位置矢量与倒格矢 $\boldsymbol{G}_{h_1 h_2 h_3}$ 的关系

晶面间距为

$$d = \frac{2\pi}{|\boldsymbol{G}_{h_1 h_2 h_3}|} = \frac{2\pi}{|h_1 \boldsymbol{b}_1 + h_2 \boldsymbol{b}_2 + h_3 \boldsymbol{b}_3|}$$

由此一簇晶面($h_1h_2h_3$)就跟一个倒格矢 $\boldsymbol{G}_{h_1h_2h_3}$ 产生对应关系，而 $\boldsymbol{G}_{h_1h_2h_3}$ 代表一个倒格点，这样晶格的一簇晶面转化为倒格子中的一点，这在处理晶格的问题上有很大的意义。

8.5 晶格的对称性

一些晶体在几何外形上表现出明显的对称性，如立方、六角等对称，这种对称性不仅表现在几何外形上，而且反映在晶体的宏观物理性质中，对研究晶体的性质有极重要的意义。

以介电常数为例，它一般应表示为一个二阶张量

$$\varepsilon_{\alpha\beta}, \quad \alpha,\beta = x,y,z$$

电位移分量

$$D_\alpha = \sum_\beta \varepsilon_{\alpha\beta} E_\beta$$

对于立方对称的晶体：$\varepsilon_{\alpha\beta}=\varepsilon_0\delta_{\alpha\beta}$

因此有

$$\boldsymbol{D} = \varepsilon_0 \boldsymbol{E}$$

此时介电常数可以看作一个简单的标量。

在六角对称的晶体中，如果将坐标轴选取在六角轴和垂直于六角轴的平面内，介电常数具有如下形式：

$$\begin{pmatrix} \varepsilon_{/\!/} & 0 & 0 \\ 0 & \varepsilon_\perp & 0 \\ 0 & 0 & \varepsilon_\perp \end{pmatrix} \quad \text{(六角对称)}$$

表明对于平行轴(六角轴)的分量 $E_{/\!/}$，有

$$D_{/\!/} = \varepsilon_{/\!/} E_{/\!/}$$

对于垂直于轴(垂直于六角轴的平面)的分量 $E_\perp$，有

$$D_\perp = \varepsilon_\perp E_\perp$$

正是由于六角晶体的各向异性，而使其具有光的双折射现象。而立方晶体的光学性质则是各向同性的。

从 8.1 节列举的晶格可以看到，晶体具有各种宏观对称性，原因就在于原子的规则排列。例如，在一个平面内密排的原子球自然地形成一个具有明显六角对称的晶格。如果把密排层堆积成三维密排结构，则可以形成两种不同的对称：立方对称(面心立方晶格)和六角对称(六角密排晶格)。

周期排列(布拉菲格子)是所有晶体的共同性质，而正是在原子周期排列的基础之上产生了不同晶体所特有的各式各样的宏观对称性。那么怎样用一种系统的方法才能科学地、具体地来概括和区别所有这些不同情况的对称性呢？

概括晶体宏观对称性的系统方法就是考察晶体在正交变换的不变性。

如果一个物体在某一正交变换下不变，我们就称这个变换为物体的一个对称操作。显然，一个物体的对称性操作越多，就表明它的对称性越高。

晶体的宏观对称性是在晶体原子周期性排列基础上产生的，这就决定了宏观对称操作受到严格限制。如果用“群”的概念来讨论空间点阵情况，有如下结论：

有 32 种点群描述的晶体对称性，对应的只有 14 种布拉菲格子，分为 7 个晶系。

习题

1. 如果将等体积钢球分别排成下列结构，设 x 表示钢球所占体积与总体积之比，证明：

结构	x
简单立方	$\pi/6\approx0.52$
体心立方	$\sqrt{3}\pi/8\approx0.68$
面心立方	$\sqrt{2}\pi/6\approx0.74$
六方密排	$\sqrt{2}\pi/6\approx0.74$
金刚石	$\sqrt{3}\pi/16\approx0.34$

2. 试证六方密排密堆积结构中 $\frac{c}{a}=\left(\frac{8}{3}\right)^{1/2}\approx1.633$。

3. 证明：体心立方晶格的倒格子是面心立方；面心立方晶格的倒格子是体心立方。

4. 对应简单立方晶格，证明密勒指数为 (h,k,l) 的晶面系，面间距 d 满足：

$$d^2=\frac{a^2}{h^2+k^2+l^2}$$

其中 a 为立方边长。

5. 写出在体心立方和面心立方晶格结构的金属中，最近邻和次近邻的原子数。若立方边长为 a，写出最近邻和次近邻的原子间距。

6. 画出体心立方和面心立方晶格结构的金属在(100)，(110)，(111)面上的原子排列。

7. 指出立方晶格(111)面与(100)，(111)与(110)面的交线的晶向。

第9章 晶格振动与晶体的热学性质

材料的热学性质是指在温度变化的情况下，材料表现出来的一些现象及其变化规律。温度作为与“冷热”有关的最重要的物理量，其本质是组成材料的微观粒子无规则运动强弱的一种度量。微观粒子的无规则运动称为热运动。对于组成材料的微观粒子，严格来说包括原子核内的中子、质子，原子核外的电子，甚至组成中子、质子的各种夸克等。但在固体材料能够存在的温度范围，原子核内粒子，甚至包括被原子核完全束缚的核外电子的运动都可以忽略，可以把它们看成一个整体。这样对固体材料热学性质有贡献的微观粒子就可以分成两类，一类是原子（原子核＋被其束缚的核外电子，如果原子核的正电荷数与被其束缚的电子数不同时称为离子实），另一类是材料中不被某个原子核束缚的“共有化”电子。这两类微观粒子的热运动构成材料热学性质的基础。本章主要是探讨前一类微观粒子——原子（离子实）的热运动和以此为基础的材料热学性质。

本章还是以晶体材料为例进行讨论。

如第 8 章所述，晶体中的格点表示原子（离子实）的平衡位置，**晶格振动**就是指原子（离子实）在格点附近的振动。

晶格振动的研究最早是从晶体热学性质开始的。热运动在宏观性质上最直接的表现就是热容量。按照经典统计规律，每摩尔固体有 $3N$ 个振动自由度，按照能量均分定律，每个自由度平均热能为 k_BT，则摩尔热容量为 $3Nk_B=3R$。

但实验发现这一规律只是在室温或更高的温度对固体基本上适合，但在较低的温度下，固体的热容量开始随温度降低而不断下降。

为了解决这一矛盾，爱因斯坦发展了普朗克的能量子假说，于 1906 年首次提出了量子热容量理论，得出热容量在低温范围下降，并在 $T\to0$K 时，趋于 0 的结论。这项在量子论发展中占有重要地位的成就，对组成固体的原子振动（晶格振动）的研究也有重要的影响。

量子理论的热容量值和经典不同，它与原子振动的具体频率有关，从而推动了对固体原子振动进行具体的研究。

以后的研究确立了晶格振动采取“格波”的形式。本章的主要内容是介绍格波的概念，并在晶格振动理论的基础上扼要讲述晶体的宏观热学性质。

研究晶格振动的意义远不限于热学性质，晶格振动是研究固体宏观性质和微观过程的重要基础，对晶体的电学性质、光学性质、超导电性、磁性、结构相变等一系列物理问题，晶格振动都有着很重要的作用。

9.1　一维单原子链

从经典力学的观点，晶格振动是一个典型的小振动问题。凡是力学体系自平衡位置发生微小偏移时，该力学体系的运动就是小振动。在量子力学中小振动可以用谐振子作为零级近似。

晶格具有周期性，因而晶格的振动模式也具有波的形式，称为格波。格波和一般连续介质波有共同的波的特征，但也有它不同的特点。下面讨论的一维原子链是学习格波的典型例子，它的振动既简单可解，又能较全面地表现格波的基本特点。

物理学中讨论一个复杂的问题时，经常以一个简化的，但又能体现原问题主要特点的简单模型作为出发点。先把这个简单的问题探讨清晰，获得典型解，然后再推延到更复杂的、更接近于实际问题的情况。第 7 章中微扰方法求解薛定谔方程也是这种精神的一种反映。

三维晶格，情况比较复杂，直接讨论难度较大。但正如前面所说，晶格最重要的特征是具有周期性。那么，一个等间距排列的单原子链，就可以看作是一种最简单的晶格，也完全能够表达晶格周期性的特点。下面我们就从一维单原子链出发，讨论晶格振动的问题。

如图 9-1 所示，在平衡时相邻原子距离为 a（即原胞的体积为 a），每个原胞内含有一个原子，质量为 m，原子限制在沿链的方向运动，偏离格点的位移用…，μ_{n-1}，μ_n，μ_{n+1}，…表示。

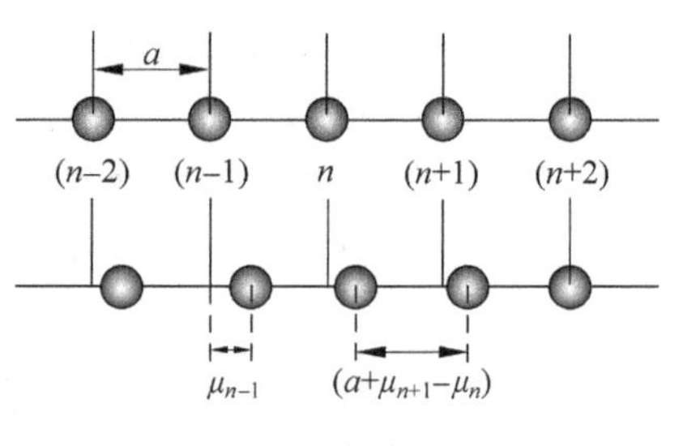

图 9-1　一维单原子链

假设，只有近邻原子间存在相互作用（距离更远的原子间相互作用力忽略不计，称为近邻近似），相互作用能可以一般地写成

$$V(a+\delta)=V(a)+\frac{1}{2}\beta\delta^2+\text{高阶项} \quad (9\text{-}1)$$

其中 δ 表示对平衡位置距离 a 的偏离。在小振动情况下，上式保留到 δ^2 项，即简谐近似，在这个近似下，相邻原子间的作用力为

$$F=-\frac{\mathrm{d}V}{\mathrm{d}\delta}\approx-\beta\delta \quad (9\text{-}2)$$

表明存在于相邻原子间的是正比于相对位移的弹性恢复力。

考察图 9-1 中第 n 个原子的运动方程，它受到左右两个近邻原子对它的作用力：

左方第 $(n-1)$ 原子与它的相对位移 $\delta=\mu_n-\mu_{n-1}$，作用力为 $-\beta(\mu_n-\mu_{n-1})$；

右方第 $(n+1)$ 个原子与它的相对位移 $\delta=\mu_{n+1}-\mu_n$，作用力为 $-\beta(\mu_{n+1}-\mu_n)$。

考虑到两个力的作用方向相反，根据牛顿第二定律，得到

$$m\ddot{\mu}_n=\beta(\mu_{n+1}-\mu_n)-\beta(\mu_n-\mu_{n-1})=\beta(\mu_{n+1}+\mu_{n-1}-2\mu_n) \quad (9\text{-}3)$$

每一个原子对应有一个方程，若原子链有 N 个原子，则有 N 个方程，式(9-3)实际上代表着 N 个联立的线性齐次方程。

方程(9-3)有下列“格波”形式的通解

$$\mu_{nq} = A\exp[\mathrm{i}(\omega t - naq)] \tag{9-4}$$

其中 ω,A 为常数(由于方程是线性齐次方程,可以用复数形式的解,其虚部或实部都代表方程的实解)。

将式(9-4)代入方程(9-3),有

$$\begin{aligned} & m(\mathrm{i}\omega)^2 A\exp[\mathrm{i}(\omega t - naq)] \\ = & \beta\{A\exp[\mathrm{i}(\omega t-(n+1)aq)]+A\exp[\mathrm{i}(\omega t-(n-1)nq)]-2A\exp[\mathrm{i}(\omega t-naq)]\} \end{aligned}$$

进而有

$$-m\omega^2 = \beta[\mathrm{e}^{-\mathrm{i}aq} + \mathrm{e}^{\mathrm{i}aq} - 2]$$

$$\omega^2 = \frac{2\beta}{m}[1-\cos(aq)] = \frac{4\beta}{m}\sin^2\left(\frac{1}{2}aq\right) \tag{9-5}$$

上式与 n 无关,表明 N 个联立的方程都归结为同一个方程。也就是说,只要 ω 与 q 之间满足式(9-5)的关系,式(9-4)就表示了联立方程的解,通常把 ω 与 q 之间的关系称为“色散关系”。

式(9-4)与一般连续介质波

$$A\exp\left[\mathrm{i}\left(\omega t - 2\pi\frac{x}{\lambda}\right)\right] = A\exp[\mathrm{i}(\omega t - qx)] \tag{9-6}$$

有完全相类似的形式。其中 ω 是波的圆频率,λ 是波长,$q=\frac{2\pi}{\lambda}$为波数。区别在于连续介质中 x 表示空间任意一点,而在解式(9-4)中只取 na 格点的位置,只是一系列周期性排列的点。由此可知,**一个格波解表示所有原子同时作频率为ω的振动,不同原子之间有位相差**。相邻原子之间的位相差为 aq。格波与连续介质波一个重要的区别在于波数 q 的含义。

如果在式(9-4)中,把 aq 改变一个 2π 的整数倍,所有原子的振动实际上没有任何不同。这表明 aq 可以限制在下面范围内:

$$-\pi < aq \leqslant \pi \tag{9-7}$$

$$\text{或}\quad -\frac{\pi}{a} < q \leqslant \frac{\pi}{a} \tag{9-8}$$

这个范围以外的 q 值,并不能提供其他不同的波。q 的取值范围常称为布里渊区。

为什么格波有这样的特点,可以用图 9-2 来说明。

为了便于图示,把每个原子的位移画在垂直链的方向,粗线表示把原子振动看成 $q=\frac{2\pi}{4a}=\frac{\pi}{2a}$的波,细线表示完全相同的原子振动,同样可以看成是 $q=\frac{2\pi}{\frac{4}{5}a}=\frac{5\pi}{2a}$的波。

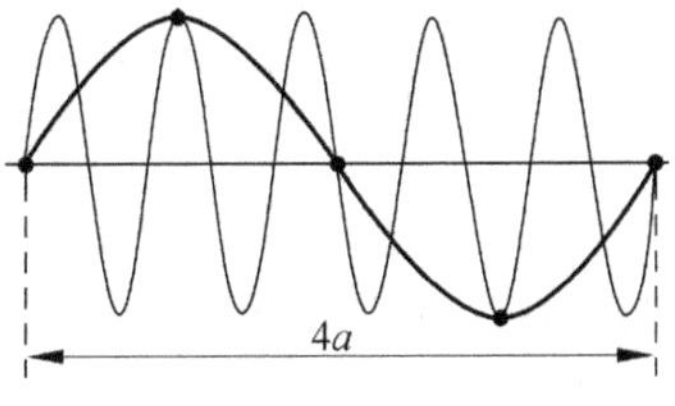

图 9-2　格波 q 的不唯一性示意图

按照粗线表示的波,两个相邻原子振动位相差是$\frac{\pi}{2}$,按照细线表示的波,相邻原子振动位相差为 $2\pi+\frac{\pi}{2}$,效果是完全一样的。

前面所考虑的运动方程实际上只适用于无穷长的链,因为,所有的原子都假设有相同的运动方程,而一个有限的链的两端原子显然应和内部的原子有所不同。

因此它们将有与其他原子形式不同的运动方程。虽然仅少数与原来运动方程不同,但由于所有原子的方程都是联立的，具体解方程就复杂得多。

为了避免这种情况，玻恩-卡曼(Born-Von Karman)提出 N 个原胞形成环状链作为一个有限的模型，它包含有限数目的原子，然而保持所有原胞完全等价。以前的运动方程仍旧适用。如图 9-3 所示。如果 N 很大使半径很大，沿环的运动仍旧可以看作是直线的运动。

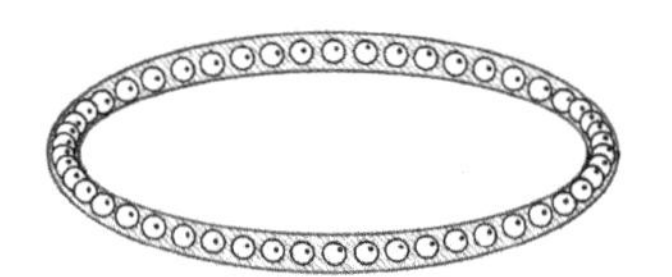

图 9-3 一维链的玻恩-卡曼边界条件

和以前的区别只在于必须考虑到链的循环性。也就是说，原胞的标数 n 增加 N，振动情况必须复原，即 $\mu_{n,q}=\mu_{n+N,q}$。

由式(9-4)可得

$$e^{-iNaq}=1 \quad 或 \quad q=\frac{2\pi}{Na}\times h \quad (h=为整数) \tag{9-9}$$

前面指出，q 的取值范围为 $-\frac{\pi}{a}<q\leqslant\frac{\pi}{a}$，因此式(9-9)中，$h$ 只能取由 $-N/2$ 到 $N/2$，一共 N 个不同的数值。所以，由 N 个原胞组成的链，q 可以取 N 个不同的值，每个 q 对应着一个格波，共有 N 个不同的格波。N 就是一维单原子链的自由度，这表明，已经得到了一维单原子链的全部振动模式。

玻恩-卡曼模型相当于要求一个有限链头尾衔接，起着一个边界条件的作用，实际上，我们也看到，用这个模型并没有改变运动方程的解，而只是对解提出一定条件。我们称它为玻恩-卡曼条件，或称为周期性边界条件。

由式(9-5)可得

$$\omega=2\sqrt{\frac{\beta}{m}}\left|\sin\frac{1}{2}aq\right| \tag{9-10}$$

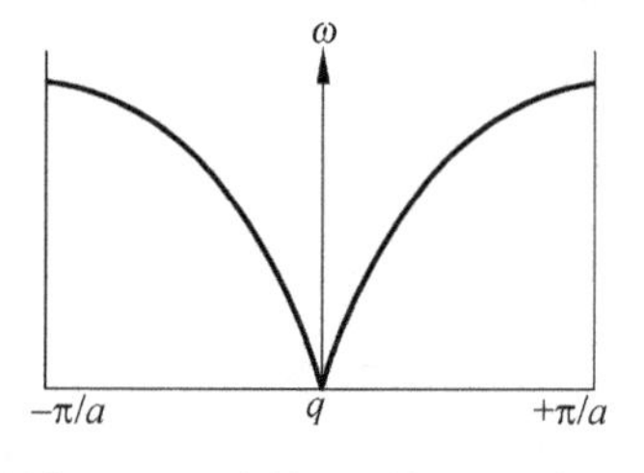

图 9-4 一维单原子链 ω-q 关系

图 9-4 中画出了 ω-q 之间的函数曲线。由于格波的特性，q 取值 $-\frac{\pi}{a}<q\leqslant\frac{\pi}{a}$，由于周期性边界条件 q 的允许值为这一区间中均匀分布的 N 个点。相邻点之间的间隔为 $\frac{2\pi}{Na}$，即每个点占有的限度为 $q=\frac{2\pi}{Na}$。

当 $0\leqslant q\leqslant\frac{\pi}{a}$，与其相应频率的变化范围：$0\leqslant\omega\leqslant2\sqrt{\frac{\beta}{m}}$，只有频率在相应范围的格波才能在晶体中传播，其他频率的格波被强烈衰减。因此可以将一维单原子晶格看作成低通滤波器。

当 q 远小于 π/a，相当于波长远大于 a，可以得到

$$\omega=2\sqrt{\frac{\beta}{m}}\left|\sin\frac{1}{2}aq\right|=a\sqrt{\frac{\beta}{m}}\,|q|$$

这类似于连续介质波的情况。

如果注意到相邻原子间的相对位移为 δ 时，相对伸长为 δ/a，相互作用力可以写成

$$\beta\delta=\beta a\left(\frac{\delta}{a}\right)$$

这表明 βa 为链的伸长模量。再考虑 m/a 为一维链的线密度(即把一维单原子链看成是连

续的弹性链时的质量密度)，于是格波的群速度(振动的传播速度)

$$v=\omega/q=a\sqrt{\frac{\beta}{m}}=\sqrt{\frac{\beta a}{\frac{m}{a}}}=\sqrt{\frac{\text{伸长模量}}{\text{密度}}} \tag{9-11}$$

v 就是当把原子链看成弹性链时，弹性波的波速。这当然不是偶然的巧合，当波长很大时，可以把晶格看成是连续介质，也就是说这里得到的长波极限正是链的弹性波，如图 9-5 所示。

短波极限 $q\to\pi/a$ 的情况：

由 $\omega=2\sqrt{\frac{\beta}{m}}\left|\sin\frac{1}{2}aq\right|$ 得，短波极限下

$$\omega_{\max}=2\sqrt{\frac{\beta}{m}},\quad \lambda_{\min}=\frac{2\pi}{q_{\max}}=2a$$

此时相邻两个原子振动位相相反，如图 9-6 所示。

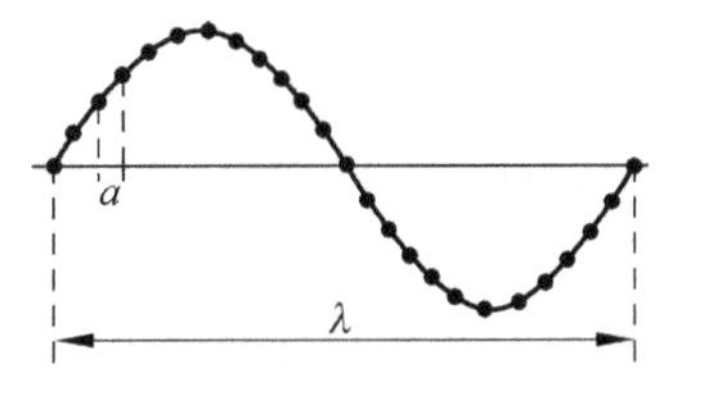

图 9-5 波长远大于原子间距的情况

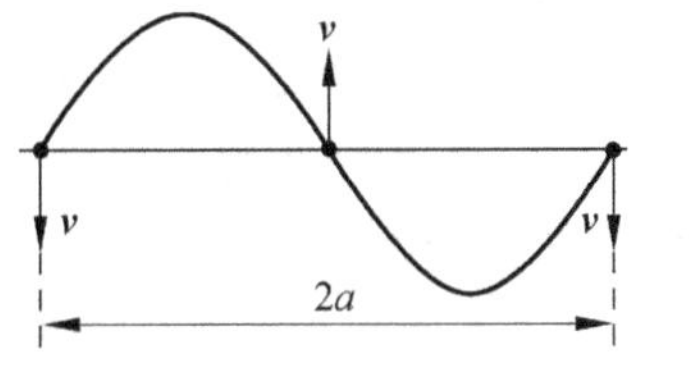

图 9-6 短波极限时相邻原子振动位相相反

在量子力学中，简谐运动能量是量子化的，其能量本征值为

$$\varepsilon_{nq}=\left(n+\frac{1}{2}\right)\hbar\omega_q \tag{9-12}$$

至此，可以看到，由 N 个原子组成的一维单原子链，其振动模为 N 个格波，在简谐近似下格波是相互独立的，按照量子理论每种振动的能级是量子化的，能量激发的单元是 $\hbar\omega_q$，称为能量子。我们把这种格波的能量子称为“声子”，它的能量为 $\hbar\omega_q$。

一个格波，也就是一种振动模式，称为一种声子；这种振动模处于本征态 $\left(n_q+\frac{1}{2}\right)\hbar\omega_q$ 时，称为有 n_q 个声子，n_q 为声子数。当电子(或光子)与晶格振动相互作用，交换能量以 $\hbar\omega_q$ 为单元，若电子从晶格获得能量 $\hbar\omega_q$，称为吸收一个声子，若电子给予晶格能 $\hbar\omega_q$，称为发射一个声子。

利用声子的“语言”来描述晶格振动不仅可以使表述简化，而且有深刻的理论意义。

声子不是真实的粒子，称为“准粒子”，它反映的是晶格原子集体运动状态的激发单元。

多体系统集体运动的激发单元常称为“元激发”。

在固体中有很多种类型的元激发，处理这些元激发的理论方法是相类似的，声子是一种典型的元激发。

9.2 一维双原子链 声学波和光学波

一维双原子链可以看成是最简单的复式晶格：每个原胞含有 2 个不同的原子。平衡时相邻原子间距离为 a，质量分别为 m，M。如图 9-7 所示，原子限制在沿链的方向运动。偏

离格点的位移用…，μ_{2n-1}，μ_{2n}，μ_{2n+1}，…表示，类比单原子链，可以得到原子的运动方程

m 原子：$m\ddot{\mu}_{2n} = \beta(\mu_{2n+1} + \mu_{2n-1} - 2\mu_{2n})$

M 原子：$M\ddot{\mu}_{2n+1} = \beta(\mu_{2n} + \mu_{2n+2} - 2\mu_{2n+1})$

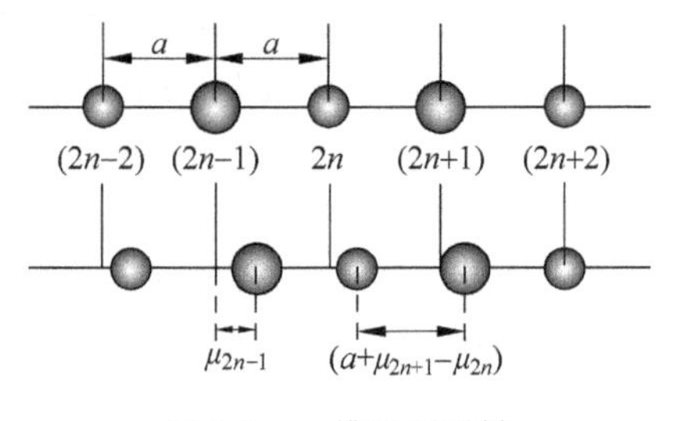

图 9-7　一维双原子链

这是两个典型的运动方程。当原子链包含 N 个原胞时（N 个 m 原子和 N 个 M 原子），这两个方程实际代表 $2N$ 个方程的联立方程组。

这个方程组有下列形式的格波解

$$\begin{cases}\mu_{2n} = A\exp[\mathrm{i}(\omega t - 2naq)] \\ \mu_{2n+1} = B\exp[\mathrm{i}(\omega t - (2n+1)aq)]\end{cases} \tag{9-13}$$

将解式(9-13)代入运动方程，除去共同的指数因子后，可以得到

$$\begin{cases}-m\omega^2 A = \beta(\mathrm{e}^{-\mathrm{i}aq} + \mathrm{e}^{\mathrm{i}aq})B - 2\beta A \\ -M\omega^2 B = \beta(\mathrm{e}^{-\mathrm{i}aq} + \mathrm{e}^{\mathrm{i}aq})A - 2\beta B\end{cases} \tag{9-14}$$

方程与 n 无关，表明所有联立方程对应格波形式的解式(9-13)都归结为同一对方程。式(9-14)可以看作是以 A，B 为未知数的线性齐次方程

$$\begin{cases}(m\omega^2 - 2\beta)A + 2\beta\cos(aq)B = 0 \\ 2\beta\cos(aq)A + (M\omega^2 - 2\beta)B = 0\end{cases} \tag{9-15}$$

它有非零解的条件是

$$\begin{vmatrix} m\omega^2 - 2\beta & 2\beta\cos aq \\ 2\beta\cos aq & M\omega^2 - 2\beta \end{vmatrix} = mM\omega^4 - 2\beta(m+M)\omega^2 + 4\beta^2\sin^2 aq = 0 \tag{9-16}$$

式(9-16)可以看作是关于 ω^2 的一元二次方程，其解为

$$\omega_{\pm}^2 = \beta\frac{m+M}{mM}\left\{1 \pm \left[1 - \frac{4mM}{(m+M)^2}\sin^2 aq\right]^{1/2}\right\} \tag{9-17}$$

把式(9-17)代回式(9-15)，可以求得相应的 A 和 B 的解：

$$\begin{cases}\left(\dfrac{B}{A}\right)_+ = -\dfrac{m\omega_+^2 - 2\beta}{2\beta\cos aq} \\ \left(\dfrac{B}{A}\right)_- = -\dfrac{m\omega_-^2 - 2\beta}{2\beta\cos aq}\end{cases} \tag{9-18}$$

由格波解式(9-13)可知相邻原胞之间（原胞尺度为 $2a$）的位相差为 $2aq$，所谓相邻原胞之间的位相差应理解为相邻原胞 M 原子（或者 m 原子）之间的位相差。同样如果把 $2aq$ 改变 2π 的整数倍，所有原子的振动实际上完全没有任何不同，这表明 q 的取值只需限制在

$$-\frac{\pi}{2a} < q \leqslant \frac{\pi}{2a} \tag{9-19}$$

范围内，这个范围就是一维双原子链的布里渊区。在这个范围内任意 q 有两个格波解，它们的频率为 ω_+ 和 ω_-。和一般波的解一样，格波解可以有任意的振幅和位相，但是两种原子振动的振幅比和位相差是确定的，并由式(9-18)决定。仍采用周期性边界条件，有

$$q = \frac{\pi}{Na}h, \quad h\text{ 为整数} \tag{9-20}$$

由于 q 的取值范围是 $-\frac{\pi}{2a} < q \leqslant \frac{\pi}{2a}$，所以式(9-20)中 h 只能取 $-\frac{N}{2} < h \leqslant \frac{N}{2}$ 范围内的

值。所以，由 N 个原胞组成的一维双原子链，q 可以取 N 个不同的值，每个 q 对应两个解，总加起来，共有 $2N$ 个不同的格波，数目正好等于链的自由度，这说明已得到链的全部振动模式。

图 9-8 是根据式(9-17)画出的 ω-q 的关系曲线。

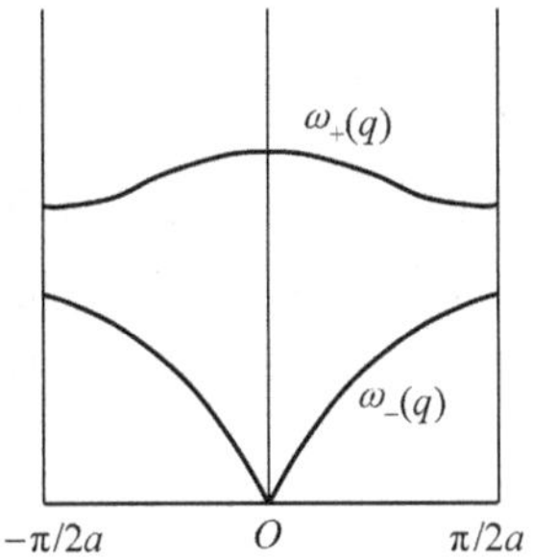

属于 ω_+ 的格波称为光学波，属于 ω_- 的格波称为声学波。$q\approx 0$ 的长波在许多实际问题中具有特别重要的作用，光学波和声学波的命名也主要是由于它们在长波极限的性质。下面我们着重讨论长波极限的问题。

图 9-8 ω-q 关系曲线

对应声学波，由式(9-17)可知，当 $q\to 0$ 时有

$$\omega_-^2=\beta\frac{m+M}{mM}\left\{1-\left[1-\frac{4mMa^2q^2}{(m+M)^2}\right]^{1/2}\right\}$$

$$\approx\beta\frac{m+M}{mM}\left\{1-1+\frac{1}{2}\,\frac{4mMa^2q^2}{(m+M)^2}\right\}=\frac{2\beta}{m+M}(aq)^2$$

即

$$\omega_-\approx a\sqrt{\frac{2\beta}{m+M}}q \tag{9-21}$$

表明对应长声学波，频率正比于波数，长声学波就是把一维链看作连续介质时的弹性波，这也就是为什么称 ω_- 为声学波的原因。

对应长声学波，当 $q\to 0$ 时 $\omega_-\to 0$，因此

$$\left(\frac{B}{A}\right)_-=-\frac{m\omega_-^2-2\beta}{2\beta\cos aq}\to 1 \tag{9-22}$$

表明对于长声学波，原胞中两种原子的运动是完全一致的，振幅和位相都没有差别。在长声学波中相邻原子振动方向相同，并且振幅相同，它代表的是原胞质心的振动，如图 9-9 所示。

对应长光学波，当 $q\to 0$ 时，频率趋于下列有限值

$$\omega_+^2=\beta\frac{m+M}{mM}\left\{1+\left[1-\frac{4mMa^2q^2}{(m+M)^2}\right]^{1/2}\right\}\approx 2\beta\frac{m+M}{mM} \tag{9-23}$$

而两种原子振动的振幅比为

$$\left(\frac{B}{A}\right)_+=-\frac{m\omega_+^2-2\beta}{2\beta\cos aq}\to-\frac{2\beta\frac{m+M}{M}-2\beta}{2\beta}=-\left(\frac{m+M}{M}-1\right)=-\frac{m}{M} \tag{9-24}$$

长光学波中同种原子振动振幅一致，子晶格像一个刚体一样整体地振动。相邻原子振动方向相反。原胞质心保持不动，原胞中原子之间相对运动，如图 9-10 所示。

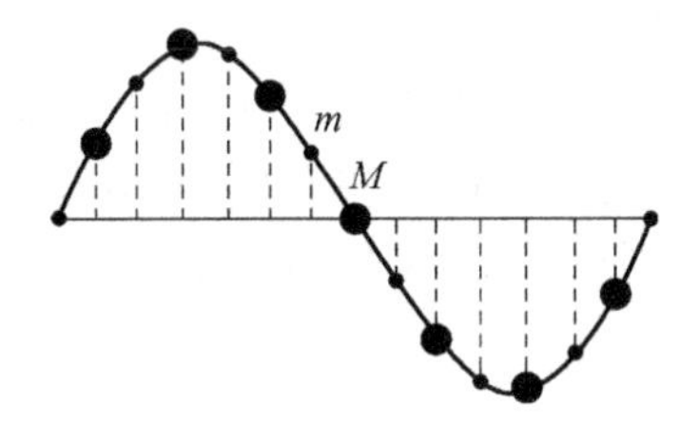

图 9-9 长声学波

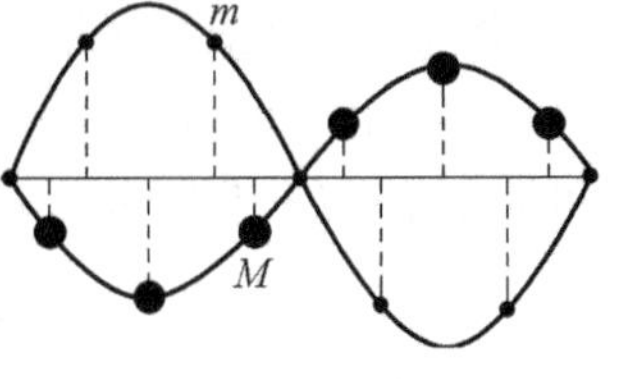

图 9-10 长光学波

必须指出，图 9-9 和图 9-10 是为了方便图示而把原子的振动方向画成垂直于链方向，而按照前面对一维原子链的定义，原子的振动方向是沿链的方向的，因此光学波的长波极限如图 9-11 那样更准确。

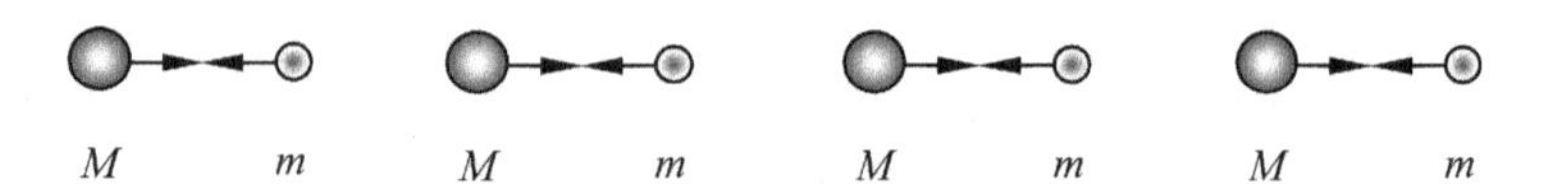

图 9-11 光学波的长波极限

离子晶体中的长光学波有特别重要的作用。因为，不同离子间的相对振动产生一定的电偶极矩，从而可以和电磁波相互作用。

实际晶体中的长光学波频率 $\omega_+(0)$在 $10^{13}\sim10^{14}$ 范围，对应于远红外的光波。离子晶体中光学波的共振能够引起对远红外光在 $\omega_+(0)$附近强烈吸收，这是红外光谱学中的一个重要效应。正是因为长光学波的这个特点，把 $\omega_+(0)$对应的格波称为光学波。

9.3 三维晶格的振动

双原子链的模型已经较全面地表现了晶格振动的基本特征，本节简单地以对比双原子链的方法来说明三维晶格的振动。

考虑原胞含有 n 个原子的复式晶格，n 个原子的质量为 $m_1,m_2,\cdots,m_n$，原胞以 $l(l_1l_2l_3)$标志，表明第 l 个原胞的位置 $\boldsymbol{R}(l)=l_1\boldsymbol{a}_1+l_2\boldsymbol{a}_2+l_3\boldsymbol{a}_3$。

原胞中各原子的位置表示为

$$\boldsymbol{R}\binom{l}{1},\boldsymbol{R}\binom{l}{2},\boldsymbol{R}\binom{l}{3},\cdots,\boldsymbol{R}\binom{l}{n}$$

偏离格点的位移则写成

$$\boldsymbol{\mu}\binom{l}{1},\boldsymbol{\mu}\binom{l}{2},\boldsymbol{\mu}\binom{l}{3},\cdots,\boldsymbol{\mu}\binom{l}{n}$$

与双原子链的情形一样，可以写出一个典型原胞中的运动方程：

$$m_k\ddot{\mu}_\alpha\binom{l}{k}=\cdots \tag{9-25}$$

其中 k 表明原胞中的各原子，取值 $1,2,\cdots,n$，α 代表原子的三个位移分量，方程的右端是原子位移的线性齐次函数。一个原胞中共有 $3n$ 个类似的方程。方程的解的形式和一维完全相似，可以写成

$$\boldsymbol{\mu}\binom{l}{k}=\boldsymbol{A}_k\mathrm{e}^{\mathrm{i}\left[\omega t-\boldsymbol{R}\binom{l}{k}\cdot\boldsymbol{q}\right]} \tag{9-26}$$

指数函数表示各种原子的振动都具有共同的平面波的形式，$\boldsymbol{q}$ 是其波矢量（波数矢量），即$|\boldsymbol{q}|$为波数，$\boldsymbol{q}$ 的方向指波传播方向。系数 $\boldsymbol{A}_k(A_{kx},A_{ky},A_{kz})$可以是复数，表示各原子的位移分量的振幅和位相可以有区别。式(9-26)实际上表示了三维晶格格波的一般形式。

同样可以证明，式(9-26)代入式(9-25)以后，可以得到关于 A_{1x},A_{1y},A_{1z}；A_{2x},A_{2y},A_{2z}；$\cdots$；A_{nx},A_{ny},A_{nz}的 $3n$ 个线性齐次联立方程：

$$m_k\omega^2 A_{k\alpha} = \sum_{k'\beta} C_{\alpha\beta}\begin{pmatrix} \boldsymbol{q} \\ k,k' \end{pmatrix} A_{k'\beta} \tag{9-27}$$

根据系数行列式为零条件，得到 $3n$ 个 $\omega_j(j=1,2,\cdots,3n)$。

进一步可以证明：当 $\boldsymbol{q}\to 0$ 时，有三个解 $\omega_j \propto q$，而且对于这三个解 $\boldsymbol{A}_1,\boldsymbol{A}_2,\cdots,\boldsymbol{A}_n$ 趋于相同，也就是说在长波极限整个原胞一齐移动。这三个解实际上与弹性波相合，称为声学波。

另有 $3n-3$ 个解的长波极限的格波描述的是一个原胞质心保持不动，原胞中各原子间的相对运动，并具有有限的频率，称为 $3n-3$ 支光学波。

因此在三维晶体中，原胞中有 n 个原子组成。对于一定的波矢 $\boldsymbol{q}$，有 3 个声学波和 $3n-3$ 个光学波。

在三维空间中 $\boldsymbol{q}$ 同样受边界条件的限制，只能取某些值而不是任意的。

我们常用所谓"q 空间"来表示边界条件允许的 $\boldsymbol{q}$ 值。即把 $\boldsymbol{q}$ 看作是 q 空间的矢量，而边界条件允许的 $\boldsymbol{q}$ 值将表示为这个空间中的点子。

"$\boldsymbol{q}$ 空间"以倒矢量 $\boldsymbol{b}_1,\boldsymbol{b}_2,\boldsymbol{b}_3$ 为基矢，即 $\boldsymbol{q}$ 可以写成

$$\boldsymbol{q} = x_1\boldsymbol{b}_1 + x_2\boldsymbol{b}_2 + x_3\boldsymbol{b}_3 \tag{9-28}$$

仍然采用玻恩-卡曼边界条件，在三维情况下为

$$\begin{cases} \boldsymbol{\mu}(\boldsymbol{R}_l + N_1\boldsymbol{a}_1) = \boldsymbol{\mu}(\boldsymbol{R}_l) \\ \boldsymbol{\mu}(\boldsymbol{R}_l + N_2\boldsymbol{a}_2) = \boldsymbol{\mu}(\boldsymbol{R}_l) \\ \boldsymbol{\mu}(\boldsymbol{R}_l + N_3\boldsymbol{a}_3) = \boldsymbol{\mu}(\boldsymbol{R}_l) \end{cases} \tag{9-29}$$

其中 $\boldsymbol{a}_1,\boldsymbol{a}_2,\boldsymbol{a}_3$ 为晶格基矢，N_1,N_2,N_3 为沿三个基矢方向的原胞数，显然有晶体的总原胞数为 $N=N_1\cdot N_2\cdot N_3$。$\boldsymbol{\mu}(\boldsymbol{R}_l)$代表 $\boldsymbol{R}_l$ 格点上原胞的位移(可以是 k 中任何一类原子的位移)。边界条件表示，沿着 $\boldsymbol{a}_i$ 方向，原胞的标数增加 N_i，振动情况必须相同($i=1,2,3$)。

式(9-29)边界条件要求

$$\begin{cases} \boldsymbol{q}\cdot N_1\boldsymbol{a}_1 = 2\pi h_1 \\ \boldsymbol{q}\cdot N_2\boldsymbol{a}_2 = 2\pi h_2 \\ \boldsymbol{q}\cdot N_3\boldsymbol{a}_3 = 2\pi h_3 \end{cases}$$

进而

$$\begin{cases} x_1 = h_1/N_1 \\ x_2 = h_2/N_2 \\ x_3 = h_3/N_3 \end{cases} \tag{9-30}$$

即

$$\boldsymbol{q} = \frac{h_1}{N_1}\boldsymbol{b}_1 + \frac{h_2}{N_2}\boldsymbol{b}_2 + \frac{h_3}{N_3}\boldsymbol{b}_3 \tag{9-31}$$

代表 $\boldsymbol{q}$ 空间均匀分布的点子，每个点子占据的 $\boldsymbol{q}$ 空间体积为

$$\frac{1}{N_1}\boldsymbol{b}_1\cdot\left(\frac{1}{N_2}\boldsymbol{b}_2\times\frac{1}{N_3}\boldsymbol{b}_3\right) = \frac{1}{N}\boldsymbol{b}_1\cdot(\boldsymbol{b}_2\times\boldsymbol{b}_3)$$

$\boldsymbol{b}_1\cdot(\boldsymbol{b}_2\times\boldsymbol{b}_3)$为倒格子原胞体积。考虑到倒格子原胞的"体积"与正格子原胞的体积之间的关系，可以得到满足边界条件的 $\boldsymbol{q}$ 在 q 空间均匀分布的密度

$$\text{分布密度} = \frac{1}{\frac{1}{N}\boldsymbol{b}_1\cdot(\boldsymbol{b}_2\times\boldsymbol{b}_3)} = \frac{N}{\boldsymbol{b}_1\cdot(\boldsymbol{b}_2\times\boldsymbol{b}_3)}$$

$$=\frac{N\boldsymbol{a}_1\cdot(\boldsymbol{a}_2\times\boldsymbol{a}_3)}{(2\pi)^3}=\frac{Nv_0}{(2\pi)^3}=\frac{V}{(2\pi)^3} \tag{9-32}$$

其中，V 为晶体的体积。

在原子振动波函数$\boldsymbol{\mu}\begin{pmatrix}l\\k\end{pmatrix}=\boldsymbol{A}_k\mathrm{e}^{\mathrm{i}\left[\omega t-\boldsymbol{R}\begin{pmatrix}l\\k\end{pmatrix}\cdot\boldsymbol{q}\right]}$中，波矢的作用只在于确定不同原胞振动位相的联系，具体表现为位相因子

$$\mathrm{e}^{-\mathrm{i}\boldsymbol{R}(l)\cdot\boldsymbol{q}}$$

如果 $\boldsymbol{q}$ 改变一个倒格子 $\boldsymbol{G}_n=n_1\boldsymbol{b}_1+n_2\boldsymbol{b}_2+n_3\boldsymbol{b}_3$（$n_1,n_2,n_3$ 为整数）。因为 $\boldsymbol{R}(l)\cdot\boldsymbol{G}_n=(l_1\boldsymbol{a}_1+l_2\boldsymbol{a}_2+l_3\boldsymbol{a}_3)\cdot(n_1\boldsymbol{b}_1+n_2\boldsymbol{b}_2+n_3\boldsymbol{b}_3)=(l_1n_1+l_2n_2+l_3n_3)2\pi$，并不影响上述位相因子，所以 $\boldsymbol{q}$ 和 $\boldsymbol{q}+G_n$ 产生的位相是一样的。

这样，表示为了得到所有不同的格波，也只要考虑一定范围的 $\boldsymbol{q}$ 值。例如可以只考虑一个倒格子原胞中的 $\boldsymbol{q}$ 值，即第一布里渊区内的取值：

$$\boldsymbol{q}=q_1\boldsymbol{i}+q_2\boldsymbol{j}+q_3\boldsymbol{k}$$

$$-\frac{\pi}{a_1}<q_1\leqslant\frac{\pi}{a_1},\quad -\frac{\pi}{a_2}<q_2\leqslant\frac{\pi}{a_2},\quad -\frac{\pi}{a_3}<q_3\leqslant\frac{\pi}{a_3}$$

前面说过，边界条件允许的 q 分布密度为$\frac{V}{(2\pi)^3}$。因此不同的 $\boldsymbol{q}$ 的总数就应当是

$$\frac{V}{(2\pi)^3}(\text{倒格子原胞体积})=\frac{V}{(2\pi)^3}\frac{(2\pi)^3}{\Omega}=N$$

和晶体中包含的原胞数相同。对于每个 q 有 3 个声学波，$(3n-3)$个光学波，所以不同的格波的总数是 $N(3+3n-3)=3nN$，正好等于晶体 Nn 个原子的自由度。

布里渊区的初始定义是：在倒空间(倒易空间，倒格子空间)，以某一倒格点为原点，然后做原点与其他倒格点连线的垂直平分面，这些垂直平分面将倒空间分割成若干以原点为对称中心的区域，这些区域成为布里渊区。其中围绕原点的联通区域称为第一布里渊区，第一布里渊区外边此近邻的若干分割区称为第二布里渊区，以此类推，有第三、第四、……布里渊区，如图 9-12 所示。

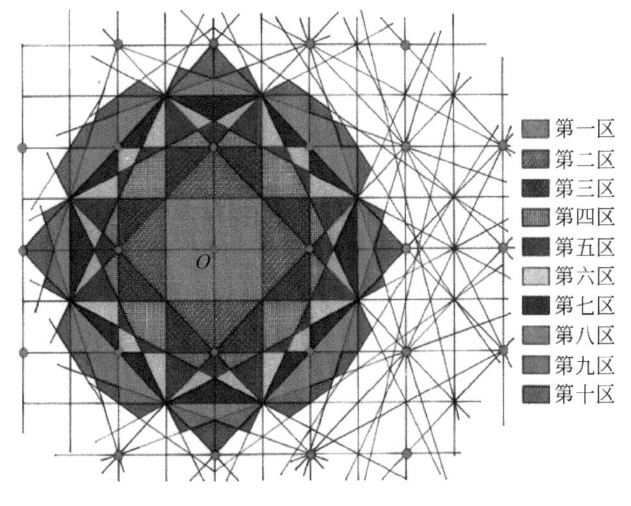

图 9-12 二维简单立方格子的布里渊区示意图

各布里渊区的体积都相同。其中第一布里渊区的形状就是倒格子的“魏格纳-塞兹”原胞。一般实际问题中主要关注第一布里渊区的情况。第一布里渊区也称为“简约布里渊区”。

9.4 黄昆方程

长光学波就是把晶体看成连续介质时的弹性波，弹性波满足在弹性理论基础上建立的宏观运动方程。对于长声学波，原胞中所有原子的位移是相同的，它对应于弹性波中的位移量，弹性波中的密度可以用单位体积中的原子质量得到。**黄昆首先提出长光学波也可以在宏观理论的基础之上进行讨论**。长光学波与长声学波不同，正、负离子之间做相对运动，在波矢量 $\boldsymbol{q}\to 0$ 的极限，实际上是正负离子组成的两个格子之间的相对振动，振动中原胞的质心保持不动。为了更具体地说明问题，以立方晶体为例，每个原胞中含有一对离子，质量分别用 M_+ 和 M_- 表示。黄昆选择了 W 作为描述长光学波运动的宏观量

$$\boldsymbol{W} = \left(\frac{\mu}{\Omega}\right)^{1/2}(\boldsymbol{\mu}_+ - \boldsymbol{\mu}_-) \tag{9-33}$$

其中 $\mu=\dfrac{M_+M_-}{M_++M_-}$ 为约化质量；Ω 为原子体积；$\boldsymbol{\mu}_+$、$\boldsymbol{\mu}_-$ 为正负离子的位移。在此基础上黄昆建立一对宏观方程(称为黄昆方程)：

$$\ddot{W} = b_{11}\boldsymbol{W} + b_{12}\boldsymbol{E} \tag{9-34}$$

$$\boldsymbol{P} = b_{21}\boldsymbol{W} + b_{22}\boldsymbol{E} \tag{9-35}$$

这里 $\boldsymbol{P}$ 是宏观极化强度，$\boldsymbol{E}$ 是宏观电场强度，式(9-34)是决定离子相对振动的动力学方程，式(9-35)表示除去正、负离子相对位移产生极化，还要考虑宏观电场存在时的附加极化；由动力学系数的对称性要求可以证明 $b_{12}=b_{21}$。

黄昆方程中的系数都可以通过实验来确定。首先考虑存在静电场情况下，晶体的介电极化。在恒定电场下，显然正负离子将发生相对位移 $\boldsymbol{W}$，令方程(9-34)中 $\ddot{W}$ 为 0，就得到

$$\boldsymbol{W} = -\frac{b_{12}}{b_{11}}\boldsymbol{E}$$

将上式代入式(9-35)中得

$$\boldsymbol{P} = b_{12}\boldsymbol{W} + b_{22}\boldsymbol{E} = \left(b_{22} - \frac{b_{12}^2}{b_{11}}\right)\boldsymbol{E} \tag{9-36}$$

从静电学知道

$$\boldsymbol{D} = \varepsilon_0\boldsymbol{E} + \boldsymbol{P} = \varepsilon(0)\varepsilon_0\boldsymbol{E}$$

进一步有

$$\boldsymbol{P} = [\varepsilon(0) - 1]\varepsilon_0\boldsymbol{E} \tag{9-37}$$

其中 ε_0 为真空介电常数，$\varepsilon(0)$为静电相对介电常数。对比式(9-36)、式(9-37)两式可得

$$[\varepsilon(0) - 1]\varepsilon_0 = b_{22} - \frac{b_{12}^2}{b_{11}} \tag{9-38}$$

再考虑高频电场情况下的介电极化。如果电场的频率远高于晶格振动频率，则晶格位移跟不上电场的变化，有 $\boldsymbol{W}=0$，于是由式(9-35)得

$$\boldsymbol{P} = b_{22}\boldsymbol{E}$$

此时式(9-37)应该变成 $\boldsymbol{P}=[\varepsilon(\infty)-1]\varepsilon_0\boldsymbol{E}$，于是得到

$$[\varepsilon(\infty)-1]\varepsilon_0 = b_{22} \tag{9-39}$$

其中 $\varepsilon(\infty)$为高频介电常数。将式(9-39)代入式(9-38)得

$$[\varepsilon(0)-\varepsilon(\infty)]\varepsilon_0 = -\frac{b_{12}^2}{b_{11}} \tag{9-40}$$

进一步讨论长光学振动将有

$$-b_{11} = \omega_0^2$$

其中，ω_0 为横长光学波的频率，可以从晶格的红外吸收谱中测量得到，由此，我们可以得到黄昆方程中有关系数的表达

$$\begin{cases} b_{11} = -\omega_0^2 \\ b_{12} = b_{21} = \sqrt{\varepsilon_0[\varepsilon(0)-\varepsilon(\infty)]}\omega_0 \\ b_{22} = [\varepsilon((\infty)-1)]\varepsilon_0 \end{cases} \tag{9-41}$$

9.5 确定晶格振动谱的实验方法

$\omega_i(\boldsymbol{q})$作为 $\boldsymbol{q}$ 的函数称为晶格振动谱，或称格波的色散关系。它可以通过实验的办法测量得到，也可以根据原子间相互作用力的模型从理论上进行计算。由理论与实验的比较中获得对相互作用力的认识。共价晶体、离子晶体、分子晶体等由于它们的原子间相互作用力有着不同的特点，因而在格波的谱上也有相应的特征。

晶体的许多性质和 $\omega_i(\boldsymbol{q})$函数有关，因此确定晶格振动谱是很重要的。可以利用其他的波与格波的相互作用，以实验的方法直接测定 $\omega_i(\boldsymbol{q})$。最重要的实验方法是中子的非弹性散射，即利用中子的德布罗意波与格波的相互作用。另外还有 X 射线散射、光的散射等。

下面主要介绍中子的非弹性散射。

设想有一束动量为 $\boldsymbol{p}$、能量为 $E=\frac{\boldsymbol{p}^2}{2M_n}$的中子流射到样品上，由于中子仅仅和原子核之间有强的相互作用，因此它可以毫无困难地穿过晶体，而以动量 $\boldsymbol{p}'$、能量 $E'=\frac{\boldsymbol{p}'^2}{2M_n}$射出。在中子流穿过晶体时，格波可以引起中子的非弹性散射，这种非弹性散射也可以看成是吸收或发射声子的过程。散射过程首先要满足能量守恒关系，即

$$\frac{\boldsymbol{p}'^2}{2M_n} - \frac{\boldsymbol{p}^2}{2M_n} = \pm\hbar\omega(\boldsymbol{q}) \tag{9-42}$$

其中，$\hbar\omega(\boldsymbol{q})$表示声子能量，正负号分别表示吸收和发射声子的过程。散射过程同时要满足准动量守恒关系

$$\boldsymbol{p}' - \boldsymbol{p} = \pm\hbar\boldsymbol{q} + \hbar\boldsymbol{G}_n \tag{9-43}$$

其中 $\boldsymbol{G}_n = n_1\boldsymbol{b}_1 + n_2\boldsymbol{b}_2 + n_3\boldsymbol{b}_3$ 为倒格子矢量，$\hbar\boldsymbol{q}$ 称为声子的准动量。

特别要指出：声子的准动量并不代表真实的动量，只是它的作用类似于动量。如式(9-43)所表示的那样，中子吸收和发射光子的过程中，存在类似动量守恒的变换规律，但是多出 $\hbar\boldsymbol{G}_n$ 项。**动量守恒是空间均匀性(或者称为完全的平移不变性)的结果**，而上述准动量守恒关系实际上是晶格周期性(或者称为晶格的平移不变性)的反映。一方面，由于晶格也具有一定的平移对称性(以布拉菲格子标志)，因而存在与动量守恒类似的变换规律；另一方面，

由于晶格平移对称性与完全的平移对称性相比，对称性降低了，因而变换规则与动量守恒相比，条件变弱了，可以相差$\hbar \boldsymbol{G}_n$。

如果我们固定入射中子流的动量 $\boldsymbol{p}$（和能量 E），测出不同散射方向上散射中子流的动量 $\boldsymbol{p}'$（即能量 E'），就可以根据能量守恒和准动量守恒的关系确定出格波的波矢量 $\boldsymbol{q}$ 以及能量$\hbar\omega(\boldsymbol{q})$。

图 9-13 中示意地画出了一个典型的中子散射仪的结构，叫做三轴中子谱仪。

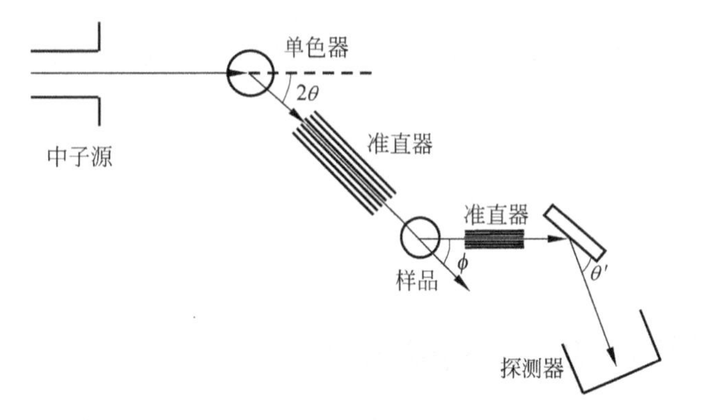

图 9-13 中子谱仪结构示意图

中子源是反应堆中产生出来的慢中子流，单色器是一块单晶，利用它的布拉格反射产生的动量为 $\boldsymbol{p}$ 的中子流，经过准直器入射到样品上。随后再经过的准直器是用来选择散射中子流的方向的，分析器也是一块单晶，利用它的布拉格反射来决定散射中子流的动量值（即能量）。利用中子散射谱仪测定晶格振动谱的工作开始于 20 世纪 50 年代初，但开始时一般的反应堆中子流密度太小，20 世纪 70 年代后高通量的中子反应堆（流量大于 $10^{14}\,cm^{-1}\cdot s^{-1}$）比较普遍后，这种方法才取得了许多有意义的结果。由于中子的能量一般为 0.02～0.04eV，与声子的能量是同数量级；中子的德布罗意波长为 $2\times10^{-8}\sim3\times10^{-8}$ cm，正好是晶格常数的数量级，因此提供了确定格波 $\boldsymbol{q}$，ω 的最有利条件。已经对相当多的晶体进行了中子非弹性散射的研究。但应该注意，对于对中子俘获截面较大的原子核，因为无法获得有关的中子的散射谱，因此此方法也有一定的局限性。

当光通过固体时，也会与格波相互作用，而发生散射。介质折射率的变化（或者说介质极化率的变化）是引起光散射的原因。晶格振动的声学波或光学波都会引起折射率的变化。散射过程中也要满足能量守恒和准动量守恒关系，对于一级谱（单声子过程）有

$$\begin{cases}\hbar\omega' - \hbar\omega_i = \pm\,\hbar\omega(\boldsymbol{q}) \\ \hbar\boldsymbol{k}' - \hbar\boldsymbol{k}_i = \pm\,\hbar\boldsymbol{q} + \hbar\boldsymbol{G}_n\end{cases} \tag{9-44}$$

其中 $\boldsymbol{k}_i$，$\hbar\omega_i$ 代表入射光的波矢量和能量，$\boldsymbol{k}'$，$\hbar\omega'$代表散射光的波矢量和能量。同样固定入射光，而测量不同方向散射光的频率，就可以得到声子的频率和波矢量。但由于一般可见光的波矢量（$10^5\,cm^{-1}$数量级）与晶体的布里渊区尺度（$10^8\,cm^{-1}$数量级）相差很多，因此光散射法只能测量布里渊区中心很小区域内的声子，即长波声子。与中子非弹性散射相比这是一个根本的缺点。当光与声学波相互作用，散射光的频率移动$|\omega'-\omega_i|$很小，大约在 $1\times10^7\sim3\times10^{13}$ Hz，称为**喇曼散射**。通常又把散射频率低于入射频率的情况叫做**斯托克斯散射**；把散射频率高于入射频率的情况叫做**反斯托克斯散射**。前者对应发生声子的过程，后者对应

吸收声子的过程。

也可以利用 X 射线的散射来测定晶格振动谱，其原理是相同的。X 射线的波矢量与晶格倒格子矢量同数量级，因此测量的范围可遍及整个布里渊区，而不是仅在布里渊区中心附近。但 X 射线能量（$\sim10^4$ eV）远大于声子的能量（$\sim10^{-2}$ eV）；因此实际上利用能量守恒关系确定声子的能量是很困难的。

9.6　晶格热容的量子理论

固体中讨论的热容一般指定容热容 C_V，在热力学中

$$C_V = \left(\frac{\partial \bar{E}}{\partial T}\right)_V \tag{9-45}$$

其中 $\bar{E}$ 是固体的平均内能。如本章引言所述，对固体材料热学性质有贡献的微观粒子可分为两类：晶格与共有化电子。因此固体热容来源于这两类微观粒子热运动的贡献，其中晶格热振动对热容的贡献称为晶格热容，电子热运动对热容的贡献称为电子热容。与晶格热容相比，只有在很低的温度下，电子热运动的贡献才会显现出来。有关电子热容部分内容将在第 11 章中讨论。

根据经典统计理论的能量均分定理，每个简谐振动的平均能量是 k_BT。若固体中有 N 个原子，则有 $3N$ 个简谐振动模，则总的平均能量 $\bar{E}=3Nk_BT$，热容 $C_V=3Nk_B$。可见热容是一个与温度和材料性质无关的常数，这就是杜隆-柏替定律。

在高温时，该定律与实验符合得很好，但在低温时，热容量不再保持为常数，而是随着温度下降而很快趋于零。如图 9-14 所示。为解决这一矛盾，爱因斯坦发展了普朗克的量子假说，第一次提出了量子的热容量理论。这项成就在量子论的发展中占有重要地位。

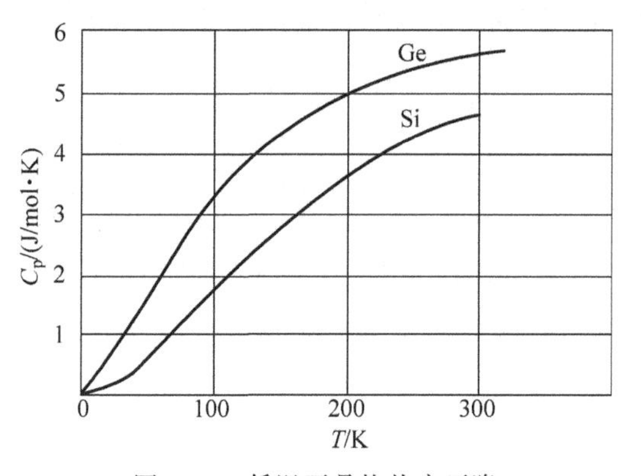

图 9-14　低温下晶格热容下降

如前述内容，晶格振动可以看做是 $3N$ 种格波的叠加。格波的能量是量子化的，每种格波对应着一种声子，声子的能量就是格波的能量子。

某一种声子的能量本征值为

$$\left(n_i + \frac{1}{2}\right)\hbar\omega_i,\quad n_i \text{ 为整数} \tag{9-46}$$

根据经典统计物理，在这种声子中，具有 n_i 个声子的概率是

$$\exp\left[-\left(n_i + \frac{1}{2}\right)\hbar\omega_i / k_BT\right] \tag{9-47}$$

该种声子能量的统计平均是

$$\bar{E}_i(T)=\frac{\sum\limits_{n_i}\left\{\left(n_i+\frac{1}{2}\right)\hbar\omega_i\exp\left[-\left(n_i+\frac{1}{2}\right)\hbar\omega_i/k_BT\right]\right\}}{\sum\limits_{n_i}\exp\left[-\left(n_i+\frac{1}{2}\right)\hbar\omega_i/k_BT\right]}$$

$$=\frac{1}{2}\hbar\omega_i+\frac{\sum\limits_{n_i}n_i\hbar\omega_i\exp(-n_i\hbar\omega_i/k_BT)}{\sum\limits_{n_i}\exp(-n_i\hbar\omega_i/k_BT)}\tag{9-48}$$

令 $\beta=\frac{1}{k_BT}$，上式可写成

$$\bar{E}_i(T)=\frac{1}{2}\hbar\omega_i+\frac{\sum\limits_{n_i}n_i\hbar\omega_i\exp(-n_i\hbar\omega_i\beta)}{\sum\limits_{n_i}\exp(-n_i\hbar\omega_i\beta)}=\frac{1}{2}\hbar\omega_i-\frac{\partial}{\partial\beta}\ln\sum_{n_i}\exp(-n_i\beta\hbar\omega_i)$$

对数中的连加式是一个几何级数，简单求和

$$\sum_n\exp(-n\beta\hbar\omega_i)=\frac{1}{1-\exp(-\beta\hbar\omega_i)}\tag{9-49}$$

于是可得

$$\bar{E}_i(T)=\frac{1}{2}\hbar\omega_i-\frac{\partial}{\partial\beta}\ln\sum_{n_i}\exp(-n_i\beta\hbar\omega_i)=\frac{1}{2}\hbar\omega_i-\frac{\partial}{\partial\beta}\ln\left(\frac{1}{1-\exp(-\beta\hbar\omega_i)}\right)$$

$$=\frac{1}{2}\hbar\omega_i+\frac{\hbar\omega_i e^{-\beta\hbar\omega_i}}{1-e^{-\beta\hbar\omega_i}}=\frac{1}{2}\hbar\omega_i+\frac{\hbar\omega_i}{e^{\beta\hbar\omega_i}-1}\tag{9-50}$$

式中第一项为零点能，后一项代表平均热能。

上式对 T 求微商就得到该种声子(晶格振动)对热容的贡献。

$$\frac{d\bar{E}_i(T)}{dT}=\frac{d\bar{E}_i(T)}{d\beta}\frac{d\beta}{dT}=\left(-\frac{k_B}{(k_BT)^2}\right)\frac{\partial}{\partial\beta}\left(\frac{1}{2}\hbar\omega_i+\frac{\hbar\omega_i}{e^{\beta\hbar\omega_i}-1}\right)$$

$$=\left(-\frac{k_B}{(k_BT)^2}\right)\left(\frac{-\hbar\omega_i\hbar\omega_i e^{\beta\hbar\omega_i}}{(e^{\beta\hbar\omega_i}-1)^2}\right)=k_B\frac{\left(\frac{\hbar\omega_i}{k_BT}\right)^2 e^{\hbar\omega_i/k_BT}}{(e^{\hbar\omega_i/k_BT}-1)^2}\tag{9-51}$$

把它和经典理论值 k_B 比较，首先的区别在于量子理论值与振动频率有关。

对于高温情况 $k_BT\gg\hbar\omega_i$，有

$$\frac{d\bar{E}_i(T)}{dT}=k_B\frac{\left(\frac{\hbar\omega_i}{k_BT}\right)^2 e^{\hbar\omega_i/k_BT}}{(e^{\hbar\omega_i/k_BT}-1)^2}\approx k_B\tag{9-52}$$

和经典值一致。这个结果在量子理论基础上说明了在较高温度时杜隆-珀替定律成立的原因。这一结论是容易想到的，因为当振子的能量远远大于能量的量子时，量子化的效应就可以忽略。

对于 $k_BT\ll\hbar\omega_i$ 的低温极限情况，有

$$\frac{d\bar{E}_i(T)}{dT}\approx k_B\left(\frac{\hbar\omega_i}{k_BT}\right)^2 e^{-\frac{\hbar\omega_i}{k_BT}}\tag{9-53}$$

三维晶体中含有 $3N$ 种声子，总能量

$$\bar{E}(T)=\sum_{i=1}^{3N}\bar{E}_i(T)$$

总热容

$$C_V = \sum_{i=1}^{3N} C_V^i = \sum_{i=1}^{3N} \frac{\mathrm{d}\bar{E}_i(T)}{\mathrm{d}T} = k_B \sum_{i=1}^{3N} \frac{\left(\dfrac{\hbar\omega_i}{k_B T}\right)^2 \mathrm{e}^{\hbar\omega_i/k_B T}}{(\mathrm{e}^{\hbar\omega_i/k_B T} - 1)^2} \tag{9-54}$$

上述结果表明只要知道所有声子的频率,就可以直接写出晶格热容。对于具体晶体,计算出 $3N$ 个声子频率往往十分复杂。

爱因斯坦模型假定晶格中各原子的振动可以看作是相互独立的,所有原子都具有同一个频率 ω_0。用声子语言来讲就是所有声子的频率都相同,三维晶体共有 $3N$ 种声子

$$C_V = 3Nk_B \frac{(\hbar\omega_0/k_B T)^2 \mathrm{e}^{\hbar\omega_0/k_B T}}{(\mathrm{e}^{\hbar\omega_0/k_B T} - 1)^2} \tag{9-55}$$

用式(9-55)和一个晶体的热容实验比较时,可以适当选取 ω_0 使理论值与实验值尽可能符合。

和经典理论相比较,爱因斯坦理论能够反映出晶格热容在低温时下降的基本趋势。但在低温范围,爱因斯坦理论值下降太快,与实验不符。

事实上各原子不可能孤立地振动,晶格振动是采取格波的形式,格波的频率值有一个分布。

德拜考虑了格波频率的分布重新计算固体的热容。

在晶格热容理论的进一步发展中,德拜提出的理论获得了很大的成功。爱因斯坦把固体中各原子的振动看作是相互独立的,因而 $3N$ 个振动频率是相同的,这显然是一个过于简单的假设。固体中原子之间存在着很强的相互作用,一个原子不可能孤立地振动不带动邻近原子。如前所述,晶格振动采取格波的形式,它们的频率是不完全相同的,而频率有一个分布。德拜模型与爱因斯坦模型的主要区别就在于德拜模型考虑到了频率分布。德拜对晶格采取了一个很简单的近似模型,得到了近似的频率分布。

如果不从原子理论而是从宏观力学的角度来看,晶体就是弹性介质,德拜也就是把晶格当做弹性介质波来处理。下面我们将看到,德拜的模型既有它合理的部分也有它的局限性。

弹性介质的振动模就是弹性力学中熟知的弹性波。德拜具体分析的是各向同性的弹性介质。在这种情况下,对应一定的波矢量 $\boldsymbol{q}$,有一个纵波和两个独立的横波,分别为

$$\omega = C_l \mid \boldsymbol{q} \mid \tag{9-56}$$

$$\omega = C_t \mid \boldsymbol{q} \mid \tag{9-57}$$

式(9-56)和式(9-57)表明,纵波和横波具有不同的波速 C_l 和 C_t。在德拜模型中各种不同波矢 $\boldsymbol{q}$ 的纵波和横波,构成了晶格的全部振动模。

由于周期性边界条件,格波矢量 q 并不是任意的,允许的 q 值在 q 空间形成均匀分布的点子。

在 q 空间,这些“点”的密度是 $V/(2\pi)^3$。

在 q 空间的某一区域(如布里渊区),这些“点”总数就是这一区域的体积乘以 $V/(2\pi)^3$。

根据色散关系,一个 q 值可以确定 $3n$ 个 ω,可以说一个被允许的 q 值,代表 $3n$ 个振动状态。在第一布里渊区,q 的取值总数是 N(晶体原胞总数)。

q 的允许值在 q 空间是十分密集的,可以看作是准连续的。根据色散关系,振动的频率的取值也应该是准连续的。对于这样准连续分布的振动,可以一般地把包含 ω 到 $\omega+\mathrm{d}\omega$ 内的振动模(ω,q)的数目写成

$$\Delta n = g(\omega)\mathrm{d}\omega \tag{9-58}$$

$g(\omega)$往往称为振动的频率分布函数或称为振动模的态密度函数，它具体地概括了一个晶体中振动模频率的分布状况，如果用声子的语言来描述，是声子种类对频率的分布函数。

由于一个振动模(一种声子)的热容只取决于它的频率

$$\frac{\mathrm{d}\bar{E}_i(T)}{\mathrm{d}T} = k_B \frac{\left(\frac{\hbar\omega_i}{k_B T}\right)^2 \exp(\hbar\omega_i/k_B T)}{\left(\exp\left(\frac{\hbar\omega_i}{k_B T}\right) - 1\right)^2}$$

在 ω 到 $\omega+\mathrm{d}\omega$ 内的振动模式(ω,q)对热容的贡献就可以写成

$$k_B \frac{\left(\frac{\hbar\omega_i}{k_B T}\right)^2 \exp(\hbar\omega_i/k_B T)}{\left(\exp\left(\frac{\hbar\omega_i}{k_B T}\right) - 1\right)^2} g(\omega)\mathrm{d}\omega$$

根据频率分布函数可以写出晶体的热容

$$C_V = k_B \int \frac{\left(\frac{\hbar\omega}{k_B T}\right)^2 \mathrm{e}^{\left(\frac{\hbar\omega}{k_B T}\right)}}{(\mathrm{e}^{(\hbar\omega/k_B T)} - 1)^2} g(\omega)\mathrm{d}\omega \tag{9-59}$$

由德拜模型中的式(9-58)和式(9-57)可以求出频率分布函数。先考虑纵波，在 ω 到 $\omega+\mathrm{d}\omega$ 内的纵波，波矢为

$$q = \frac{\omega}{C_l} \quad \rightarrow \quad q + \mathrm{d}q = \frac{\omega + \mathrm{d}\omega}{C_l}$$

在 q 空间中占据着半径为 q，厚度为 $\mathrm{d}q$ 的球壳，如图 9-15 所示。从球壳的体积 $4\pi q^2\mathrm{d}q$，和 $\boldsymbol{q}$ 的分布密度 $\frac{V}{(2\pi)^3}$，得到纵波的数目为

$$\frac{V}{(2\pi)^3}4\pi q^2\mathrm{d}q = \frac{V}{2\pi^2 C_l^3}\omega^2\mathrm{d}\omega$$

类似地，可以写出横波的数目为

$$2 \times \left(\frac{V}{2\pi^2 C_t^3}\omega^2\mathrm{d}\omega\right)$$

其中考虑了同一个 $\boldsymbol{q}$ 有两个独立的横波。加起来就得到总的频率分布

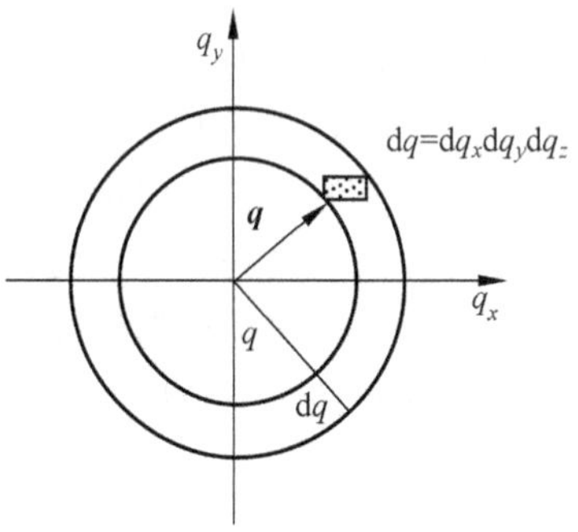

图 9-15 振动模在 q 空间的分布

$$g(\omega) = \frac{3V}{2\pi^2\bar{C}^3}\omega^2 \tag{9-60}$$

其中

$$\frac{1}{\bar{C}^3} = \frac{1}{3}\left(\frac{1}{C_l^3} + \frac{2}{C_t^3}\right) \tag{9-61}$$

根据以上的频率分布函数计算热容，还有一个重要问题必须解决。根据弹性理论，ω 可以取从 0 到∞的任意值，它们对应于从无限长的波到任意短的波，对式(9-60)积分，$\int_0^\infty g(\omega)\mathrm{d}\omega$ 显然将发散，换句话说，振动模的数目是无限的。从抽象的连续介质模型看，得到这样的结果是理所当然的，因为理想的连续介质包含无限的自由度。然而，实际晶体是由

原子组成的，如果晶体包含 N 个原子，自由度只有 $3N$ 个。**这个矛盾集中地表现出德拜模型的局限性**。容易想到，对于波长远远大于微观尺度（如原子间距，原子相互作用的力程）时，德拜的宏观处理方法应当是适用的，然而，当波长已短到和微观尺度可比，以致更短时，宏观模型必然会导致很大的偏差以致完全错误。德拜采用一个很简单的办法来解决以上矛盾：他假设频率大于某一 ω_m 的短波实际上是不存在的，而对于 ω_m 以下的振动都可以应用弹性波的近似，ω_m 则可以根据自由度确定如下：

$$\int_0^{\omega_m} g(\omega)\mathrm{d}\omega = \frac{3V}{2\pi^2\bar{C}^3}\int_0^{\omega_m}\omega^2\mathrm{d}\omega = 3N \tag{9-62}$$

或

$$\omega_m = \bar{C}\left[6\pi^2\left(\frac{N}{V}\right)\right]^{1/3} \tag{9-63}$$

这样把德拜分布函数(9-60)代入热容公式(9-59)得到

$$C_V(T) = \frac{3k_BV}{2\pi^2\bar{C}^3}\int_0^{\omega_m}\frac{\left(\frac{\hbar\omega}{k_BT}\right)^2\exp\left(\frac{\hbar\omega}{k_BT}\right)}{\left(\exp\left(\frac{\hbar\omega}{k_BT}\right)-1\right)^2}\omega^2\mathrm{d}\omega \tag{9-64}$$

令 $\xi=\frac{\hbar\omega}{k_BT}$，则

$$C_V(T) = \frac{3k_BV}{2\pi^2\bar{C}^3}\left(\frac{k_BT}{\hbar}\right)^3\int_0^{\hbar\omega_m/k_BT}\frac{\xi^4\mathrm{e}^\xi}{(\mathrm{e}^\xi-1)^2}\mathrm{d}\xi$$

利用式(9-63)还可以把系数用 ω_m 表示，则有

$$C_V(T) = 9R\left(\frac{k_BT}{\hbar\omega_m}\right)^3\int_0^{\hbar\omega_m/k_BT}\frac{\xi^4\mathrm{e}^\xi}{(\mathrm{e}^\xi-1)^2}\mathrm{d}\xi \tag{9-65}$$

其中 $R=N_0k_B$ 是气体普适常数。

德拜热容函数中只包含一个参数 ω_m，而且，如果以

$$\Theta_D = \frac{\hbar\omega_m}{k_B} \tag{9-66}$$

作为单位来计量温度，德拜热容就为一个普适的函数

$$C_V(T,\Theta_D) = 9R\left(\frac{T}{\Theta_D}\right)^3\int_0^{\Theta_D/T}\frac{\xi^4\mathrm{e}^\xi}{(\mathrm{e}^\xi-1)^2}\mathrm{d}\xi \tag{9-67}$$

式中，Θ_D 称为德拜温度。按照德拜理论，一种晶体，它的热容量特征完全由它的德拜温度确定。Θ_D 可以根据实验的热容量值来确定，使理论的 C_V 和实验值尽可能符合得好。图 9-16 表示出 $C_V(T/\Theta)$的图线形状与金属镱实验热容量值的比较。

德拜理论提出后相当长一个时期中曾被认为与实验相当精确地符合，但是随着低温测量技术的发展，越来越暴露出德拜理论与实际间仍存在显著的偏离。一个常用的比较理论与实验的办法是在各不同温度令理论函数 $C_V(T/\Theta)$与实验值相等而定出 Θ。假若德拜理论精确成立，各温度下定出的 Θ 都应该相同，但实际证明不同温度下得到的 Θ 值是不同的，这种情况可以表示为一个 $\Theta(T)$ 函数，它偏离恒定值的情况具体表现出德拜理论的局限性。

虽然德拜理论有局限性，但其低温极限具有特别意义。如前所述，在一定的温度 T，$\hbar\omega_i \gg k_BT$ 的振动模对热容几乎没有贡献，热容主要来自于 k_BT 大小相似甚至更小的振动

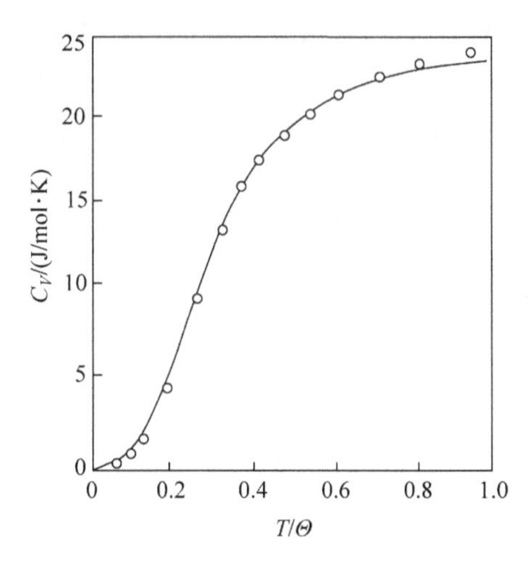

图 9-16 德拜理论与实验比较(实验点是镱的测量值)

资料来源:L. D. Jennings, R. E. Miller and F. H. Spedding. J. Chem. Phys., 1960,33, 1849.

模(声子)。所以在低温极限,热容决定于最低频率的振动,而这正是波长最长的弹性波。

前面已经说过,当波长远大于微观尺度时,德拜的宏观近似是成立的。因此,德拜理论在低温的极限是严格正确的。在低温极限,德拜热容公式可写成

$$C_V(T,\Theta_D) \to 9R\left(\frac{T}{\Theta_D}\right)^3\int_0^\infty \frac{\xi^4 e^\xi}{(e^\xi-1)^2}d\xi = \frac{12\pi^4}{5}R\left(\frac{T}{\Theta_D}\right)^3 \tag{9-68}$$

式(9-68)常称为德拜 T^3 定律。但实际上 T^3 定律一般只适用于大约 $T<\frac{1}{30}\Theta_D$ 的范围。

德拜温度 Θ 可以粗略地指示出晶格振动频率的数量级,如表 9-1 所示,一般 Θ_D 都是几百度,较多的晶体 Θ_D 在 200~400K,相当于 $\omega_m \approx 10^{13}$ Hz,但是一些弹性模量大、密度低的晶体,如金刚石、Be、B,Θ_D 高达 1000K 以上。这点是容易理解的,因为在这种情况下,弹性波速很大,因此根据式(9-63)将有很高的振动频率 ω_m 和德拜温度 Θ_D,这样的固体在一般温度下,热容值低于经典值。

表 9-1 固体元素的德拜温度 K

元素	Θ_D	元素	Θ_D	元素	Θ_D	元素	Θ_D
Ag	225	Cr	630	Mg	400	Ta	240
Al	428	Cu	343	Mn	410	Th	163
As	282	Fe	470	Mo	450	Ti	420
Au	165	Ga	320	Na	158	Tl	78.5
B	1250	Ge	374	Ni	450	V	380
Be	1440	Gd	200	Pb	105	W	400
Bi	119	Hg	71.9	Pt	240	Zn	327
金刚石	2230	In	108	Sb	211	Zr	291
Ca	230	K	91	Si	645		
Cd	209	Li	344	Sn 灰	260		
Co	445	La	142	Sn 白	200		

9.7 晶格振动模式密度

为了准确地求出晶格热容以及它与温度的变化关系，必须用比较精确的办法计算出晶格振动的模式密度（也称频率分布函数）。原则上讲，只要知道了晶格振动谱 $\omega(\boldsymbol{q})$，就知道了各个振动模的频率，模式密度函数 $g(\omega)$ 也就被确定了，但是，一般来说 ω 与 $\boldsymbol{q}$ 之间的关系是复杂的，除非在一些特殊情况下，得不到 $g(\omega)$ 的解析表达式，因而往往要用数值计算。图 9-17 中给出了一个实际的晶体（铜）的模式密度，同时给出了德拜近似下的模式密度进行比较，可以看出除了在低频极限以外，两个模式密度之间存在一定的差别。这可以说明为什么德拜热容理论只是在极低温度下才是严格正确的。因为在极低温度下，只有那些低频振动模才对热容有贡献。

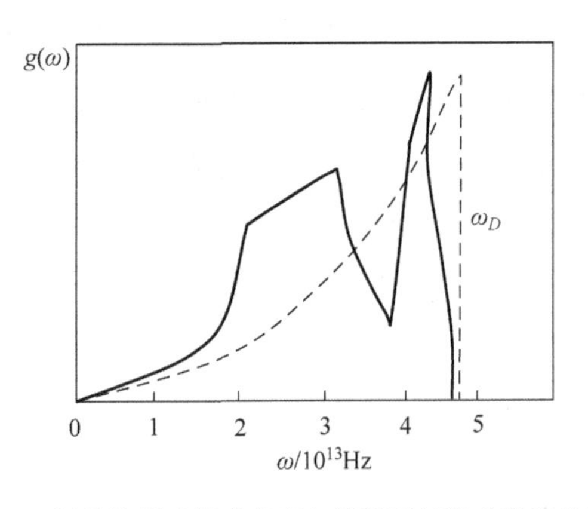

图 9-17　铜晶格振动模式密度与德拜近似模式密度的比较

了解晶格振动模式密度的意义不仅局限于晶格热容的量子理论，实际上，计算所有热力学函数时都有涉及对各个晶格振动模的求和，这就需要知道模式密度。而且晶体超导电性、光学性质等也都要用到晶格振动模式密度。

根据式(9-58)，我们可以定义

$$g(\omega) = \lim_{\Delta\omega \to 0} \frac{\Delta n}{\Delta\omega}$$

Δn 表示频率在 $\omega \to \omega + \Delta\omega$ 间隔内晶格振动模式的数目（声子的种类数目），如果在 q 空间中，根据

$$\omega(q) = 常数$$

作出等频率面，那么在等频率面 ω 和 $\omega + \Delta\omega$ 之间的振动模式的数目就是 Δn。由于晶格振动模（格波）在 q 空间分布是均匀的，因此

$$\Delta n = \frac{V}{(2\pi)^3}(\text{频率为 } \omega \text{ 和 } \omega + \Delta\omega \text{ 的等频率面间的体积}) \tag{9-69}$$

如图 9-18 所示，等频率面间的体积可表示成对体积元 $\mathrm{d}S\mathrm{d}q$ 在等频率面上积分

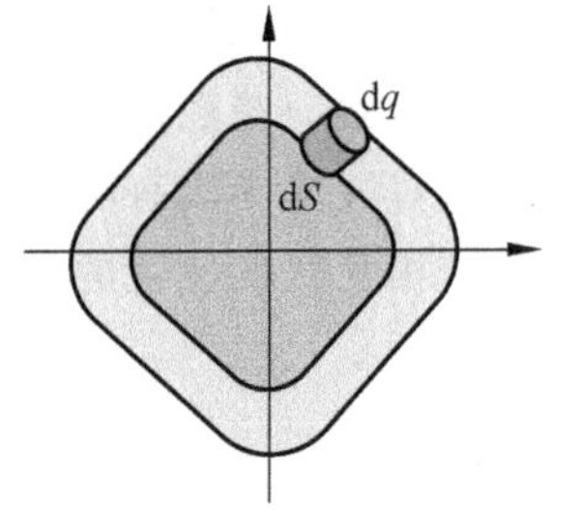

图 9-18　等频率面示意图

$$\Delta n = \frac{V}{(2\pi)^3}\int \mathrm{d}S\mathrm{d}q$$

其中，$\mathrm{d}q$ 表示两等频率面间的垂直距离；$\mathrm{d}S$ 为面积元。

显然

$$\mathrm{d}q \mid \nabla_q \omega(q) \mid = \Delta\omega$$

因为$|\nabla_q \omega(q)|$表示沿法线方向频率的改变率，因此

$$\Delta n = \left[\frac{V}{(2\pi)^3}\int \frac{\mathrm{d}S}{\mid \nabla_q \omega \mid}\right]\Delta\omega \tag{9-70}$$

从而得到振动模式密度的一般表达式

$$g(\omega) = \frac{V}{(2\pi)^3}\int \frac{\mathrm{d}S}{\mid \nabla_q \omega(q) \mid} \tag{9-71}$$

由上式可以看出，在 $\omega(\boldsymbol{q})$的梯度为零的地方，$g(\omega)$应显示出某种奇异性。称$\nabla_q \omega(q)=0$ 的点为范霍夫奇点，也叫临界点。前面讲的一维单原子链，$\omega=\omega_m$ $\left(\text{或 } q=\pm\frac{\pi}{a}\right)$就是一个临界点，在这一点 $g(\omega)$趋向无穷。对于实际的三维晶体，模式密度函数曲线中显现出一些尖锐的峰和斜率的突变，如图 9-17 所示。这些斜率的突然变化(一阶微商不连续)与临界点(范霍夫奇点)相对应。临界点是和晶体对称性相联系着的，它常常出现在布里渊区的某些高对称点上。晶体的振动模式密度函数中显现的临界点的数目，是由晶体的拓扑性质所决定的。

9.8 晶格的热传导

当固体中温度分布不均匀时，将会有热能从高温处流向低温处，这种现象称为热传导。如果定义热流密度 $\boldsymbol{j}_\theta$，表示单位时间内通过单位截面而传输的热能，实验证明热流密度与温度梯度成正比，比例系数 κ 称为热传导系数或热导率。

$$\boldsymbol{j}_\theta = -\kappa \nabla T \tag{9-72}$$

负号表明热能传输总是从高温流向低温。

固体中可以通过电子运动导热，也可以通过格波的传播导热，前者称为电子热导，后者称为晶格热导。绝缘体和一般半导体中的热传导主要是靠晶格热导。

晶格热导并不简单是格波的“自由”传播。实际上，晶格热传导和气体的热传导很相似。气体热传导的微观解释是：当气体分子从高温区运动到低温区时，它将通过碰撞把它所带的较高的平均能量传给其他分子；反过来，当气体分子从低温区运动到高温区时，它将通过碰撞而获得一些能量，这种能量传递过程在宏观上就表现为热传导过程。可以看出分子间的碰撞对气体导热有决定作用。粗略地讲，气体的导热可以看作是在一个自由程 λ 之内，冷热分子相互交换位置的结果。根据这样的理论可以得到气体传热其热导率的表达式

$$k = \frac{1}{3}c_V\lambda\,\bar{v} \tag{9-73}$$

其中，c_V 定容热容；λ 为自由程；$\bar{v}$为热运动的平均速度。

如果把晶格热运动看成是“声子”气体，平均声子数$\bar{n}$由温度决定

$$\bar{n} = \frac{1}{\exp\left(\frac{\hbar\omega_q}{k_B T}\right) \quad 1} \tag{9-74}$$

当样品内存在温度梯度时,“声子气体”的密度分布是不均匀的,高温处“声子”密度高,低温处声子密度低,因而“声子”气体在无规则运动的基础上产生平均的定向运动,即声子的扩散运动。声子是晶格振动的能量量子,声子的定向运动就意味着有一股热流,热流的方向就是声子平均定向运动的方向。因此晶格热传导可以看成是声子扩散运动的结果。同样可以得到式(9-73)的热导率近似公式。只是$\bar{v}$改为声子的速度 v_0(为了简化通常取为固体中的声速),λ 改成声子的平均自由程 $\lambda(\omega)$。

$$k_\omega = \frac{1}{3}C(\omega)\,\bar{v}(\omega)\lambda(\omega) \tag{9-75}$$

声子平均自由程的大小由两种过程控制：一是声子之间的相互“碰撞”；另一是固体中缺陷对声子的散射。

如果按照简谐近似,不同的格波间是相互独立的,则不存在声子之间的相互碰撞。但事实上,原子间的作用能不仅有简谐项,也存在更高次的非谐项,非谐作用使不同格波之间存在一定的耦合。也即声子间存在一定的相互作用——碰撞。

更进一步的理论显示,非谐作用中的势能三次方项对应三声子过程：二声子碰撞产生另一个声子或一个声子劈裂成二声子。非谐作用中的势能四次方项则对应四声子相互作用的过程。在热传导问题中,声子的碰撞起着限制声子平均自由程的作用。

由声子间碰撞决定的声子平均自由程,密切依赖于温度。

高温情况,温度远大于德拜温度,对于所有晶格振动模,平均声子数正比于温度 T。即

$$n(q) = \frac{1}{\exp\left(\frac{\hbar\omega_q}{k_B T}\right)-1} \approx \frac{k_B T}{\hbar\omega_q} \tag{9-76}$$

温度升高平均声子数增大,相互“碰撞”概率增大,自由程减小。这时平均自由程与温度成反比。由式(9-75)及晶格热容在高温下是常数,可知热导率也与温度成反比。

低温情况,温度远小于德拜温度,平均声子数指数减小

$$n(q) = \frac{1}{\exp\left(\frac{\hbar\omega_q}{k_B T}\right)-1} \approx \exp\left(-\frac{\hbar\omega_q}{k_B T}\right) \tag{9-77}$$

声子数减小,相互碰撞概率减小,声子的平均自由程增加,

$$\lambda \propto \exp(\Theta_d/aT)$$

当温度下降时,自由程将很快迅速地增加。当声子自由程增加到一定程度时将接近晶体的尺寸,这时控制自由程的将主要是晶体的表面界面,因此尺寸小的样品自由程短,热导更低。

当声子自由程接近晶体尺寸时,将不再随温度变化,在这种情况下,热导率随温度的变化主要决定于晶格热容,根据德拜 T^3 定律,热导率在低温下随温度下降趋近 T^3 关系。

习题

1. 讨论 N 个原胞的一维双原子链(相邻原子间距为 a),其 $2N$ 个格波解,当 $M=m$ 时与一维单原子链的结果一一对应。

2. 考虑一双原子链的晶格振动，链上最近邻原子间的力常数交错地等于 c 和 $10c$。令两种原子的质量相等，并且最近近邻的间距是 $a/2$，试求在 $k=0$ 和 $k=\pi/a$ 处的 $\omega(k)$。并示意地画出色散关系。本题模拟双原子分子晶体。

3. 求出一维单原子链的频率分布函数 $\rho(\omega)$。

4. 一维复式晶格 $m=5\times1.67\times10^{-24}$ g，$\dfrac{M}{m}=4$，$\beta=15$ N/m，求：

(1) 光学波 $\omega_{\max}^{0}$，$\omega_{\min}^{0}$，声学波 $\omega_{\max}^{A}$；

(2) 相应声子能量(单位：eV)；

(3) 300K 时的平均声子数；

(4) 与 $\omega_{\max}^{0}$ 相对应的电磁波波段。

5. 有 N 个相同原子组成面积为 S 的二维晶格，在德拜近似下计算比热，并论述在低温极限比热正比于 T^2。

固体的结合

原子是依靠怎样的相互作用结合成固体的？

一般固体的结合可以概括为离子性结合、共价结合、金属性结合和范德瓦尔斯结合四种基本形式。

实际固体的结合是以这四种基本形式为基础，可以具有很复杂的性质。不仅一个固体可以兼有几种结合形式，而且，由于不同结合形式之间存在一定的联系，实际固体的结合还可以具有两种结合之间的过渡性质。

固体结合的基本形式与固体材料的结构、物理和化学性质有密切联系，因此固体的结合是研究固体材料性质的重要基础。

10.1 离子性结合

元素周期表中第Ⅰ族碱金属元素（Li、Na、K、Rb、Cs）与第Ⅶ族的卤素元素（F、Cl、Br、I）化合物所组成的晶体是典型的离子晶体，半导体材料如 CdS、ZnS 等亦可以看成是离子晶体。

1. 离子晶体结合的特点

以 CsCl 为例，在凝聚成固体时，Cs 原子失去价电子，Cl 原子获得了电子，形成正负离子。

以离子为结合单元，**正负离子的电子分布高度局域在离子实的附近**，形成稳定的球对称性的电子壳层结构；

离子晶体的模型：可以把正、负离子作为一个刚球来处理；

离子晶体的结合力：正、负离子之间靠库仑吸引力作用而相互靠近，当靠近到一定程度时，由于泡利不相容原理，两个离子的闭合壳层的电子云的交叠会产生强大的排斥力。当排斥力和吸引力相互平衡时，形成稳定的离子晶体；

一种离子的最近邻离子为异性离子；

离子晶体的配位数最多只能是 8（例如 CsCl 晶体）；

由于离子晶体结合的稳定性导致了它的导电性能差、熔点高、硬度高和膨胀系数小；

大多数离子晶体对可见光是透明的，在远红外区有一特征吸收峰。

2. 离子晶体结合的性质

1）系统内能的计算

晶体内能为所有离子之间的相互吸引库仑能和重叠排斥能之和。以 NaCl 晶体为例，r 为相邻正负离子的距离，一个正离子的平均库仑能

$$\frac{1}{2}\sum_{n_1+n_2+n_3}\frac{q^2(-1)^{n_1+n_2+n_3}}{4\pi\varepsilon_0\,(n_1^2r^2+n_2^2r^2+n_3^2r^2)^{1/2}} \tag{10-1}$$

求和遍及所有正负离子，因子 1/2 表示库仑作用为两个离子所共有，一个离子的库仑能为相互作用能的一半。

一个负离子的平均库仑能为

$$\frac{1}{2}\sum_{n_1+n_2+n_3}\frac{(-q)^2(-1)^{n_1+n_2+n_3}}{4\pi\varepsilon_0\,(n_1^2r^2+n_2^2r^2+n_3^2r^2)^{1/2}} \tag{10-2}$$

一个原胞有两个离子，其原胞的能量

$$\begin{aligned}&\sum_{n_1+n_2+n_3}\frac{q^2(-1)^{n_1+n_2+n_3}}{4\pi\varepsilon_0\,(n_1^2r^2+n_2^2r^2+n_3^2r^2)^{1/2}}\\&=\frac{q^2}{4\pi\varepsilon_0 r}\sum_{n_1+n_2+n_3}\frac{(-1)^{n_1+n_2+n_3}}{(n_1^2+n_2^2+n_3^2)^{1/2}}=-\frac{\alpha q^2}{4\pi\varepsilon_0 r}\end{aligned} \tag{10-3}$$

其中的求和式为一个无量纲的纯数值，完全取决于晶体的结构；它是一个负值，因此写成 $-\alpha$，α 称为马德隆常数。如果具体把加式写出来，就会发现，它既有正项，又有负项，如果逐项相加，并不能得到收敛的结果。为此马德隆特别发展了有效的数学方法来计算 α 的值，下面给出几种常见的离子晶体的马德隆常数：

离子晶体	NaCl	CsCl	ZnS
马德隆常数	1.748	1.763	1.638

当邻近离子的电子云有显著重叠时，就出现陡峭上升的排斥作用，称为重叠排斥能，可以唯象地用下列形式的势能函数来概括：

$$b\mathrm{e}^{-r/r_0} \quad 或 \quad \frac{b}{r^n} \tag{10-4}$$

在 NaCl 晶体中只考虑近邻离子的排斥作用。由于每个正负离子情况完全相似，每个离子有 6 个相距为 r 的近邻异种离子，所以每个原胞（即每对离子）的平均排斥能：

$$6\,\frac{b}{r^n} \tag{10-5}$$

假设晶体中有 N 个原胞，综合考虑到库仑吸引能和重叠排斥能，系统的内能可以写成：

$$U=N\left[-\frac{\alpha q^2}{4\pi\varepsilon_0 r}+6\,\frac{b}{r^n}\right]=N\left[-\frac{A}{r}+\frac{B}{r^n}\right] \tag{10-6}$$

其中

$$A=\frac{\alpha q^2}{4\pi\varepsilon_0},\quad B=6b \tag{10-7}$$

2）平衡时晶体的体积和晶格常数

原子能结合成晶体的根本原因，在于形成晶体以后，系统具有更低的能量。

设想把分散的原子（离子或分子）结合成晶体，在这个过程中，将有一定的能量 W 释放

出来，称 W 为结合能。如果以分散的原子作为系统内能计量标准，其内能设为零，则 $-W$ 就是结合成晶体后系统的内能。

显然，内能与晶体的体积有关。

譬如，我们设想把原子按一定的晶格结构排列起来，开始原子相距很远，内能为零；然后逐渐缩短原子间距，也即减小体积，系统内能逐渐下降，到一定程度后，排斥作用变为主要的，这时系统内能将转为上升(见图 10-1 和图 10-2)。

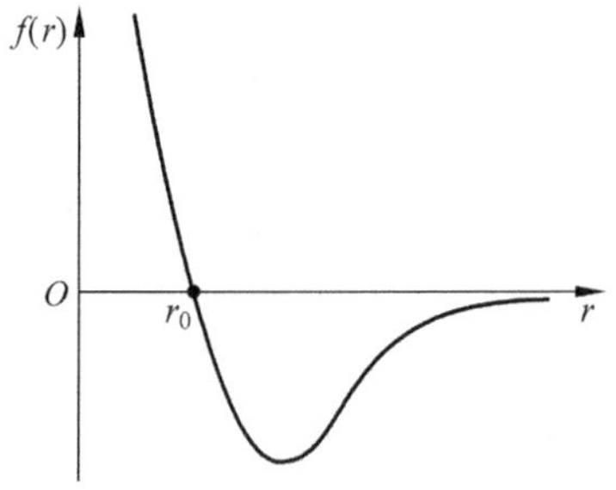

图 10-1　两个原子间作用力随距离的变化

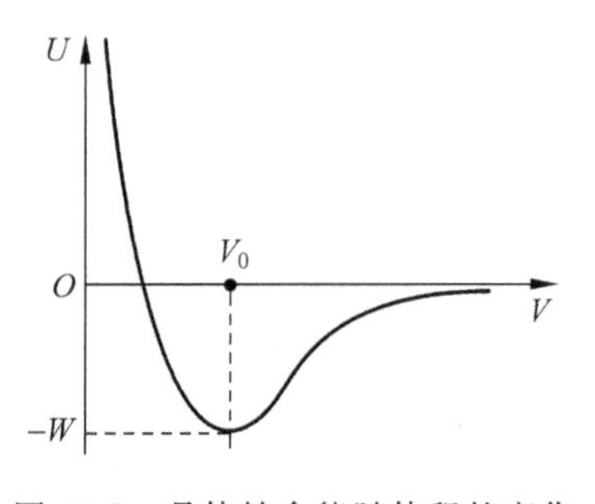

图 10-2　晶体结合能随体积的变化

实际上，实现这种体积变化当然要靠外界施加的压力(或张力) p，根据功能原理，不考虑热效应时，外界做功 $p(-\mathrm{d}V)$ 等于系统内能的增加 $\mathrm{d}U$，则

$$p=-\frac{\mathrm{d}U}{\mathrm{d}V} \tag{10-8}$$

在一般条件下，晶体受到的仅是大气压力，则有

$$-\frac{\mathrm{d}U}{\mathrm{d}V}=p_0\approx 0 \tag{10-9}$$

晶体只受大气压的作用，对晶体体积的影响很小，由此，如果知道内能函数 $U(V)$ 就可以确定晶体**平衡时的体积和晶格常数**。

令 $\left.\frac{\mathrm{d}U}{\mathrm{d}r}\right|_{r=r_0}=0$，由内能表达式(10-6)可得

$$-\frac{A}{r_0^2}+\frac{nB}{r_0^{n+1}}=0$$

进一步得

$$r_0=\left(\frac{nB}{A}\right)^{\frac{1}{n-1}}$$

NaCl 晶体为面心立方晶格，原胞体积为

$$\frac{1}{4}a^3=\frac{1}{4}(2r_0)^3=2r_0^3$$

由图 8-13 可知，对于 NaCl 晶体，相邻正负离子之间的距离 r_0 为相邻正离子之间距离 a 的 1/2。

平衡时 NaCl 晶体体积：

$$V_0=2Nr_0^3$$

3）晶体的体变模量和结合能

弹性模量也完全由内能函数所决定，体变模量一般可写为

$$K = \frac{\mathrm{d}p}{-\frac{\mathrm{d}V}{V}} \tag{10-10}$$

其中，$\mathrm{d}p$ 为应力；$-\frac{\mathrm{d}V}{V}$为相对体积变化。再利用式(10-8)可得

$$K = V\frac{\mathrm{d}U^2}{\mathrm{d}V^2}$$

平衡状态下

$$K = \left(V\frac{\mathrm{d}U^2}{\mathrm{d}V^2}\right)_{V_0}$$

将 $U=N\left[-\frac{A}{r}+\frac{B}{r^n}\right]$和 $V_0=2Nr_0^3$ 代入，得到

$$K = \frac{1}{18r_0^2}\left[-\frac{2A}{r_0^3}+\frac{n(n+1)B}{r_0^{n+2}}\right]=\frac{(n-1)\alpha q^2}{4\pi\varepsilon_0\times 18r_0^4} \tag{10-11}$$

依据实验测得的晶格常数和体变模量，从上式可以确定排斥力中的参数 n。

如前所述，晶体的结合能

$$W = -U(r_0) \tag{10-12}$$

将 $U=-N\left[-\frac{A}{r}+\frac{B}{r^n}\right]$、$-\frac{A}{r_0^2}+\frac{nB}{r_0^{n+1}}=0$ 和 $A=\frac{\alpha q^2}{4\pi\varepsilon_0}$代入式(10-12)得

$$W = \frac{N\alpha q^2}{4\pi\varepsilon_0 r_0}\left(1-\frac{1}{n}\right)$$

根据不同晶体确定的 n，可以计算结合能。几种典型离子晶体的结合能、晶格常数和体变模量见表 10-1。

表 10-1　典型离子晶体的结合能、晶格常数和体变模量

离子晶体	r/0.1nm	$K/10^{10}$Pa	U 实验/(10^{-18}J/每对离子)	$U_{理论}$	$U_{库仑}$	n
NaCl	2.82	2.40	−1.27	−1.25	−1.43	7.77
NaBr	2.99	1.99	−1.21	−1.18	−1.35	8.09
KCl	3.15	1.75	−1.15	−1.13	−1.28	8.69
KBr	3.30	1.48	−1.10	−1.08	−1.22	8.85
RbCl	3.29	1.56	−1.11	−1.10	−1.23	9.13
RbBr	3.43	1.30	−1.06	−1.05	−1.18	9.00

资料来源：N. W. Ashcroft. *Solid State Physics*，Holt，Rhinehart and Winston Inc. New York，1976：408.

10.2　共价结合

共价结合的晶体称为共价晶体或同极晶体。

共价结合是靠两个原子各贡献一个电子，形成共价键。

元素周期表中第Ⅳ族元素 $C(Z=6)$、Si、Ge、Sn(灰锡)等晶体，属金刚石结构，为共价晶体。

氢分子是靠共价键结合的典型例子。实际上共价键的现代理论正是由氢分子的量子理论为开始的。

根据量子力学,两个氢原子各有一个电子在 ψ_{100} 态上面。

$$\hat{H}_A\psi_{100}^A = \left(-\frac{\hbar^2}{2m}\nabla^2 + V_A\right)\psi_{100}^A = E_1^A\psi_{100}^A$$

$$\hat{H}_B\psi_{100}^B = \left(-\frac{\hbar^2}{2m}\nabla^2 + V_B\right)\psi_{100}^B = E_1^B\psi_{100}^B$$

当原子相互靠近,波函数交叠,形成共价键。此时两个电子为两个氢原子所共有。

描写其状态的哈密顿量:

$$\hat{H} = -\frac{\hbar^2}{2m}\nabla_1^2 - \frac{\hbar^2}{2m}\nabla_2^2 + V_{A1} + V_{A2} + V_{B1} + V_{B2} + V_{12} \tag{10-13}$$

其薛定谔方程的求解是比较困难的。我们可以用分子轨道法(Molecular, Orbital method, MO method)简化处理问题。

——首先忽略两个电子之间的相互作用 V_{12},使问题简化为单电子问题。

——其次,假定两个电子总的波函数:

$$\psi(\boldsymbol{r}_1, \boldsymbol{r}_2) = \psi_1(\boldsymbol{r})\psi_2(\boldsymbol{r})$$

$\psi_1(\boldsymbol{r})$和 $\psi_2(\boldsymbol{r})$分别是氢分子中两个电子的波函数,也称为分子轨道波函数,分别满足的方程为

$$\left(-\frac{\hbar^2}{2m}\nabla^2 + V_{A1} + V_{B1}\right)\psi_1(\boldsymbol{r}) = \varepsilon_1\psi_1(\boldsymbol{r})$$

$$\left(-\frac{\hbar^2}{2m}\nabla^2 + V_{A2} + V_{B2}\right)\psi_2(\boldsymbol{r}) = \varepsilon_2\psi_2(\boldsymbol{r})$$

因为 A、B 是两个等价原子,可以取 $\varepsilon_1 = \varepsilon_2 = \varepsilon_0$,选取分子轨道波函数 $\psi_1(\boldsymbol{r})$和 $\psi_2(\boldsymbol{r})$为原子态 $\psi_{100}^1(\boldsymbol{r})$和 $\psi_{100}^2(\boldsymbol{r})$的线性组合

$$\psi_i(\boldsymbol{r}) = C_i[\psi_{100}^A(\boldsymbol{r}) + \lambda_i\psi_{100}^B(\boldsymbol{r})] \tag{10-14}$$

变分计算待定因子 $\lambda = \pm 1$,C_i 为归一化常数。

两个原子结合在一起时,可以形成所谓成键态和反键态

分子轨道波函数
$$\psi_+ = C_+[\psi_{100}^A(\boldsymbol{r}) + \psi_{100}^B(\boldsymbol{r})]$$
$$\psi_- = C_-[\psi_{100}^A(\boldsymbol{r}) - \psi_{100}^B(\boldsymbol{r})]$$

两种分子轨道之间的能量差别:

$$\varepsilon_+ = \frac{\int \psi_+^* \hat{H}\psi_+ \mathrm{d}\boldsymbol{r}}{\int \psi_+^* \psi_+ \mathrm{d}\boldsymbol{r}} = 2C_+^2[H_{aa} + H_{ab}] \tag{10-15}$$

$$\varepsilon_- = \frac{\int \psi_-^* \hat{H}\psi_- \mathrm{d}\boldsymbol{r}}{\int \psi_-^* \psi_- \mathrm{d}\boldsymbol{r}} = 2C_-^2[H_{aa} - H_{ab}] \tag{10-16}$$

其中

$$H_{aa} = \int \psi_{100}^{A^*} \hat{H}\psi_{100}^A \mathrm{d}\boldsymbol{r} = \int \psi_{100}^{B^*} \hat{H}\psi_{100}^B \mathrm{d}\boldsymbol{r} \approx \varepsilon_0 \tag{10-17}$$

$$H_{ab} = \int \psi_{100}^{A^*} \hat{H}\psi_{100}^B \mathrm{d}\boldsymbol{r} = \int \psi_{100}^{B^*} \hat{H}\psi_{100}^A \mathrm{d}\boldsymbol{r} < 0 \tag{10-18}$$

$H_{ab}<0$ 表示负电子云与正原子核之间的库仑作用，这使得成键态的能量相对应原子的能级降低了，与此同时反键态的能量升高了。

如图 10-3 和图 10-4 所示为两个氢原子组成分子轨道成键态和反键态的电子云密度图。成键态两个原子间电子云部分重叠，两原子间电子云密度较高；反键态电子云不重叠，两原子间电子云密度为零。

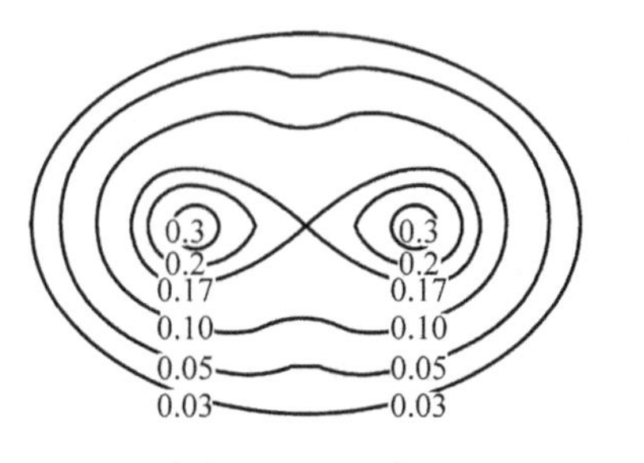

图 10-3　两个氢原子成键态的电子云密度

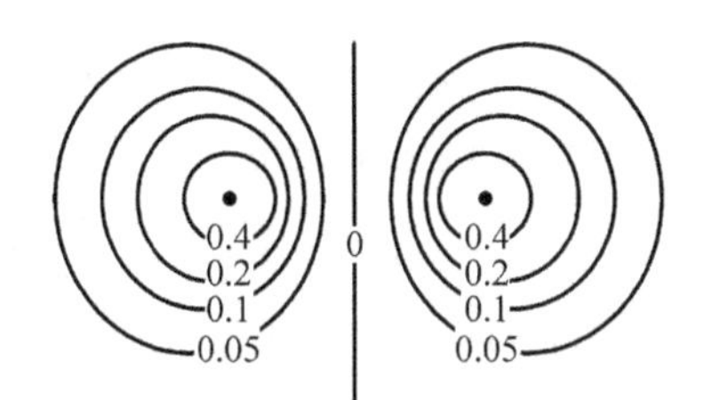

图 10-4　两个氢原子反键态的电子云密度

在成键态上可以填充两个自旋相反的电子，使体系的能量下降，意味着有相互吸引的作用。如图 10-5 所示。

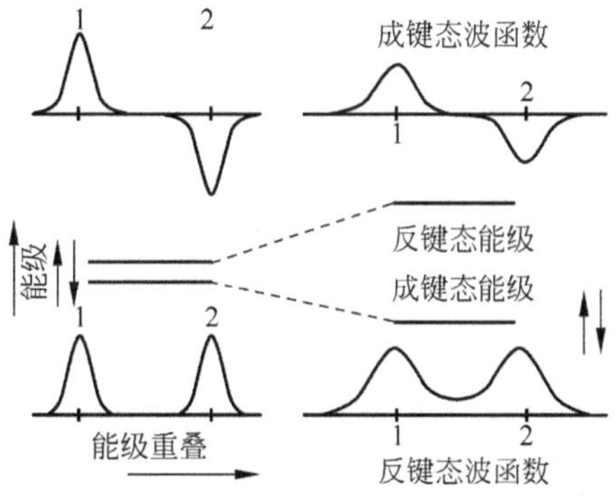

图 10-5　成键态和反键态的波函数和能级变化

共价键结合具有两个基本特征：**饱和性和方向性**

饱和性——以共价键形式结合的原子所能形成的键的数目有一个最大值，每个键含有 2 个电子，分别来自两个原子。

共价键是由未配对的电子形成，价电子壳层如果不到半满，所有的电子都可以是不配对的，因此成键的数目就是价电子数目；

当价电子壳层超过半满时，根据泡利原理，部分电子必须自旋相反配对，因此能形成的共价键数目小于价电子数目；

Ⅳ族—Ⅶ族的元素依靠共价键结合，共价键数目符合 $8-N$ 原则。

所谓 $8-N$ 原则：N 指价电子数目。

这是由于它们的价电子壳层是由 1 个 ns 电子轨道和 3 个 np 轨道组成的，考虑到自旋，共包含 8 个量子态，价电子壳层为半满或超过半满时，未配对的电子数实际上决定于未填充的量子态，因此等于 $8-N$。

方向性——原子只在特定的方向上形成共价键，各个共价键之间有确定的相对取向。

根据共价键的量子理论，共价键的强弱取决于形成共价键的两个电子轨道相互交叠的程度，即一个原子在价电子波函数最大的方向上形成共价键。

对于金刚石中C原子形成的共价键，要用“轨道杂化”理论进行解释。

C原子中：6个电子，1s2，2s2和2p2。在这种情况下只有2个电子是未配对的。而在金刚石中每个C原子和4个近邻的C原子形成共价键。

在金刚石中共价键的基态是以2s和2p波函数组成的新的电子状态组成的：

$$\begin{cases}\psi_{h_1} = \dfrac{1}{2}(\varphi_{2s} + \varphi_{2p_x} + \varphi_{2p_y} + \varphi_{2p_z}) \\ \psi_{h_2} = \dfrac{1}{2}(\varphi_{2s} + \varphi_{2p_x} - \varphi_{2p_y} - \varphi_{2p_z}) \\ \psi_{h_3} = \dfrac{1}{2}(\varphi_{2s} - \varphi_{2p_x} + \varphi_{2p_y} - \varphi_{2p_z}) \\ \psi_{h_4} = \dfrac{1}{2}(\varphi_{2s} - \varphi_{2p_x} - \varphi_{2p_y} + \varphi_{2p_z})\end{cases} \tag{10-19}$$

如图10-6所示，这些“杂化轨道”的特点是它们的电子云分别集中在四面体的4个顶角方向。4个2s和2p电子都成为未配对的，可以在四面体顶角方向上形成4个共价键。

这正是金刚石中碳原子共价结合的情形。当然，电子处在杂化轨道式(10-19)上，能量比碳原子基态提高了，也就是说杂化轨道需要一定的能量。但是经过杂化后，成键的数目增多了，而且由于电子云更加密集在四面体顶角方向上，使成键能力更强了，形成共价键时能量的下降足以补偿杂化轨道的能量。

图10-7是碳原子以杂化后的轨道形成金刚石结构的示意图，两个键之间的夹角为109°28′。

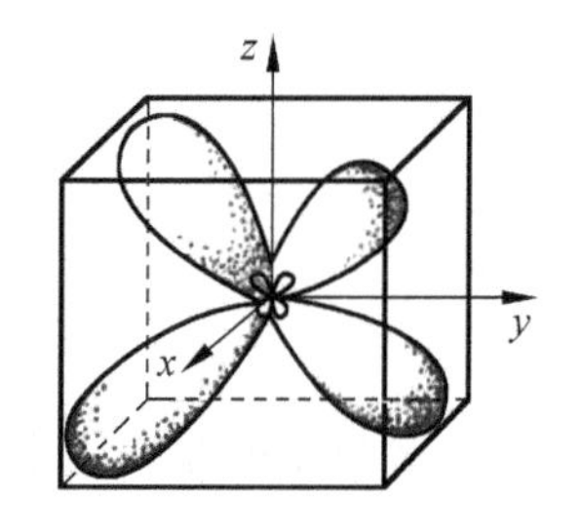

图10-6　碳原子的杂化轨道

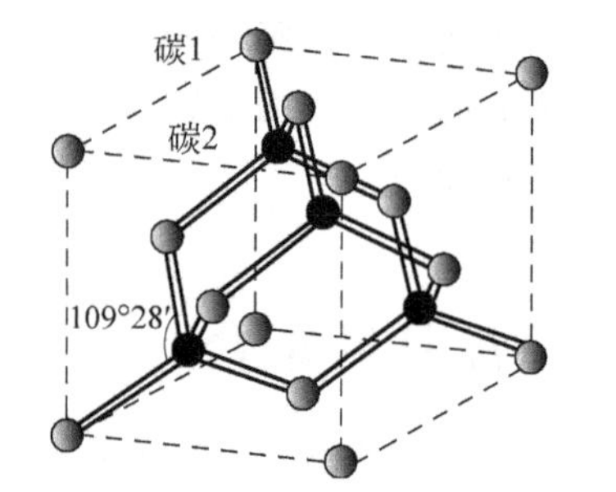

图10-7　金刚石结构中两个共价键间的夹角

10.3　金属性结合

金属性结合的基本特点是电子的“共有化”！

在结合成晶体时，原来属于各原子的价电子不再束缚在原子上，而转变为在整个晶体内运动，它们的波函数遍及于整个晶体。

金属的结合作用在很大程度上是由于金属中价电子的动能与自由原子相比有所降低的缘故。

在晶体内部，一方面是由共有化电子形成的负电子云，另一方面是浸在这个负电子云中的带正电的各离子实。情况如图10-8所示。

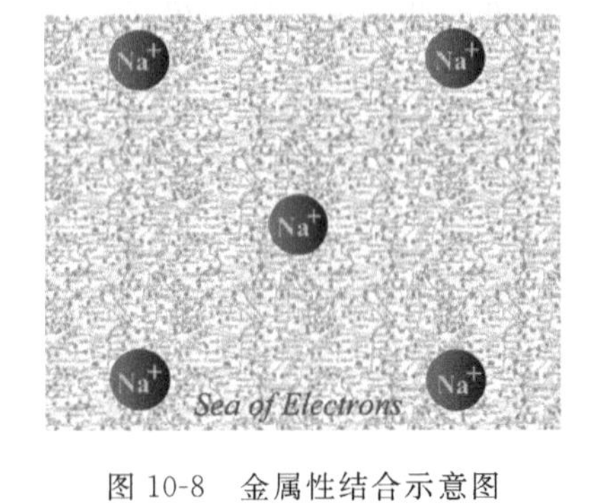

图 10-8　金属性结合示意图

这种情况下，电子云和原子实之间存在相互吸引的库仑作用，体积越小电子云密度越高，库仑相互作用能越低，表现为把原子聚合起来的作用。

晶体的平衡是依靠库仑作用力和一定的排斥力而维持的。

排斥来自两个方面：

(1) 当体积减小，共有化电子云的密度增大，在导致与原子实的库仑作用增大的同时，密度增加导致了电子动能的增加，造成一定的排斥力。

(2) 当原子实相互接近到一定的距离时，它们的电子云发生显著的重叠，将产生强烈的排斥作用。

金属的主要特性：良好的导电性、导热性、金属光泽都与共有化电子在整个晶体内自由运动相联系。

金属晶体结合力主要是**原子实**和**电子云**之间的静电库仑力，对晶体结构没有特殊的要求，只要求排列最紧密，这样势能最低，结合最稳定。

因此大多数金属具有面心立方结构或六角密排结构，配位数均为 12。

体心立方也是一种比较常见的金属结构，也具有较高的配位数 8。

金属一个很大的特点是一般都具有很大的范性，可以经受相当大的范性变形，这是金属广泛用做机械材料的基础。

金属具有范性的最重要原因正是由于金属性结合对原子排列没有特殊要求，通俗地讲，就是只要满足尽量密排的原则，原子球随便堆砌都可以。

所以具有面心结构密排的金属 Cu、Ag、Au、Al 和具有六角密排的 Be、Mg、Zn 等都具有非常好的范性变形能力。

10.4　范德瓦耳斯结合

元素周期表中第Ⅷ族(惰性)元素在低温下所结合成的晶体，是典型的非极性分子晶体。为明确起见，我们只介绍这种分子晶体。

惰性元素最外层的电子为 8 个，具有球对称的稳定封闭结构。但在某一瞬时由于正、负电中心不重合而使原子呈现出瞬时偶极矩，这就会使其他原子产生感应极矩。

非极性分子晶体就是依靠这瞬时偶极矩的相互作用而结合的，这种结合力是很微弱的。

1873 年范德瓦耳斯(Van der Waals)提出在实际气体分子中，两个中性分子间存在着“分子力”。当时他并没有指出这力的物理本质，现在知道瞬时偶极矩引起的力是分子力的一种。如图 10-9 所示。

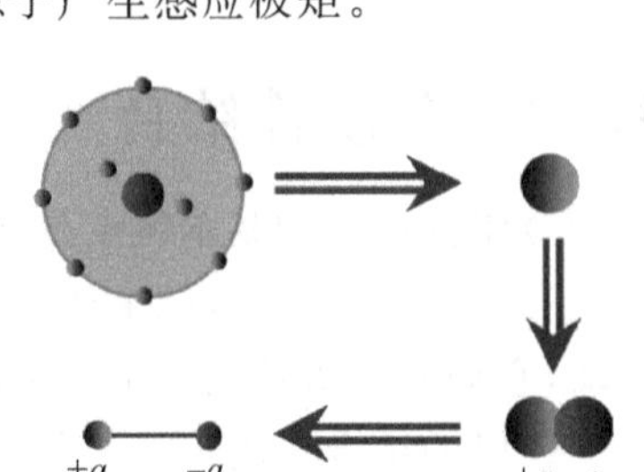

图 10-9　惰性气体原子产生瞬间偶极矩的情况

惰性元素因具有球对称，结合时排列最紧密以使势能最低，所以 Ne、Ar、Kr、Xe 的晶体都是面心立方结构。它们是透明的绝缘体，熔点特低，分别为 24K、84K、117K

和 161K。

两个惰性原子之间的相互作用势能

两个相距为 r 的原子，虽然电子是对称分布，但在某个瞬时具有电偶极矩。

设原子 1 的瞬时电偶极矩为 $\boldsymbol{p}_1$，$\boldsymbol{p}_1$ 在 $\boldsymbol{r}$ 处产生的电场 $E\propto\frac{p_1}{r^3}$，原子 2 在这个电场作用下将感应形成偶极矩 $\boldsymbol{p}_2=\alpha\boldsymbol{E}$，两个电偶极子之间的相互作用能为

$$\frac{\boldsymbol{p}_1\cdot\boldsymbol{p}_2}{r^3}=\frac{\alpha p_1^2}{r^6}$$

相互作用能与 $\boldsymbol{p}_1$ 的平方成正比，对时间的平均值不为零。这种力随距离增加下降很快，所以两个原子之间的相互作用很弱。

靠范德瓦耳斯相互作用结合的两个原子的相互作用能可以写成

$$u(r)=-\frac{A}{r^6}+\frac{B}{r^{12}} \tag{10-20}$$

其中第二项表示重叠排斥能，A，B 是经验参数，它们都是正数。

通常把原子间相互作用势能式(10-20)改写成：

$$u(r)=4\varepsilon\left[\left(\frac{\sigma}{r}\right)^{12}-\left(\frac{\sigma}{r}\right)^{6}\right] \tag{10-21}$$

其中 ε 和 σ 是新的参数。势能式(10-21)称为勒纳-琼斯(Lennard-Jones)势。

惰性气体晶体的结合能就是晶体内所有原子对之间勒纳-琼斯势之和。如果晶体内有 N 个原子，总的势能就是

$$U=\frac{1}{2}N(4\varepsilon)\left[A_{12}\left(\frac{\sigma}{r}\right)^{12}-A_6\left(\frac{\sigma}{r}\right)^{6}\right] \tag{10-22}$$

N 前面出现的因子$\frac{1}{2}$，是因为相互作用能(10-21)为两个原子共有。r 表示最近邻原子之间的间距。A_{12}，A_6 与讨论离子结合时的马德隆常数相似，是只与晶体结构有关的晶格求和常数。表 10-2 为惰性气体的勒纳-琼斯势参数。表 10-3 给出三种立方布拉菲晶格求和常数。

表 10-2　惰性气体的勒纳-琼斯势参数

参　数	Ne	Ar	Kr	Xe
ε/eV	0.0031	0.0104	0.0140	0.0200
σ/nm	0.274	0.340	0.365	0.398

资料来源：N. Bernards. Phys. Rev.，1958(112)：1534.

表 10-3　三种立方布拉菲晶格求和常数

常　数	简单立方	体心立方	面心立方
A_{12}	8.40	12.25	14.45
A_6	6.20	9.11	12.13

根据势能函数的最小值可以确定晶格常数、结合能和体变模量。惰性气体元素固体结合能、平衡晶格常数和体变模量见表 10-4。

表 10-4 惰性气体元素固体结合能、平衡晶格常数和体变模量

项目		Ne	Ar	Kr	Xe
结合能/(eV/原子)	实践	−0.02	−0.08	−0.11	−0.17
	理论	−0.027	−0.089	−0.120	−0.172
平衡晶格常数/0.1nm	实践	0.313	0.375	0.399	0.433
	理论	0.299	0.371	0.398	0.434
体变模量/10^9 Pa	实践	1.1	2.7	3.5	3.6
	理论	1.81	3.18	3.46	3.81

资料来源：N. W. Ashcroft, N. David Mermin. Solid State Physics, 1975.

10.5 元素和化合物晶体结合的规律性

固体结合的性质除受温度和压力等外界条件的影响外，最重要的决定因素是组成固体的原子结构。

晶体究竟采取哪一种基本形式结合，主要决定于原子束缚电子能力的强弱。

原子的**负电性**是用来标志原子得失电子能力的物理量。

电离能：是使原子失去一个电子所必需的能量，可以用来表征原子对价电子束缚的强弱。

亲和能：一个中性原子获得一个电子成为负离子时所放出的能量。也可以用来度量原子束缚电子的能力。

亲和能和电离能的差别：

亲和能联系着——中性原子$+(-e)\rightarrow$负离子

而电离能则联系着——中性原子$-(-e)\rightarrow$正离子

为了比较不同原子束缚电子的能力，或者说得失电子的难易程度，Mulliken 综合了电离能和亲和能定义了原子(元素)的“**负电性**”。

负电性=0.18(电离能+亲和能) (单位：eV)

系数 0.18 的选择只是为了使 Li 的负电性为 1，并没有原则上的意义。

表 10-5 给出部分元素的负电性，对于元素周期表里面的元素：

(1) 在同一周期里面，负电性由左到右不断增强；

(2) 周期表由上到下，负电性逐渐减弱；

(3) 周期表越往下，一个周期内负电性的差别也越小。

表 10-5 部分元素的负电性

ⅠA	ⅡA	ⅢB	ⅣB	ⅤB	ⅥB	ⅦB
Li 1.0	Be 1.5	B 2.0	C 2.5	N 3.0	O 3.5	F 4.0
Na 0.9	Mg 1.2	Al 1.5	Si 1.8	P 2.1	S 2.5	Cl 3.0
K 0.8	Ca 1.0	Ga 1.5	Ge 1.8	As 2.0	Se 2.4	Br 2.8

周期表中，碱金属具有最低的负电性，是最典型的金属。

金属性结合是靠了价电子摆脱原子的束缚成为共有化电子，负电性低的元素对电子束缚弱，容易失去电子，因此在形成晶体时便采取金属性结合。

Ⅳ族元素最典型的结构是金刚石结构，C、Si、Ge 晶体都是金刚石结构，Sn 在 13℃以下的相也是金刚石结构，称“灰锡”。

按 $8-N$ 定则，Ⅴ族元素原子只能形成 3 个共价键。

由于完全依靠每一个原子和三个近邻相结合不能形成三维晶格，Ⅴ族元素的晶体的结合较复杂。

最典型的结构是砷、锑、铋形成的层状晶体：晶体中原子首先通过共价键结合成如图 10-10 所示的层状结构，它实际上包含上下两层，每层的原子通过共价键与另一层中的三个原子结合，然后层状结构再通过微弱的范德瓦耳斯作用结合成三维晶体。

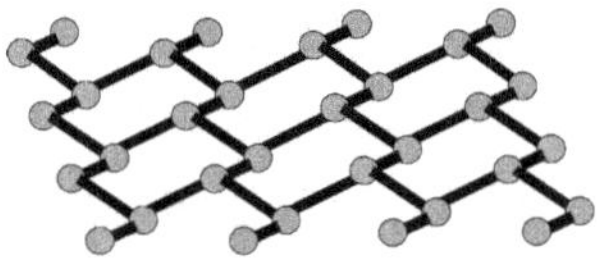

图 10-10　As 和 Sb 的层状结构

氮和磷则是先形成共价结合的分子，再由范德瓦耳斯作用结合为晶体。

根据 $8-N$ 定则，Ⅵ族原子只能形成两个共价键，因此依靠共价键只能把原子联结成为一个链结构。

例如硒和碲原子靠共价键形成螺旋状的长链，长链平行排列靠范德瓦耳斯作用组成三维晶体。

硒和硫也可以靠共价键形成环状分子，然后再靠范德瓦耳斯作用结合为晶体。

Ⅶ族原子只能形成一个共价键，因此它们只能靠共价键形成双原子分子，然后再靠范氏力结合为晶体。

Ⅷ族的惰性气体原子在低温下可以凝聚成晶体，由于它们具有稳固的满壳层结构，所有只能靠范氏力把原子结合起来，是典型的范德瓦耳斯晶体。

晶体的结合与原子对价电子的束缚能力有关，因此晶体的结合形式也就与晶体的导电类型密切相关。多数半导体材料都是以共价结合为基础。

负电性是一种对原子束缚价电子能力的度量。Ⅳ族元素形成典型的共价晶体，它们按照 C、Si、Ge、Sn、Pb 的顺序，负电性不断减小。负电性最强的 C 形成的金刚石具有最强的共价键，是典型的绝缘体。Sn 在 13℃以下的灰锡是金刚石结构的半导体，在 13℃以上是金属性的白锡。

这些元素晶体表明，从强的负电性到弱的负电性，结合由强的共价结合逐渐减弱，以至于转变为金属性结合，在电学性质上则表现为由绝缘体经过半导体过渡到金属导体。如下所示

负电性：强→→→→→→→弱

原子间的结合：共价结合→逐渐减弱→金属结合

电学性质：绝缘体→半导体→金属

不同金属元素之间依靠金属性结合成合金固溶体。

所包含不同元素的比例不是严格限定的，而是可以在一定的范围内变化，甚至可以按任意比例形成合金。

周期表左端和右端的元素负电性有显著差别，它们之间形成典型的离子晶体。

随着元素间负电性差别的减小，离子性结合逐渐过渡到共价结合。

石墨作为碳原子组成的晶体，与金刚石完全不同。石墨晶格结构如图 10-11 所示。

石墨是层状结构。在每层内部，碳原子经 sp2(2s,$2p_x$,$2p_y$)杂化，一个碳原子与同一平面内的三个近邻碳原子形成三个共价键，键角 120°。

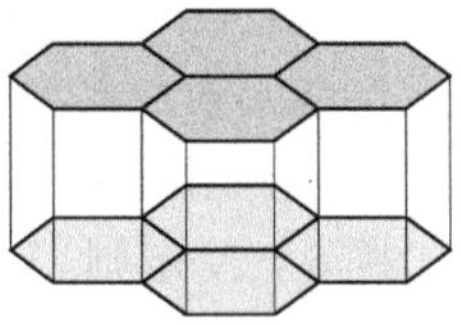

第四个 p_z电子形成离域大 π 键，使电子在层内部“自由”移动，从而使石墨材料具有类似金属的很好的导电性能。

图 10-11　石墨的晶格结构

层间靠范氏力作用，形成三维晶体。但层间作用弱，因此层间易滑动，所以石墨很软。

石墨是典型的层状结构，各项性能都存在明显的各向异性。

石墨能与其他物质生产一系列化合物，其结构特点是：这些物质的原子或分子排列成平行于石墨层面的单层，按一定的顺序插进石墨晶体的层与层之间的空间，因此称为**“石墨插层化合物”**。

通常插层对石墨层面内及垂直层面内的电导都有影响。对不同的插入物，可以控制层面内与垂直层面电导率之比在 $30 \sim 10^6$ 的范围内变化。而且有的化合物层面内的电导率超过铜，从而成为探索人造金属的研究对象。

习题

1. 分别简述离子性结合、共价结和金属性结合材料的性能特点。
2. 试述负电性大小对同种元素的原子形成固体时原子间结合方式和晶体结构的影响。
3. 用负电性概念分析化合物晶体结合的规律性。
4. 分析金属性结合的晶体中，吸引作用和排斥作用的产生因素。

第11章 固体电子论

如前所述，组成固体的所有微观粒子可以分成两大类：一是构成晶格的原子实(或称离子实)，另一类是可以在整个晶体内部运动的所谓“自由电子”。前一类微观粒子的运动情况可以归结为第 9 章讲的晶格振动。本章我们将讨论固体中的另一类微观粒子“自由电子”的运动情况。

实际上称这类电子为“自由电子”并不准确。这类电子是作为孤立原子的价电子在原子聚集形成固体时，由于受到其他原子的作用，其运动状态发生了改变。固体电子论主要讨论这类电子的运动情况。

能带理论是研究固体中电子运动的一个主要理论基础。20 世纪 20 年代末和 30 年代初期，在量子力学运动规律确立以后，**它是在用量子力学研究金属电导理论的过程中开始发展起来的**。最初的成就在于**定性**地阐明了晶体中电子运动的普遍性的特点，例如，在能带理论的基础上，说明了固体为什么会有导体、非导体的区别；晶体中电子的平均自由程为什么会大于原子间距等，这些经典电子理论中遇到的困难。特别是正在这个时候，半导体开始在技术上应用，能带理论正好提供了分析半导体理论问题的基础，有力地推动了半导体技术的发展。50 年代，特别是 60 年代，由于研究固体的实验工作的重大发展，提供了大量的实验数据，和由于大型、高速电子计算机的应用，使能带理论的研究从定性的普遍性规律发展到对具体材料复杂能带结构的计算。

能带理论是一个近似的理论。在固体中存在大量的电子，它们的运动是相互关联着的，每个电子的运动都要受到其他电子运动的牵连，这种多电子系统严格求解显然是不可能的。能带理论是单电子近似的理论，就是把每个电子的运动看成是独立在一个等效势场中的运动。在大多数情况下，人们最关心的是价电子。在原子结合成固体的过程中，价电子的运动状态发生了很大的变化，而内层电子的变化是比较小的，可以把原子核和内层电子近似看成是一个离子实。这样价电子处于其中的**等效势场就包括离子实的势场、其他价电子的平均势场以及考虑电子波函数反对称性而带来的交换作用**。单电子近似最早用于研究多电子原子，又称为哈里特(Hartree)-福克(Фок)自洽场方法。

能带理论的出发点是固体中的电子不再束缚于个别的原子，而是在整个固体内运动，称为共有化电子。在讨论共有化电子的运动状态时假定原子实处在其平衡位置，而把原子实偏离平衡位置的影响看成微扰。对于理想晶体，原子规则排列成晶格，晶格具有周期性，因而等效势场 $V(\boldsymbol{r})$ 也应具有周期性。晶体中的电子就是在一个具有周期性的等效势场中运动，其波动方程（定态薛定谔方程）为

$$\left[-\frac{\hbar^2}{2m}\nabla^2+V(\boldsymbol{r})\right]\psi=E\psi \tag{11-1}$$

有

$$V(\boldsymbol{r})=V(\boldsymbol{r}+\boldsymbol{R}_n) \tag{11-2}$$

$\boldsymbol{R}_n$ 为任意晶格矢量。

11.1 布洛赫定理

布洛赫定理指出，当势场具有周期性时，方程(11-1)的解 ψ 具有如下性质：

$$\psi(\boldsymbol{r}+\boldsymbol{R}_n)=\mathrm{e}^{\mathrm{i}\boldsymbol{k}\cdot\boldsymbol{R}_n}\psi(\boldsymbol{r}) \tag{11-3}$$

其中 $\boldsymbol{k}$ 为一矢量。式(11-3)表明当平移晶格矢量 $\boldsymbol{R}_n$ 时，波函数只增加了位相因子 $\mathrm{e}^{\mathrm{i}\boldsymbol{k}\cdot\boldsymbol{R}_n}$。这就是布洛赫定理。表示描述晶体中电子状态的某个波函数，其在相差一个晶格矢量的两个位置的取值相差 $\mathrm{e}^{\mathrm{i}\boldsymbol{k}\cdot\boldsymbol{R}_n}$ 倍。

根据布洛赫定理可以把波函数写成

$$\psi(\boldsymbol{r})=\mathrm{e}^{\mathrm{i}\boldsymbol{k}\cdot\boldsymbol{r}}u(\boldsymbol{r}) \tag{11-4}$$

其中 $u(\boldsymbol{r})$ 具有与晶格同样的周期性，即

$$u(\boldsymbol{r}+\boldsymbol{R}_n)=u(\boldsymbol{r}) \tag{11-5}$$

式(11-4)表达的波函数称为**布洛赫函数**，它是平面波函数与周期函数的乘积。

布洛赫定律可以按照下面的方式给予简单证明。

势场的周期性反映了晶格的平移对称性，即晶格平移任意晶格矢量 $\boldsymbol{R}_m$ 时势场是不变的。可以引入描述这些平移对称操作的算符 $\hat{T}_1,\hat{T}_2,\hat{T}_3$，它们的定义如下。

对于任意函数 $f(\boldsymbol{r})$，有

$$\hat{T}_\alpha f(\boldsymbol{r})=f(\boldsymbol{r}+\boldsymbol{a}_\alpha),\quad \alpha=1,2,3 \tag{11-6}$$

其中 $\boldsymbol{a}_1,\boldsymbol{a}_2,\boldsymbol{a}_3$ 为晶格的三个基矢。显然平移对称操作算符彼此对易。

$$\begin{aligned}\hat{T}_\alpha\hat{T}_\beta f(\boldsymbol{r})&=\hat{T}_\alpha f(\boldsymbol{r}+\boldsymbol{a}_\beta)=f(\boldsymbol{r}+\boldsymbol{a}_\beta+\boldsymbol{a}_\alpha)\\&=\hat{T}_\beta\hat{T}_\alpha f(\boldsymbol{r})\end{aligned}$$

或

$$\hat{T}_\alpha\hat{T}_\beta-\hat{T}_\beta\hat{T}_\alpha=0 \tag{11-7}$$

平移任意晶格矢量 $\boldsymbol{R}_m=m_1\boldsymbol{a}_1+m_2\boldsymbol{a}_2+m_3\boldsymbol{a}_3$，可以看成是 $\hat{T}_1,\hat{T}_2,\hat{T}_3$ 分别连续操作 m_1,m_2,m_3 次的总结果。

在晶体中单电子运动的哈密顿量为

$$\hat{H}=-\frac{\hbar^2}{2m}\nabla^2+V(\boldsymbol{r})$$

它具有晶格周期性，则

$$\hat{T}_\alpha\hat{H}f(\boldsymbol{r})=\left[-\frac{\hbar^2}{2m}\nabla^2_{r+a_\alpha}+V(\boldsymbol{r}+\boldsymbol{a}_\alpha)\right]f(\boldsymbol{r}+\boldsymbol{a}_\alpha)$$

$$=\left[-\frac{\hbar^2}{2m}\nabla^2+V(\boldsymbol{r})\right]f(\boldsymbol{r}+\boldsymbol{a}_\alpha)=\hat{H}\hat{T}_\alpha f(\boldsymbol{r}) \tag{11-8}$$

其中∇_{r+a_α}只表示相应的$\frac{\partial}{\partial x},\frac{\partial}{\partial y},\frac{\partial}{\partial z}$中变量$x,y,z$改变一个常数值，这显然不影响微分算符。

由于$f(\boldsymbol{r})$是任意函数，式(11-8)表明$\hat{T}_\alpha$和$\hat{H}$是对易的，即

$$[\hat{T}_\alpha,\hat{H}]=\hat{T}_\alpha\hat{H}-\hat{H}\hat{T}_\alpha=0 \tag{11-9}$$

上式以算符的形式表示出晶体中单电子运动的平移对称性。

由式(11-9)和量子力学的结论可知，能量算符与平移对称操作算符有共同的本征函数，假设其共同的本征函数为ψ，则有

$$\hat{H}\psi=E\psi$$

$$\hat{T}_1\psi=\lambda_1\psi$$

$$\hat{T}_2\psi=\lambda_2\psi$$

$$\hat{T}_3\psi=\lambda_3\psi$$

按照量子力学的结论，可以用$\lambda_1,\lambda_2,\lambda_3$来标志量子态。

为了确定本征值λ_i，需要引入边界条件，与讨论晶格振动时相类似，选择周期性边界条件，也称玻恩-卡曼边界条件，与式(9-30)相类似，周期性边界条件为

$$\left.\begin{aligned}\psi(\boldsymbol{r})&=\psi(\boldsymbol{r}+N_1\boldsymbol{a}_1)\\\psi(\boldsymbol{r})&=\psi(\boldsymbol{r}+N_2\boldsymbol{a}_2)\\\psi(\boldsymbol{r})&=\psi(\boldsymbol{r}+N_3\boldsymbol{a}_3)\end{aligned}\right\} \tag{11-10}$$

N_1,N_2,N_3分别为沿$\boldsymbol{a}_1,\boldsymbol{a}_2,\boldsymbol{a}_3$方向的原胞数，总的原胞数$N=N_1\cdot N_2\cdot N_3$。因此$\lambda_i$受到严格限制。例如

$$\psi(\boldsymbol{r}+N_i\boldsymbol{a}_i)=\hat{T}_1^{N_i}\psi(\boldsymbol{r})=\lambda_i^{N_i}\psi(\boldsymbol{r})$$

必须等于$\psi(\boldsymbol{r})$，因此λ_i必须为

$$\lambda_i=\mathrm{e}^{\mathrm{i}2\pi\frac{l_i}{N_i}} \tag{11-11}$$

如果引入矢量$\boldsymbol{k}=\frac{l_1}{N_1}\boldsymbol{b}_1+\frac{l_2}{N_2}\boldsymbol{b}_2+\frac{l_3}{N_3}\boldsymbol{b}_3$，其中$\boldsymbol{b}_1,\boldsymbol{b}_2,\boldsymbol{b}_3$为倒格基矢，由$\boldsymbol{a}_i\cdot\boldsymbol{b}_j=2\pi\delta_{ij}$，则平移对称操作算符的本征值可以写成

$$\lambda_1=\mathrm{e}^{\mathrm{i}\boldsymbol{k}\cdot\boldsymbol{a}_1},\quad\lambda_2=\mathrm{e}^{\mathrm{i}\boldsymbol{k}\cdot\boldsymbol{a}_2},\quad\lambda_3=\mathrm{e}^{\mathrm{i}\boldsymbol{k}\cdot\boldsymbol{a}_3} \tag{11-12}$$

总之，由于对易关系式(11-9)，可以选择$\hat{H}$和$\hat{T}_i$的共同本征态；这些本征态在平移算符的作用下的本征值具有式(11-12)的形式。

注意到平移任意晶格$\boldsymbol{R}_m=m_1\boldsymbol{a}_1+m_2\boldsymbol{a}_2+m_3\boldsymbol{a}_3$，可以看成是$\hat{T}_1,\hat{T}_2,\hat{T}_3$分别连续操作$m_1,m_2,m_3$次的总结果，则有

$$\begin{aligned}\psi(\boldsymbol{r}+\boldsymbol{R}_m)&=\hat{T}_1^{m_1}\ \hat{T}_2^{m_2}\ \hat{T}_3^{m_3}\psi(\boldsymbol{r})=\lambda_1^{m_1}\lambda_2^{m_2}\lambda_3^{m_3}\psi(\boldsymbol{r})\\&=\mathrm{e}^{\mathrm{i}\boldsymbol{k}\cdot(m_1\boldsymbol{a}_1+m_2\boldsymbol{a}_2+m_3\boldsymbol{a}_3)}\psi(\boldsymbol{r})\\&=\mathrm{e}^{\mathrm{i}\boldsymbol{k}\cdot\boldsymbol{R}_m}\psi(\boldsymbol{r})\end{aligned}$$

这就是布洛赫定理。

$\boldsymbol{k}$称为简约波矢，是对应平移操作算符本征值的量子数。简约波矢的物理意义是表示

原胞之间电子波函数位相的变化。以式(11-12)中的 λ_1 为例，λ_1 表示沿 $\boldsymbol{a}_1$ 方向相邻原胞之间的位相差。不同的 $\boldsymbol{k}$ 值表明原胞间的位相差是不同的。但是要注意，如果 $\boldsymbol{k}$ 改变一个倒格子矢量

$$\boldsymbol{G}_n = n_1\boldsymbol{b}_1 + n_2\boldsymbol{b}_2 + n_3\boldsymbol{b}_3 \quad (n_1, n_2, n_3 \text{ 为整数})$$

效果相当于式(11-11)中的 l_1, l_2, l_3 分别增加了 N_1, N_2, N_3 的整数倍，这完全不影响本征值 $\lambda_1, \lambda_2, \lambda_3$。因此，为了使 $\boldsymbol{k}$ 能一一对应地表示本征值 $\lambda_1, \lambda_2, \lambda_3$，同时又没有两个 $\boldsymbol{k}$ 相差一个倒格子矢量 $\boldsymbol{G}_n = n_1\boldsymbol{b}_1 + n_2\boldsymbol{b}_2 + n_3\boldsymbol{b}_3$。与晶格振动时相类似，最明显的办法是把 $\boldsymbol{k}$ 限制在 $\boldsymbol{k}$ 空间中三个基矢量 $\boldsymbol{b}_1, \boldsymbol{b}_2, \boldsymbol{b}_3$ 形成的倒格子原胞之中。但实际上这往往不是最方便的，通常是选由原点出发的各倒格子矢量的垂直平分面，所围成的第一布里渊区，它具有环绕原点更为对称的优点。

与晶格振动类似，$\boldsymbol{k} = \frac{l_1}{N_1}\boldsymbol{b}_1 + \frac{l_2}{N_2}\boldsymbol{b}_2 + \frac{l_3}{N_3}\boldsymbol{b}_3$ 代表 k 空间中均匀分布的点，其密度为 $\frac{V}{(2\pi)^3}$，在第一布里渊区中 $\boldsymbol{k}$ 的取值总数为 N，N 为原胞数。

11.2 自由电子近似

研究固体中电子的运动最初是从研究金属中的电子运动开始。经典物理理论将金属中的电子看成是带负电荷的质点，即所谓的经典电子论。以经典电子论的观点研究金属中的电子，也能成功说明欧姆定律、热导和电导间的联系(魏德曼-弗兰兹定律)和其他现象，但同时也遇到一些根本性的矛盾。随着 20 世纪的一二十年代量子力学的建立，人们认识到电子不能看成是经典的粒子，而是具有波粒二象性，其运动状态要用波函数来描述。在此基础上发展了所谓量子自由电子理论，把金属中的电子看成是平面波所代表的自由电子，也称自由电子近似。相当于方程(11-1)中势函数为一个常数(简便起见，这个常数假设为零)。

根据量子力学，自由电子对应的波函数为平面波函数。所谓自由电子是不受外力作用的电子，其能量不随时间改变，因此也可用其定态波函数来表示其运动状态。如最简单的一维晶体中，自由电子的定态波函数为

$$\psi(x) = A\mathrm{e}^{\frac{\mathrm{i}}{\hbar}px} = A\mathrm{e}^{\mathrm{i}2\pi\frac{x}{\lambda}}$$

由归一化条件 $\int_0^L \psi\psi \cdot \mathrm{d}x = A^2L = 1$，可求得 $A = \frac{1}{\sqrt{L}}$。

于是一维情况，电子归一化的波函数为

$$\psi(x) = \frac{1}{\sqrt{L}}\mathrm{e}^{\frac{\mathrm{i}}{\hbar}px} = \frac{1}{\sqrt{L}}\mathrm{e}^{\mathrm{i}kx} \tag{11-13}$$

晶体具有周期性，其中的电子波函数也应具有周期性，即波函数满足下面的关系

$$\psi(x) = \psi(x+L) \tag{11-14}$$

其中 L 为一维晶体的长度。将式(11-13)代入式(11-14)可得

$$\mathrm{e}^{\mathrm{i}kL} = 1$$

即

$$k = \frac{2\pi n}{L} = \frac{2\pi n}{Na} \tag{11-15}$$

式中 N 为一维晶体的原子数，n 为整数，a 为一维晶体中原子平衡间距。利用波粒二象性，

得电子的能量为

$$E=\frac{p^2}{2m}=\frac{(\hbar k)^2}{2m}=\frac{n^2h^2}{2mL^2}=\frac{n^2h^2}{2mN^2a^2} \tag{11-16}$$

如果是纯粹的自由电子，k 可以连续变化，从而能量 E 也可以连续变化。当 N 个原子组成一维晶体时，原来自由电子连续的能量变成不连续的，式(11-16)表示分立能级。

由于 N 很大，k 的取值很密集，E 的取值也很密集，因此这些分立的能级是“准连续的”。

三维情况下，自由电子的定态波函数为

$$\psi(\boldsymbol{r})=A\exp[\mathrm{i}(\boldsymbol{k}\cdot\boldsymbol{r})]=A\exp\left[\frac{\mathrm{i}}{\hbar}(\boldsymbol{p}\cdot\boldsymbol{r})\right] \tag{11-17}$$

对于边长为 L_x,L_y,L_z 的具有三维空间的金属晶体，电子在所有方向运动，归一化波函数为

$$\psi(\boldsymbol{r})=\frac{1}{\sqrt{L_xL_yL_z}}\exp[\mathrm{i}(\boldsymbol{k}\cdot\boldsymbol{r})]=\frac{1}{\sqrt{L_xL_yL_z}}\exp[\mathrm{i}(k_xx+k_yy+k_zz)] \tag{11-18}$$

同样由周期性边界条件可得

$$k_x=\frac{2\pi n_x}{L_x}=\frac{2\pi n_x}{N_xa_x},\quad k_y=\frac{2\pi n_y}{L_y}=\frac{2\pi n_y}{N_ya_y},\quad k_z=\frac{2\pi n_z}{L_z}=\frac{2\pi n_z}{N_za_z} \tag{11-19}$$

电子的能量

$$E=\frac{\hbar^2}{2m}(k_x^2+k_y^2+k_z^2)=\frac{h^2}{2m}\left(\frac{n_x^2}{L_x^2}+\frac{n_y^2}{L_y^2}+\frac{n_z^2}{L_z^2}\right) \tag{11-20}$$

由式(11-19)知，在倒易空间，满足周期性边界条件的 k_x,k_y,k_z 分别取值 $\pm\frac{2\pi}{L_i},\pm\frac{4\pi}{L_i},\pm\frac{6\pi}{L_i},\cdots(i=x,y,z)$，每组 k_x,k_y,k_z 确定了一个 $\boldsymbol{k}$，按照式(11-18)，就确定了一个平面波函数，代表(标志)了一种自由电子的运动状态。每组 k_x,k_y,k_z 在倒易空间(以下称为 k 空间)对应一个点。k_x,k_y,k_z 取值间隔相同，所以 k 空间中标志电子状态的点的密度是均匀的，每一个点占有的体积为

$$\frac{2\pi}{L_x}\cdot\frac{2\pi}{L_y}\cdot\frac{2\pi}{L_z}=\frac{(2\pi)^3}{L_x\cdot L_y\cdot L_z}=\frac{(2\pi)^3}{V}$$

在 k 空间中标志电子状态的点的密度为 $\frac{V}{(2\pi)^3}$。

1. 能态密度

由式(11-20)知，晶体中的自由电子的能量是量子化的，是一系列分立的能级，可以具体表明各能级的能量，说明它们的分布情况。然而，在固体中，电子能级是异常密集的，形成准连续分布，标明其中每个能级是没有意义的。为了概括这种情况下能级的状况，引入了所谓“能态密度”的概念。

考虑能量在 $E\rightarrow E+\Delta E$ 间能态(能级)数目，若 ΔZ 表示能态数目，则能态密度函数定义为

$$N(E)=\lim\frac{\Delta Z}{\Delta E}$$

由式(11-20)，如果在 k 空间中，根据

$$E(\boldsymbol{k})=常数$$

作出等能面(等能面上所有满足式(11-19)的点,代表的状态能量都相同),那么在等能面 E 和等能面 $E+\Delta E$ 之间的状态的数目就是 ΔZ。由于标示状态的点在 k 空间分布是均匀的,密度为 $\frac{V}{(2\pi)^3}$,因此

$$\Delta Z=\frac{V}{(2\pi)^3}(\text{能量为 }E\text{ 和 }E+\Delta E\text{ 的等能面之间的体积})$$

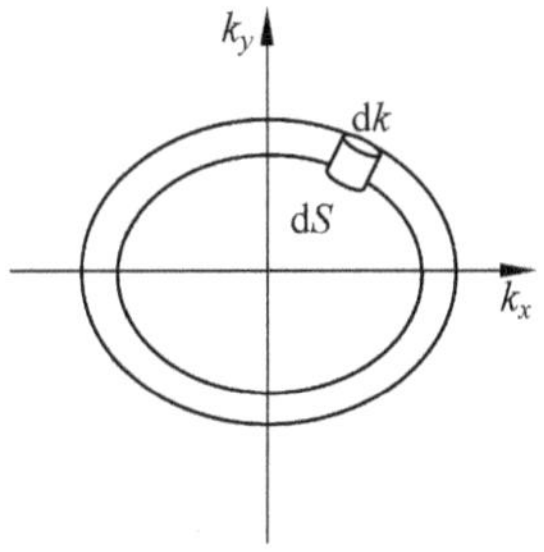

如图 11-1 所示,等能面间体积可表示成对体积元 $\mathrm{d}S\mathrm{d}k$ 在面上的积分

$$\Delta Z=\frac{V}{(2\pi)^3}\int \mathrm{d}\boldsymbol{S}\cdot\mathrm{d}\boldsymbol{k}$$

其中 $\mathrm{d}k$ 表示两等能面间的垂直距离,$\mathrm{d}S$ 为面积元,显然

$$\mathrm{d}k\ |\nabla_k E|=\Delta E$$

因为 $|\nabla_k E|$ 表示等能面法线方向能量的改变率,因此

$$\Delta Z=\frac{V}{(2\pi)^3}\int \mathrm{d}S\,\frac{\Delta E}{|\nabla_k E|}=\left(\frac{V}{(2\pi)^3}\int\frac{\mathrm{d}S}{|\nabla_k E|}\right)\Delta E$$

图 11-1　k 空间的等能面示意图

从而得到能态密度的一般表达式

$$N(E)=\frac{V}{(2\pi)^3}\int\frac{\mathrm{d}S}{|\nabla_k E|}$$

若 $E(\boldsymbol{k})$ 已知,就可以根据上式求出它的能态密度函数。考虑到电子可以取正负两种自旋状态,则能态密度加倍

$$N(E)=\frac{V}{4\pi^3}\int\frac{\mathrm{d}S}{|\nabla_k E|}\tag{11-21}$$

在自由电子近似下,$E(\boldsymbol{k})=\frac{\hbar^2k^2}{2m}$,它只与 $\boldsymbol{k}$ 大小有关,因此在 k 空间等能面为球面,半径为 $k=\frac{\sqrt{2mE}}{\hbar}$,在球面上 $|\nabla_k E|=\frac{\mathrm{d}E}{\mathrm{d}k}=\frac{\hbar^2k}{m}$ 是一个常数,因此

$$\begin{aligned}N(E)&=\frac{V}{4\pi^3}\int\frac{\mathrm{d}S}{|\nabla_k E|}=\frac{V}{4\pi^3\ |\nabla_k E|}\int\mathrm{d}S\\&=\frac{V}{4\pi^3}\,\frac{m}{\hbar^2k}\cdot 4\pi k^2=\frac{2V}{(2\pi)^2}\left(\frac{2m}{\hbar^2}\right)^{3/2}E^{1/2}=4\pi V\,\frac{(2m)^{3/2}}{h^3}E^{1/2}\end{aligned}\tag{11-22}$$

2. **费米面**

若固体中有 N 个电子,它们的基态(温度为绝对零度时的状态)是按照泡利原理由低到高填充能量尽可能低的 N 个量子态。自由电子近似中 $E(\boldsymbol{k})=\frac{\hbar^2k^2}{2m}$,则 N 个电子在 k 空间填充半径为 k_F 的球,这个球称为**费米球**,如图 11-2 所示,其半径称为**费米波矢**。球面上对应状态的能量为 E_F^0,为绝对零度时的费米能。球内包含的状态数恰好等于 $N/2$(电子数为 N),即

$$2\times\frac{V}{(2\pi)^3}\cdot\frac{4\pi}{3}k_F^3=N$$

$$k_F=2\pi\left(\frac{3}{8\pi}\right)^{1/3}\left(\frac{N}{V}\right)^{1/3}=2\pi\left(\frac{3}{8\pi}\right)^{1/3}n^{1/3}\tag{11-23}$$

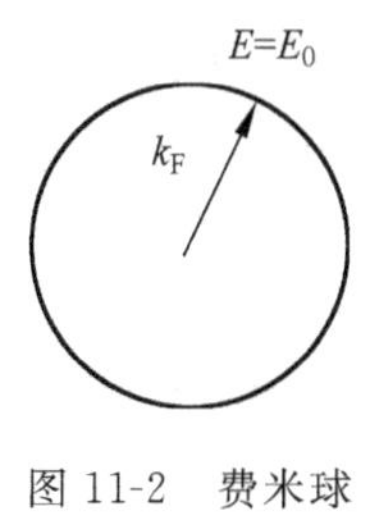

图 11-2　费米球

$$E_F^0 = \frac{(\hbar k_F)^2}{2m} = \frac{h^2}{2m}\left(\frac{3n}{8\pi}\right)^{2/3} \tag{11-24}$$

其中 n 为单位体积内的电子数目，即晶体中的电子密度。金属中电子密度一般在 10^{22}～10^{23}cm^{-3}量级；那么 E_F^0 为 1.5～15eV。

基态中，每个电子的平均能量

$$\bar{E}^0 = \frac{\int_0^{E_F^0} EN(E)\mathrm{d}E}{N} = \frac{4\pi V}{N}\frac{(2m)^{3/2}}{h^3}\int_0^{E_F^0} E^{\frac{3}{2}}\mathrm{d}E$$

$$= \frac{4\pi V}{N}\frac{(2m)^{3/2}}{h^3}\frac{2}{5}(E_F^0)^{\frac{5}{2}} = \frac{3}{5}E_F^0 \tag{11-25}$$

一般情况下，$T\neq 0$K，电子是否填充某一能量的状态服从费米-狄拉克统计分布规律

$$f(E) = \frac{1}{\exp\left(\frac{E-E_F}{k_B T}\right)+1} \tag{11-26}$$

它直接给出能量为 E 的能级被一个电子占据的概率。费米分布函数中包含一个由系统的具体情况决定的参数 E_F。具体讲，E_F 可以由系统中电子总数 N 决定。

费米函数具有图 11-3 所示的形式，当

$E=E_F$ 时

$$f(E) = 50\%$$

当 E 比 E_F 高几个 $k_B T$ 以上时

$$e^{\frac{E-E_F}{k_B T}} \gg 1$$

于是

$$f(E) \approx 0$$

表明 E_F 以上的能级基本上是空的。

当 E 比 E_F 低几个 $k_B T$ 以上时，$e^{\frac{E-E_F}{k_B T}} \ll 1$，于是 $f(E)\approx 1=100\%$，表明在 E_F 以下的能级基本上是 100%占据的。这表明，在 E_F 附近几个 $k_B T$ 的范围内，能级被占据的概率由 100%快速降为接近于 0。在 $T\to 0$ 的极限，这个转变的区域将无限地变窄；所有 $E<E_F$ 的状态将完全填满，所有更高的状态都是空的。也就是说，在 0K 的极限情况 E_F 就是电子填充的最高能级 E_F^0。

k 空间中费米分布的情况还可以用图 11-4 表示。左边为 0K 的情形；右边为温度提高到有限温度 T 时的情况。虚线的区域表示部分被电子填充的状态，这个区域应包括等能面 $E=E_F$ 上下几个 $k_B T$ 的能量范围。

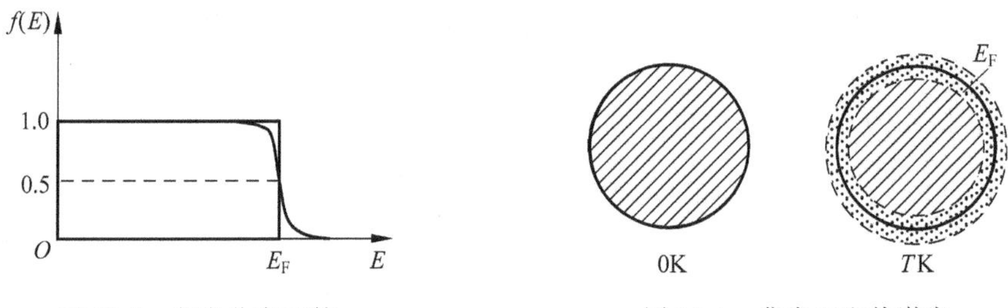

图 11-3 费米分布函数

图 11-4 费米面和热激发

费米分布具体给出了电子“热激发”的情况。如图 11-4 所示，从 0K→TK 费米分布的变化表明，部分能量低于 E_F^0 的电子得到了数量级为 k_BT 的热激发能，而转移到 E_F^0 以外的能量更高的状态。

在平衡状态的统计问题中，往往只需知道电子的能量分布状况。**对这样的问题，可以不必考虑 k 空间中的统计分布，而更简便地应用能态密度函数 $N(E)$ 的概念**。在能量从 $E\to E+\mathrm{d}E$ 范围内的电子状态数目为 $N(E)\mathrm{d}E$，根据费米分布函数可以直接写出能量处在 $E\to E+\mathrm{d}E$ 范围内的电子的统计平均数为

$$f(E)N(E)\mathrm{d}E$$

所以 $f(E)N(E)$ 具体概括了系统中电子按能量的统计分布，它一方面决定于体系费米统计分布的 $f(E)$，另一方面决定于晶体本身的能态密度函数 $N(E)$。

3. E_F 的确定

费米能级 E_F 可以由系统中电子总数 N 决定。

如前所述，温度不为零时，能量在 $E\sim E+\mathrm{d}E$ 区间的电子的平均数量为 $N(E)f(E)\mathrm{d}E$，那么能量从零到无穷大所有电子总数是

$$N=\int_0^\infty N(E)f(E)\mathrm{d}E \tag{11-27}$$

对于自由电子近似情况

$$N(E)=4\pi V\frac{(2m)^{3/2}}{h^3}E^{1/2}$$

于是有

$$N=\int_0^\infty 4\pi V\frac{(2m)^{3/2}}{h^3}E^{1/2}\frac{1}{\mathrm{e}^{\frac{E-E_F}{k_BT}}+1}\mathrm{d}E$$

由上式可以确定 E_F，直接给出结果

$$E_F=E_F^0\left[1-\frac{\pi^2}{12}\left(\frac{k_BT}{E_F^0}\right)^2\right] \tag{11-28}$$

还可以进一步得到一般温度下，自由电子的平均能量。

在能量 $E\sim E+\mathrm{d}E$ 区间，统计平均电子数目为 $N(E)f(E)\mathrm{d}E$，这些电子的能量总和为 $EN(E)f(E)\mathrm{d}E$。那么电子的平均动能为

$$\bar{E}=\frac{\int_0^\infty EN(E)f(E)\mathrm{d}E}{N}=\bar{E}^0\left[1+\frac{5}{12}\pi^2\left(\frac{k_BT}{E_F^0}\right)^2\right] \tag{11-29}$$

4. 电子热容

如前所述，材料的热容除晶格振动对热容的贡献外，还可能有共有化的“自由电子”对热容的贡献。

由公式(11-29)可得这部分电子的总能量为

$$E^e=N\bar{E}^0\left[1+\frac{5}{12}\pi^2\left(\frac{k_BT}{E_F^0}\right)^2\right]$$

其对热容的贡献为

$$C_V^e=\frac{\mathrm{d}E^e}{\mathrm{d}T}=\frac{5}{6}N\bar{E}^0\pi^2\left(\frac{k_B}{E_F^0}\right)^2T=N\frac{\pi^2k_B^2}{2E_F^0}T=\gamma T \tag{11-30}$$

11.3 一维周期场中电子运动的近自由电子近似

完全将固体中的传导电子看成是自由电子,显然过于简化。事实上,固体中的传导电子会受到其他电子、原子核的作用。如前所述,对于这种多体系统进行严格求解显然是不可能的。必须采用某种近似的方法处理固体中的传导电子问题。能带理论就是处理固体中传导电子的近似理论。

能带理论中,晶体中的传导电子是在一个周期性等效势场中运动,其定态薛定谔方程为式(11-1)。然后用微扰法求解这个方程。

在用微扰法求解方程(11-1)时,如何选择$\hat{H}_0$和微扰项有不同的处理方式。一种是以自由电子的哈密顿量作为$\hat{H}_0$,周期性势场作为微扰项。另一种是以孤立原子中电子的哈密顿量作为$\hat{H}_0$,然后把周期性势场减去电子在这个孤立原子核作用下的势能作为微扰项。前者称为**近自由电子近似**,后者称为**紧束缚近似**。我们先介绍近自由电子近似。

为了讨论问题的方便,在近自由电子近似中,我们还是以最简单的一维晶体模型来讨论。通过对这个模型的讨论,可以进一步了解在周期场中运动的电子本征态的一些最基本的特点。

图 11-5 中画出了一维周期场的示意图。所谓近自由电子近似是假定周期场的起伏比较小,作为零级近似,可以用势场的平均值 $\bar{V}$ 代替 $V(x)$。把周期起伏$[V(x)-\mathbf{V}]$作为微扰来处理。

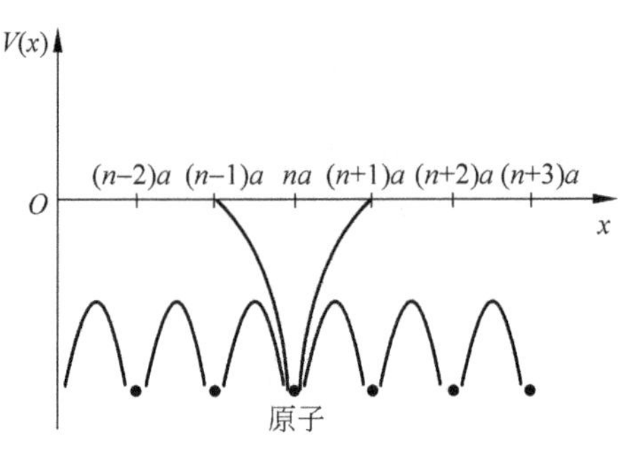

图 11-5 一维周期性势场

1. 零级近似下电子的能量和波函数

考虑一维由 N 个原子组成的金属,金属的线度:$L=Na$,其中 a 为晶格常数。

零级近似下:

$$\hat{H}_0=-\frac{\hbar^2}{2m}\frac{\mathrm{d}^2}{\mathrm{d}x^2}+\bar{V}$$

零级近似下的薛定谔方程:

$$-\frac{\hbar^2}{2m}\frac{\mathrm{d}^2\psi^0}{\mathrm{d}x^2}+\bar{V}\psi^0=E^0\psi^0 \tag{11-31}$$

方程的解就是在恒定势场 $\bar{V}$ 中的自由电子的解

$$\psi_k^0 = \frac{1}{\sqrt{L}}e^{ikx}, \quad E_k^0 = \frac{\hbar^2 k^2}{2m} + \bar{V} \tag{11-32}$$

引入周期性边界条件后，k 只能取 $k=l\dfrac{2\pi}{Na}$，l 为整数。

很容易可以验证波函数满足正交归一化条件：

$$\int_0^{Na} (\psi_{k'}^0)^* \psi_k^0 \mathrm{d}x = \delta_{k'k} \tag{11-33}$$

2. 微扰下电子的能量本征值

有微扰时电子的定态薛定谔方程为

$$\hat{H}\varphi(x) = \left[-\frac{\hbar^2}{2m}\frac{\mathrm{d}^2}{\mathrm{d}x^2} + V(x)\right]\varphi(x) = E\varphi(x) \tag{11-34}$$

$$\hat{H} = \hat{H}_0 + \hat{H}'$$

$$\hat{H}_0 = -\frac{\hbar^2}{2m}\frac{\mathrm{d}^2}{\mathrm{d}x^2} + \bar{V}, \quad \hat{H}' = V(x) - \bar{V} = \Delta V(x)$$

根据微扰理论，电子的能量本征值

$$E_k = E_k^0 + E_k^{(1)} + E_k^{(2)} + \cdots$$

一级能量修正：$E_k^{(1)} = \langle k | \hat{H}' | k \rangle = \langle k | \Delta V | k \rangle$

具体写出 $E_k^{(1)}$ 为

$$\begin{aligned} E_k^{(1)} &= \langle k \mid V(x) - \bar{V} \mid k \rangle \\ &= \int_0^L \frac{1}{\sqrt{L}}e^{-ikx}[V(x) - \bar{V}]\frac{1}{\sqrt{L}}e^{ikx}\mathrm{d}x \\ &= \int_0^L \frac{1}{\sqrt{L}}e^{-ikx}V(x)\frac{1}{\sqrt{L}}e^{ikx}\mathrm{d}x - \bar{V} = 0 \end{aligned} \tag{11-35}$$

因此，能量的一级修正为 0，所以要求二级修正项。

二级能量修正：$E_k^{(2)} = \sum\limits_{k'} \dfrac{|\langle k' \mid \Delta V \mid k \rangle|^2}{E_k^0 - E_{k'}^0}$，其中 $k' \neq k$。

根据正交性关系式(11-33)有

$$\langle k' \mid \Delta V \mid k \rangle = \langle k' \mid V(x) - \bar{V} \mid k \rangle = \langle k' \mid V(x) \mid k \rangle = \frac{1}{L}\int_0^L e^{-i(k'-k)x}V(x)\mathrm{d}x$$

按原胞划分写成

$$\langle k' \mid V(x) \mid k \rangle = \frac{1}{Na}\sum_{n=0}^{N-1}\int_{na}^{(n+1)a} e^{-i(k'-k)x}V(x)\mathrm{d}x$$

对不同的原胞 n，引入积分变量 ξ，则 $x=\xi+na$。

考虑到势场函数具有周期性：$V(\xi)=V(\xi+na)$，于是有

$$\begin{aligned} \frac{1}{Na}\sum_{n=0}^{N-1}\int_{na}^{(n+1)a} e^{-i(k'-k)x}V(x)\mathrm{d}x &= \frac{1}{Na}\sum_{n=0}^{N-1} e^{-i(k'-k)na}\int_0^a e^{-i(k'-k)\xi}V(\xi)\mathrm{d}\xi \\ &= \left[\frac{1}{a}\int_0^a e^{-i(k'-k)\xi}V(\xi)\mathrm{d}\xi\right]\frac{1}{N}\sum_{n=0}^{N-1}[e^{-i(k'-k)a}]^n \end{aligned} \tag{11-36}$$

现在区分两种情况：

(1) $k'-k=m\dfrac{2\pi}{a}$；则 $\dfrac{1}{N}\sum\limits_{n=0}^{N-1}[e^{-i(k'-k)a}]^n = 1$；

(2) $k'-k\neq m\dfrac{2\pi}{a}$；则$\dfrac{1}{N}\sum\limits_{n=0}^{N-1}[e^{-i(k'-k)a}]^n=\dfrac{1}{N}\dfrac{1-e^{-i(k'-k)Na}}{1-e^{-i(k'-k)a}}$。

如前所述 $k=l\dfrac{2\pi}{Na}$，则 $k'=\dfrac{l'}{Na}(2\pi)$，有 $1-e^{-i(k'-k)Na}=1-e^{-i2\pi(l'-l)}=0$。

同时由于 $k'-k\neq m\dfrac{2\pi}{a}$；有 $1-e^{-i(k'-k)a}\neq 0$。

综上所述，如果 $k'=k+n\dfrac{2\pi}{a}$，则

$$\langle k'\mid V\mid k\rangle=\frac{1}{a}\int_0^a e^{-i2\pi\frac{n}{a}\xi}V(\xi)\mathrm{d}\xi=V_n \tag{11-37}$$

否则$\langle k'|V|k\rangle=0$。

在前面关于傅里叶展开的概念中，V_n 表示的积分正是周期场 $V(x)$的第 n 个傅里叶系数。

由此，二级微扰能量可以写成

$$E_k^{(2)}=\sum_n\frac{|V_n|^2}{\dfrac{\hbar^2}{2m}\left[k^2-\left(k+\dfrac{n}{a}2\pi\right)^2\right]} \tag{11-38}$$

计入微扰后，电子的能量

$$E_k=E_k^0+E_k^{(1)}+E_k^{(2)}$$

$$E_k=\frac{\hbar^2k^2}{2m}+\bar{V}+\sum_n\frac{|V_n|^2}{\dfrac{\hbar^2}{2m}\left[k^2-\left(k+\dfrac{n}{a}2\pi\right)^2\right]} \tag{11-39}$$

3. 微扰下电子的波函数

$$\psi_k(x)=\psi_k^0(x)+\psi_k^{(1)}(x)+\psi_k^{(2)}(x)+\cdots$$

波函数的一级修正：

$$\psi_k^{(1)}=\sum_{k'}\frac{\langle k'\mid H'\mid k\rangle}{E_k^0-E_{k'}^0}\psi_{k'}^0,\quad k\neq k' \tag{11-40}$$

如前所述

$$k'-k=n\frac{2\pi}{a}:\langle k'\mid H'\mid k\rangle=V_n$$

$$k'-k\neq n\frac{2\pi}{a}:\langle k'\mid H'\mid k\rangle=0$$

$$E_k^0=\frac{\hbar^2k^2}{2m}+\bar{V},\quad E_{k'}^0=\frac{\hbar^2k'^2}{2m}+\bar{V}$$

代入式(11-40)，可得计入微扰的电子的波函数为

$$\psi_k(x)=\frac{1}{\sqrt{L}}e^{ikx}+\sum_n\frac{V_n}{\dfrac{\hbar^2}{2m}\left[k^2-\left(k+\dfrac{n}{a}2\pi\right)^2\right]}\frac{1}{\sqrt{L}}e^{i\left(k+2\pi\frac{n}{a}x\right)}$$

$$=\frac{1}{\sqrt{L}}e^{ikx}\left\{1+\sum_n\frac{V_n}{\dfrac{\hbar^2}{2m}\left[k^2-\left(k+\dfrac{n}{a}2\pi\right)^2\right]}e^{i2\pi\frac{n}{a}x}\right\}=\frac{1}{\sqrt{L}}e^{ikx}u_k(x) \tag{11-41}$$

可以证明 $u_k(x+na)=u_k(x)$。说明这个解符合布洛赫函数的形式，可以写成一个自由粒子波函数乘上具有晶格周期性的函数。

4. 电子波函数的意义

$$\psi_k(x)=\frac{1}{\sqrt{L}}\mathrm{e}^{\mathrm{i}kx}+\sum_n\frac{V_n}{\frac{\hbar^2}{2m}\left[k^2-\left(k+\frac{n}{a}2\pi\right)^2\right]}\frac{1}{\sqrt{L}}\mathrm{e}^{\mathrm{i}\left(k+2\pi\frac{n}{a}x\right)}\tag{11-42}$$

第一项：是波矢为 k 的沿 x 正向前进的平面波。

第二项：是平面波受到周期性势场作用产生的散射波，散射波的波矢 $k'=k+\frac{n}{a}2\pi$。

$\frac{V_n}{\frac{\hbar^2}{2m}\left[k^2-\left(k+\frac{n}{a}2\pi\right)^2\right]}$为相关散射波成分的振幅。

这里要注意：当 $k^2=\left(k+\frac{n}{a}2\pi\right)^2$，即 $k=-\frac{n\pi}{a}$时，

$$E_k^0-E_{k'}^0=0$$

也就是说，当 k 为$\frac{\pi}{a}$的整数倍时，二级能量微扰和一级波函数修正都趋向无穷大。这说明上述为非简并微扰法对 $k=-\frac{n\pi}{a}$附近是发散的，不适用。但是进一步分析发散产生的原因，可以指出如何正确处理问题的线索。

式(11-40)表明，对原来零级波函数 ψ_k^0 的修正中，掺入了与 ψ_k^0 有微扰矩阵元($\langle k'|H'|k\rangle\neq0$)的其他零级波函数 $\psi_{k'}^0$，而且，它们的能量差($E_k^0-E_{k'}^0$)越小，掺入的部分就越大。如前所述，与 k 态(ψ_k^0)有矩阵元的只是 $k'=k+n\frac{2\pi}{a}$各态。上述发散结果实际反映，当 $k=-\frac{n\pi}{a}$时，另外一个状态 $k'=\frac{n\pi}{a}$，它们相差 $k'-k=n\frac{2\pi}{a}$，因此有矩阵元，而且能量差为零，从而导致了发散的结果。

根据上述，对应接近$-\frac{n\pi}{a}$的 k 状态，例如

$$k=-\frac{n\pi}{a}(1-\Delta),\quad \Delta\ll1\tag{11-43}$$

在周期场的微扰作用下，最主要的影响将是掺入了和它能量接近的 k'状态，如图 11-6 所示

$$k'=k+\frac{2n\pi}{a}=\frac{n\pi}{a}(1+\Delta)\tag{11-44}$$

此时只考虑影响最大的状态 k'——忽略其他状态的影响，把波函数写成

$$\psi(x)=a\psi_k^0+b\psi_{k'}^0\tag{11-45}$$

其中 $\psi_k^0=\frac{1}{\sqrt{L}}\mathrm{e}^{\mathrm{i}kx}$，$\psi_{k'}^0=\frac{1}{\sqrt{L}}\mathrm{e}^{\mathrm{i}k'x}$。

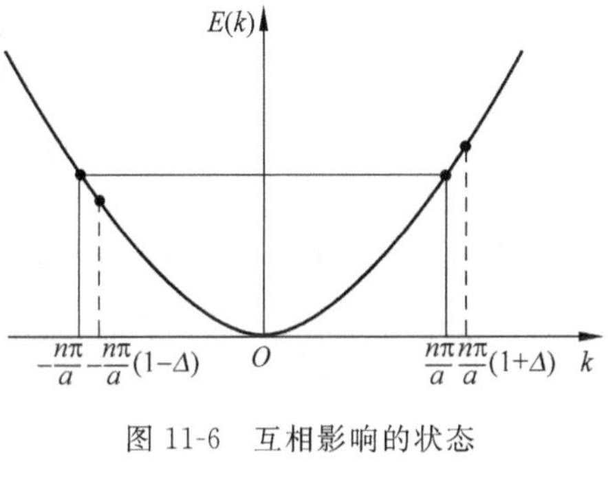

图 11-6 互相影响的状态

将波函数代入薛定谔方程：

$$\hat{H}_0\psi(x)+\hat{H}'\psi(x)=E\psi(x)$$

得到

$$aE_k^0\psi_k^0+bE_{k'}^0\psi_{k'}^0+a\Delta V\psi_k^0+b\Delta V\psi_{k'}^0=E(a\psi_k^0+b\psi_{k'}^0)\tag{11-46}$$

整理得

$$a(E_k^0 - E + \Delta V)\psi_k^0 + b(E_{k'}^0 - E + \Delta V)\psi_{k'}^0 = 0 \tag{11-47}$$

式(11-47)乘以 ψ_k^{0*} 并积分，

$$\int \psi^{0*}_k [a(E_k^0 - E + \Delta V)\psi_k^0 + b(E_{k'}^0 - E + \Delta V)\psi_{k'}^0]\mathrm{d}x = 0$$

$$a(E_k^0 - E) + a\int \psi^{0*}_k \Delta V \psi_k^0 \mathrm{d}x + b(E_{k'}^0 - E)\int \psi^{0*}_k \psi_{k'}^0 \mathrm{d}x + b\int \psi^{0*}_k \Delta V \psi_{k'}^0 \mathrm{d}x = 0$$

$$a(E_k^0 - E) + b\int \psi^{0*}_k \Delta V \psi_{k'}^0 \mathrm{d}x = 0$$

式(11-47)乘以 $\psi_{k'}^{0*}$ 并积分

$$\int \psi^{0*}_{k'} [a(E_k^0 - E + \Delta V)\psi_k^0 + b(E_{k'}^0 - E + \Delta V)\psi_{k'}^0]\mathrm{d}x = 0$$

$$b(E_{k'}^0 - E) + a\int \psi^{0*}_{k'} \Delta V \psi_k^0 \mathrm{d}x = 0$$

$$\int \psi^{0*}_{k'} \Delta V \psi_k^0 \mathrm{d}x = \langle k' \mid \Delta V \mid k \rangle = V_n$$

$$\int \psi^{0*}_{k} \Delta V \psi_{k'}^0 \mathrm{d}x = \langle k \mid \Delta V \mid k' \rangle = V_n^*$$

于是有

$$\begin{aligned} (E_k^0 - E)a + V_n^* b &= 0 \\ V_n a + (E_{k'}^0 - E)b &= 0 \end{aligned} \tag{11-48}$$

式(11-48)作为 a,b 的代数方程，有非零解的条件为

$$\begin{vmatrix} E_k^0 - E & V_n^* \\ V_n^* & E_{k'}^0 - E \end{vmatrix} = 0$$

由此得式(11-46)的能量本征值为

$$E_{\pm} = \frac{1}{2}\{E_k^0 + E_{k'}^0 \pm \sqrt{(E_k^0 - E_{k'}^0)^2 + 4 \mid V_n \mid^2}\} \tag{11-49}$$

下面分两种情况讨论：

(1) $|E_k^0 - E_{k'}^0| \gg |V_n|$

这表示波矢 k 离 $-\frac{n\pi}{a}$ 较远，电子 k 状态与 k' 状态能量差别较大。对于这样情形，可以把式(11-49)按 $\frac{|V_n|}{E_{k'}^0 - E_k^0}$ 展开，取一级近似即得

$$E_{\pm} = \begin{cases} E_{k'}^0 + \dfrac{\mid V_n \mid^2}{E_{k'}^0 - E_k^0} \\ E_k^0 - \dfrac{\mid V_n \mid^2}{E_{k'}^0 - E_k^0} \end{cases} \tag{11-50}$$

比较可知式(11-50)和前面讨论的一般微扰计算结果式(11-39)很相似，只不过在 k 的情形只保留了 k' 项的影响，在 k' 的情况只保留了 k 项的影响。换句话说，只是考虑了 k,k' 在微扰中的相互影响。相互影响的结果使原来能量较高的 k' 态提高，原来能量较低的 k 态下压。这是量子力学中普遍的结果，在微扰作用下相互影响的两个能级，总是原来较高的能量升高了，原来较低的能量下降了，有种形象的比喻称为能级间的“排斥作用”。

(2) $|E_k^0 - E_{k'}^0| \ll |V_n|$

这表示波矢 k 离 $-\frac{n\pi}{a}$ 较近，电子 k 状态与 k' 状态能量差别很小。这种情形，可把式(11-49)按 $\frac{E_{k'}^0 - E_k^0}{|V_n|}$ 展开，保留一级近似得

$$E_{\pm} = \frac{1}{2}\left\{E_k^0 + E_{k'}^0 \pm \left[2|V_n| + \frac{(E_k^0 - E_{k'}^0)^2}{4|V_n|}\right]\right\} \tag{11-51}$$

利用式(11-43)和式(11-44)具体写出 $E_k^0, E_{k'}^0$

$$\left.\begin{aligned} E_{k'}^0 &= \bar{V} + \frac{\hbar^2}{2m}\left(\frac{n\pi}{a}\right)^2(1+\Delta)^2 = \bar{V} + T_n(1+\Delta)^2 \\ E_k^0 &= \bar{V} + \frac{\hbar^2}{2m}\left(\frac{n\pi}{a}\right)^2(1-\Delta)^2 = \bar{V} + T_n(1-\Delta)^2 \end{aligned}\right\} \tag{11-52}$$

其中 T_n 表示 $k=\frac{n\pi}{a}$ 时的动能

$$T_n = \frac{\hbar^2}{2m}\left(\frac{n\pi}{a}\right)^2 \tag{11-53}$$

把式(11-52)代入式(11-51)得到

$$E_{\pm} = \begin{cases} \bar{V} + T_n + |V_n| + \Delta^2 T_n\left(\frac{2T_n}{|V_n|} + 1\right) \\ \bar{V} + T_n - |V_n| - \Delta^2 T_n\left(\frac{2T_n}{|V_n|} - 1\right) \end{cases} \tag{11-54}$$

这个结果可以用图线的方式与零级能量加以比较，如图 11-7 所示。

图 11-7 中的抛物线(细线)表示零级能量，两个相互影响的状态 k 和 k' 微扰后能量变为 E_+, E_-。原来能量高的状态 $\psi_{k'}^0$，能量提高；原来能量低的状态 ψ_k^0，能量降低。

当 $\Delta \to 0$ 时，由式(11-54)式可知

$$E_{\pm} \to \begin{cases} \bar{V} + T_n + |V_n| \\ \bar{V} + T_n - |V_n| \end{cases}$$

图 11-8 画出了 $\Delta>0, \Delta<0$ 两种情形下完全对称的能级图，图中的 A 和 C、B 和 D 代表同一状态。因为它们是从 $\Delta>0, \Delta<0$ 两方当 $\Delta \to 0$ 的共同极限。

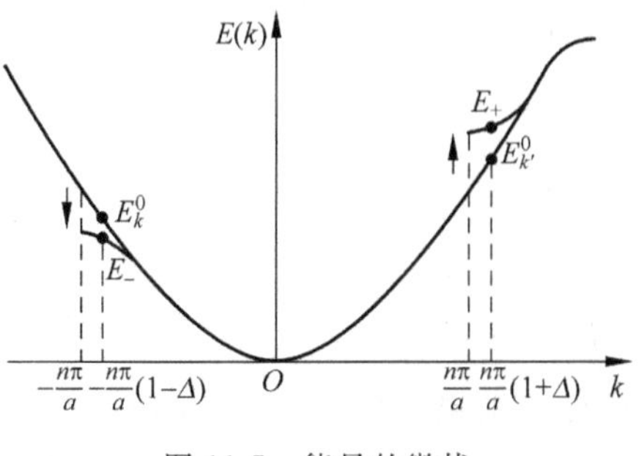

图 11-7 能量的微扰

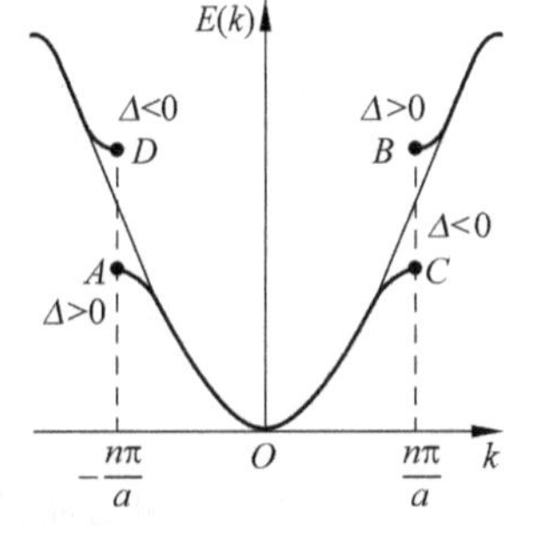

图 11-8 $k=\pm\frac{n\pi}{a}$ 处的微扰

5. 能带和带隙

在零级近似中，电子被看成自由粒子，能量本征值 E_k^0 作为 k 的函数，具有抛物线的形

式。周期起伏势场的微扰，使 k 状态值与 $k+\frac{2\pi}{a}n$（n 为任意整数）的状态相互作用$\left(\frac{2\pi}{a}n\right.$ 是一维晶格的倒格矢$\left.\right)$。

在近自由电子近似模型中，若 k 不在$\frac{\pi}{a}n$ 附近（为了表述简单，以后称为“一般的 k”，以示与$\frac{\pi}{a}n$ 附近的 k 相区别），与之有相互作用的所有状态，它们的能量与 k 状态零级能量差别很大，满足 $|E_k^0-E_{k'}^0|\gg|V_n|$，可以利用非简并微扰的结果式(11-39)和式(11-42)，这时能量的修正很小，可以忽略不计。但是当 k 取值为 $\pm\frac{\pi}{a}n$ 时，与之有相互作用的状态中，存在一个（且只有一个）$\mp\frac{\pi}{a}n$ 状态，二者零级能量相等，而其他状态能量与 k 的零级能量相差很大。当 k 取值在 $\pm\frac{\pi}{a}n$ 附近时相类似，在 $\mp\frac{\pi}{a}n$ 附近有一个状态，它们之间 k 取值相差 $\frac{2\pi}{a}\cdot n$（有相互作用），而且零级近似能量相近。对于后面两种情况，微扰计算时只需计入能量相等（或相近）的两个状态之间的相互影响，这就是简并微扰的情况，微扰的结果是原来能级较高的更高了，原来能级较低的向下降（所谓能级间的排斥作用）。

上面的分析说明，由于周期场的微扰，$E(k)$ 函数将在 k 为 $\pm\frac{\pi}{a}n$ 处断开，能量突变为 $2|V_n|$，如图 11-9 所示。

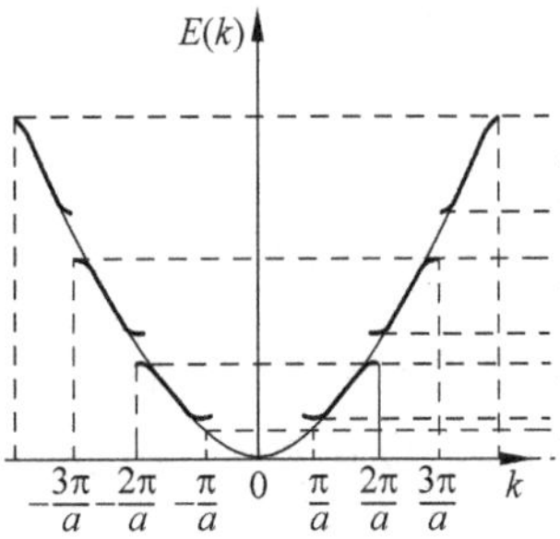

如前所述，满足周期性边界条件的 k 的取值为 $k=l\frac{2\pi}{Na}$，对应每一个 l 有一个量子态，它的能量可以从 $E(k)$ 图上找出。这样把所有量子态的能级都画出来，显然将得到图 11-9 右方所示情形。当 N 很大时，k 的取值是十分密集的，相应的能级也同样十分密集，因此有时称为准连续的。这里最重要的特点是准连续能级分裂成一系列的带 1，2，3，…，它们分别对应于

图 11-9 $E(k)$图和能带

$$k=-\frac{\pi}{a}\leftrightarrow\frac{\pi}{a}\quad（带 1）$$

$$k=-\frac{2\pi}{a}\leftrightarrow-\frac{\pi}{a},\frac{\pi}{a}\leftrightarrow\frac{2\pi}{a}\quad（带 2）$$

$$k=-\frac{3\pi}{a}\leftrightarrow-\frac{2\pi}{a},\frac{2\pi}{a}\leftrightarrow\frac{3\pi}{a}\quad（带 3）$$

$$\vdots$$

各能带的间隔直接对应于 $E(k)$ 图线在 $k=\frac{\pi}{a}n$ 处的间断值 $2|V_1|$，$2|V_2|$，$2|V_3|$，…周期场的变化越激烈，各傅里叶系数也越大，能量间隔也将更宽。**周期场中运动的电子的能级形成能带是能带理论最基本的结果之一**。我们将看到，正是这个结论，提供了导体和非导体的理论说明。各能带之间的间隔称为“带隙”。在带隙中不存在电子能级。

我们注意,各个能带所对应的 k 的取值范围正好是$\frac{2\pi}{a}$,各能带中所包含 k 的取值数为$\frac{Na}{2\pi}\times\frac{2\pi}{a}=N$,等于原来晶格中原胞的数目。计入自旋,每个能带中包含有 $2N$ 个量子态。

电子波矢与布洛赫函数中简约波矢的关系

在前面的讨论中,我们以自由电子为零级近似,用描述自由电子的波函数中波矢 $\boldsymbol{k}$ 来标志不同的量子态,而且得到的波函数具有类似于布洛赫函数的形式,如式(11-41)中近自由电子近似的波函数可以写成

$$e^{i\boldsymbol{k}\cdot x}\times 周期函数 \tag{11-55}$$

注意:只有在可以以自由电子为零级近似的情况下(即可以认为周期性势场起伏很小),才有可能这样引入 $\boldsymbol{k}$ 来标志状态,它是有局限性的一种特殊情况。

在 11.1 节中,我们证明了在周期场中运动的电子,可以引入简约波矢$\bar{k}$作为平移算符的量子数,这是普通的结论,不依赖于周期场的具体形式。在 11.2 节和本节中引入的自由电子波矢 $\boldsymbol{k}$ 与一般量子数简约波矢$\bar{k}$之间既有联系又有区别,下面结合一维情况具体进行说明。

(1) 简约波矢$\bar{k}$取值需限制在某一指定的范围,通常为简约布里渊区。对于一维晶格,简约布里渊区为

$$-\frac{\pi}{a}\sim\frac{\pi}{a}\quad(第一布里渊区,简约布里渊区)$$

而自由电子波矢 $\boldsymbol{k}$ 的取值没有限制的。$\boldsymbol{k}=l\frac{2\pi}{Na}$,$l$ 取整数,没有限制。

(2) 既然简约波矢$\bar{k}$是平移算符的一般量子数,它应该能概括各种特殊情况下的结果,因而$\bar{k}$与 $\boldsymbol{k}$ 应该是有联系的,在一维情况下,我们可以把 $\boldsymbol{k}$ 用简约波矢表示

$$k=\frac{2\pi}{a}m+\bar{k}$$

这样式(11-55)就变成

$$e^{i\bar{k}\cdot x}\left[e^{i\frac{2\pi}{a}m\cdot x}\times(周期函数)\right]$$

由于 $e^{i\frac{2\pi}{a}m\cdot x}$是一个周期函数,所以方括号内的函数正好相当于一般布洛赫函数中的周期函数因子 $\mu(x)$。

这就是说,在第一布里渊区以外的 $\boldsymbol{k}$,如果用简约波矢来标志,就应当把 $\boldsymbol{k}$ 改变$\frac{2\pi}{a}$的倍数,使它落在第一布里渊区。如图 11-10 所示。

a 通过移动$-\frac{2\pi}{a}$到 a',b 通过移动$\frac{2\pi}{a}$到 b',c 通过移动$\frac{2\pi}{a}$到 c',……按照这种方式,原来用 $\boldsymbol{k}$ 标志的 $a,b,c,d,\cdots$各段,如果用简约波矢来标志,则成为图中 a',b',c',d'。

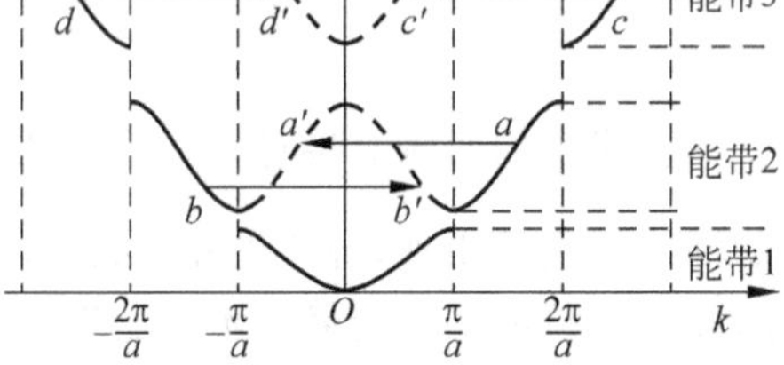

图 11-10 电子波矢 k 与简约波矢$\bar{k}$的关系

从图 11-10 可以明显看到,每一个能带各状态

对应于在$-\frac{\pi}{a}\sim\frac{\pi}{a}$间不同的简约波矢$\bar{k}$；对于同一个简约波矢，有能量高低不同的一系列状态，分别属于能带1,2,3,…。所以一般地标志一个状态，需要表明：

(1) 它属于哪个能带？

(2) 它的简约波矢$\bar{k}$是什么？

也就是说，在用简约波矢$\bar{k}$来标志状态时必须同时指明它属于哪一个能带，否则不能确定。

在讨论了$\boldsymbol{k}$与$\bar{k}$之间的相互关系之后，可以用简约波矢的观点来阐明近自由电子近似的微扰计算。零级近似下的自由电子的解也可以用简约波矢来表示，和图11-10中一样，可以通过移动倒格矢$G_m=\frac{2\pi}{a}m$把在$-\frac{\pi}{a}\sim\frac{\pi}{a}$范围以外的$\boldsymbol{k}$移入简约布里渊区。如图11-11中的细线。这时零级波函数可以写成

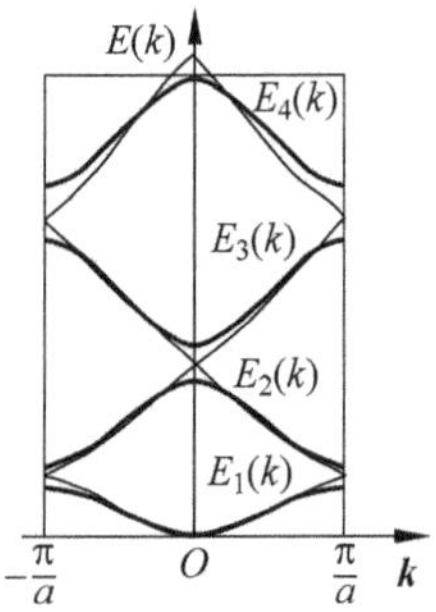

$$\psi_k^0=\frac{1}{\sqrt{L}}\mathrm{e}^{\mathrm{i}\boldsymbol{k}\cdot x}=\mathrm{e}^{\mathrm{i}\bar{k}\cdot x}\left[\frac{1}{\sqrt{L}}\mathrm{e}^{\mathrm{i}\frac{2\pi}{a}m\cdot x}\right]$$

图11-11　近自由电子近似的简约波矢表示

括号内为周期函数。必须注意，在用简约波矢描述自由电子波函数时，也必须指出它属于哪个能带。周期场势场的起伏只是使得不同能带相同，简约波矢$\bar{k}$的状态之间相互影响。在图11-11中可以看出：对于"一般的$\bar{k}$(远离布里渊区界面)"，这些状态间的能量差别较大，在近自由电子近似的微扰计算中，采用非简并微扰计算，而在简约波矢$\bar{k}=0$和$\bar{k}=\pm\frac{\pi}{a}$及其附近存在两个能量相同或相近的态，需要用简并微扰理论来处理。结果表明在$\bar{k}=0$和$\bar{k}=\pm\frac{\pi}{a}$处，不同能带之间出现带隙-禁带，如图11-11所示。

11.4　三维周期场中电子运动的近自由电子近似

可以用和前节完全相似的方法讨论三维情况。

考虑金属中电子受到离子周期性势场的作用，假定周期性势场的起伏较小。作为零级近似，可以用势场的平均值代替离子产生的势场：$\bar{V}=V(\boldsymbol{r})$。周期性势场的起伏量$V(\boldsymbol{r})-\bar{V}=\Delta V$作为微扰来处理。波动方程为

$$\left[-\frac{\hbar^2}{2m}\nabla^2+V(\boldsymbol{r})\right]\psi(\boldsymbol{r})=E\psi(\boldsymbol{r})$$

其中$V(\boldsymbol{r})$是具有晶格周期性的势场

$$V(\boldsymbol{r}+\boldsymbol{R}_m)=V(\boldsymbol{r})$$

其中$\boldsymbol{R}_m=m_1\boldsymbol{a}_1+m_2\boldsymbol{a}_2+m_3\boldsymbol{a}_3$为晶格矢量(布拉菲格子的格矢)。

1. 零级近似下电子的能量和波函数——空格子中电子的能量和波函数

作为零级近似，用平均场$\bar{V}$代替$V(\boldsymbol{r})$，则波函数可以取波矢为$\boldsymbol{k}$的平面波

$$\psi_k^0=\frac{1}{\sqrt{V}}\mathrm{e}^{\mathrm{i}\boldsymbol{k}\cdot\boldsymbol{r}}\tag{11-56}$$

相应的本征值为

$$E_k^0 = \bar{V} + \frac{\hbar^2 k^2}{2m}$$

引入边界条件后 $\boldsymbol{k}$ 的取值 $\boldsymbol{k}=\frac{l_1}{N_1}\boldsymbol{b}_1+\frac{l_2}{N_2}\boldsymbol{b}_2+\frac{l_3}{N_3}\boldsymbol{b}_3$。

它是 k 空间均匀分布的点子，“密度”为 $\frac{V}{(2\pi)^3}$，波函数满足正交归一化条件

$$\int \psi_{k'}^{0*} \psi_k^0 \mathrm{d}\boldsymbol{r} = \delta_{k'k}$$

2. 微扰时电子的能量和波函数(近自由电子近似模型)

和一维晶格情况相似，微扰 $\Delta V(\boldsymbol{r})=V(\boldsymbol{r})-\bar{V}$ 对本征值的一级修正 $\langle \boldsymbol{k} | \Delta V(\boldsymbol{r}) | \boldsymbol{k} \rangle$ 为零。波函数的一级修正

$$\psi_k^{(1)} = \sum_{k'} \frac{\langle \boldsymbol{k}' \mid \Delta V \mid \boldsymbol{k} \rangle}{E_k^0 - E_{k'}^0} \psi_{k'}^0 \tag{11-57}$$

式中 $\boldsymbol{k} \neq \boldsymbol{k}'$。

本征值的二级修正

$$E_k^{(2)} = \sum_{k'} \frac{|\langle \boldsymbol{k}' \mid \Delta V \mid \boldsymbol{k} \rangle|^2}{E_k^0 - E_{k'}^0}$$

其中 $\boldsymbol{k}' \neq \boldsymbol{k}$。

都需要计算矩阵元(由于 $\boldsymbol{k}'$、$\boldsymbol{k}$ 两态的正交性，微扰 $\Delta V(\boldsymbol{r})=V(\boldsymbol{r})-\bar{V}$ 可以用 $V(\boldsymbol{r})$ 代替)

$$\langle \boldsymbol{k}' \mid V(\boldsymbol{r}) \mid \boldsymbol{k} \rangle = \frac{1}{V}\int \mathrm{e}^{-\mathrm{i}(\boldsymbol{k}'-\boldsymbol{k})\cdot \boldsymbol{r}} V(\boldsymbol{r}) \mathrm{d}\boldsymbol{r}$$

积分按原胞划分

$$\langle \boldsymbol{k}' \mid V(\boldsymbol{r}) \mid \boldsymbol{k} \rangle = \frac{1}{Nv_0}\sum \int \mathrm{e}^{-\mathrm{i}(\boldsymbol{k}'-\boldsymbol{k})\cdot \boldsymbol{r}} V(\boldsymbol{r}) \mathrm{d}\boldsymbol{r}$$

做变量替换 $\boldsymbol{\xi}=\boldsymbol{r}-\boldsymbol{R}_m$，势场有周期性 $V(\boldsymbol{\xi})=V(\boldsymbol{\xi}+\boldsymbol{R}_m)$。

$$\begin{aligned}\langle \boldsymbol{k}' \mid V(\boldsymbol{r}) \mid \boldsymbol{k} \rangle &= \frac{1}{Nv_0}\sum \int \mathrm{e}^{-\mathrm{i}(\boldsymbol{k}'-\boldsymbol{k})\cdot(\boldsymbol{\xi}+\boldsymbol{R}_m)} V(\boldsymbol{\xi}) \mathrm{d}\boldsymbol{\xi} \\ &= \frac{1}{v_0}\int \mathrm{e}^{-\mathrm{i}(\boldsymbol{k}'-\boldsymbol{k})\cdot \boldsymbol{\xi}} V(\boldsymbol{\xi}) \mathrm{d}\boldsymbol{\xi} \frac{1}{N}\sum_m \mathrm{e}^{-\mathrm{i}(\boldsymbol{k}'-\boldsymbol{k})\cdot \boldsymbol{R}_m}\end{aligned} \tag{11-58}$$

根据 $\boldsymbol{k}$ 的取值条件，把 $\boldsymbol{k}$ 和 $\boldsymbol{k}'$ 表示为

$$\boldsymbol{k} = \frac{l_1}{N_1}\boldsymbol{b}_1 + \frac{l_2}{N_2}\boldsymbol{b}_2 + \frac{l_3}{N_3}\boldsymbol{b}_3, \quad \boldsymbol{k}' = \frac{l_1'}{N_1}\boldsymbol{b}_1 + \frac{l_2'}{N_2}\boldsymbol{b}_2 + \frac{l_3'}{N_3}\boldsymbol{b}_3$$

如此

$$\sum_m \mathrm{e}^{-\mathrm{i}(\boldsymbol{k}'-\boldsymbol{k})\cdot \boldsymbol{R}_m} = \left(\sum_{m_1=0}^{N_1} \mathrm{e}^{-\mathrm{i}2\pi\frac{l_1-l_1'}{N_1}m_1}\right)\left(\sum_{m_2=0}^{N_2} \mathrm{e}^{-\mathrm{i}2\pi\frac{l_2-l_2'}{N_2}m_2}\right)\left(\sum_{m_3=0}^{N_3} \mathrm{e}^{-\mathrm{i}2\pi\frac{l_3-l_3'}{N_3}m_3}\right) \tag{11-59}$$

$$\frac{l_1'-l_1}{N_1} = n_1, \frac{l_2'-l_2}{N_2} = n_2, \frac{l_3'-l_3}{N_3} = n_3, \quad n_1, n_2, n_3 \text{ 为整数} \tag{11-60}$$

显然式(11-58)中各加式中每项均为 1，结果得 $N_1N_2N_3=N$。假如式(11-60)中有任何一式未满足，则和一维情况相似，几何级数之和为 0。

式(11-60)的条件用 $\boldsymbol{k}$ 和 $\boldsymbol{k}'$ 表示为

$$\boldsymbol{k}'-\boldsymbol{k}=n_1\boldsymbol{b}_1+n_2\boldsymbol{b}_2+n_3\boldsymbol{b}_3=\boldsymbol{G}_n$$

也就是说，只有当 $\boldsymbol{k}'$ 和 $\boldsymbol{k}$ 相差为一个倒格子矢量 $\boldsymbol{G}_n$ 时，它们之间的矩阵元才不为 0。在这种情况下，根据式(11-58)，矩阵元可以写成

$$\langle \boldsymbol{k}' \mid V(\boldsymbol{r}) \mid \boldsymbol{k}\rangle = \frac{1}{v_0}\int_{原胞} e^{-i\boldsymbol{G}_n\cdot\boldsymbol{\xi}}V(\boldsymbol{\xi})d\boldsymbol{\xi}=V_n \tag{11-61}$$

这正是 $V(\boldsymbol{r})$ 展开成傅里叶级数时的系数。

把式(11-61)应用于式(11-57)，由于 $\boldsymbol{k}'$ 只限于 $\boldsymbol{k}'=\boldsymbol{k}+\boldsymbol{G}_n$，因此

$$\psi_k^{(1)}=\sum_{k'}\frac{\langle \boldsymbol{k}' \mid \Delta V \mid \boldsymbol{k}\rangle}{E_k^0-E_{k'}^0}\psi_{k'}^0=\sum_n\frac{V_n}{E_k^0-E_{k+G_n}^0}\frac{1}{\sqrt{V}}e^{i(\boldsymbol{k}+\boldsymbol{G}_n)\cdot\boldsymbol{r}}$$
$$=\frac{1}{\sqrt{V}}e^{i\boldsymbol{k}\cdot\boldsymbol{r}}\sum_n\frac{V_n}{E_k^0-E_{k+G_n}^0}e^{i\boldsymbol{G}_n\cdot\boldsymbol{r}} \tag{11-62}$$

在一维情况，当 k 的取值接近 $\frac{\pi}{a}n$ 时，一级微扰计算导致发散的结果，它实际反映应该采用简并微扰计算，本征值在这些 k 值发生突变。三维情况完全类似：当两个相互有矩阵元的状态 $\boldsymbol{k}$ 和 $\boldsymbol{k}'=\boldsymbol{k}+\boldsymbol{G}_n$ 的零级能量相等时，波函数的一级修正项和能量的二级修正项都趋于∞。导致发散的条件可以写成

$$|\boldsymbol{k}|^2=|\boldsymbol{k}+\boldsymbol{G}_n|^2$$

或

$$\boldsymbol{G}_n\cdot\left(\boldsymbol{k}+\frac{1}{2}\boldsymbol{G}_n\right)=0 \tag{11-63}$$

式(11-63)的几何意义是：在 k 空间中从原点所作的倒格子矢量 $-\boldsymbol{G}_n$ 的垂直平分面的方程。如图 11-12 所示。也就是说，在倒格矢垂直平分面上及其附近的 $\boldsymbol{k}$，前述的非简并微扰是不适用的，应采用简并微扰。为了具体起见，图 11-13 中画出了简单立方晶格的倒格子空间的平面示意图，$\boldsymbol{b}_1$ 中垂面上的一点 A 与 $(-\boldsymbol{b}_1)$ 中垂面上的一点 A'，它们之间相差倒格矢有相互作用矩阵元，而且零级能量相等。从图中也可看出四个顶角的状态 C_1, C_2, C_3, C_4，它们彼此之间也相差倒格矢，并且零级能量相等。这表明三维情况比一维情况复杂，简并态的数目不都是两个，有可能多于两个。

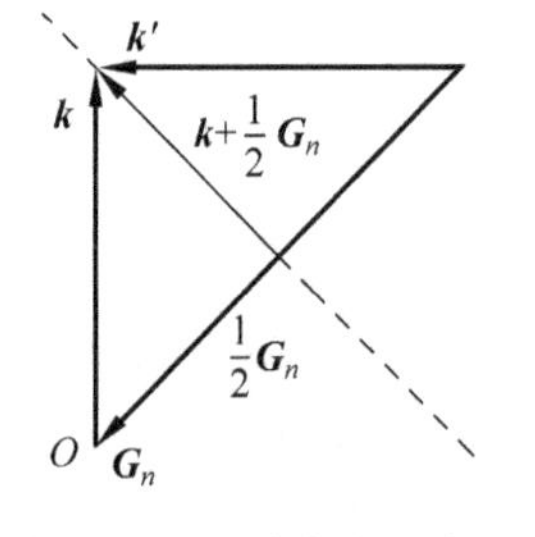

图 11-12 发散条件示意图

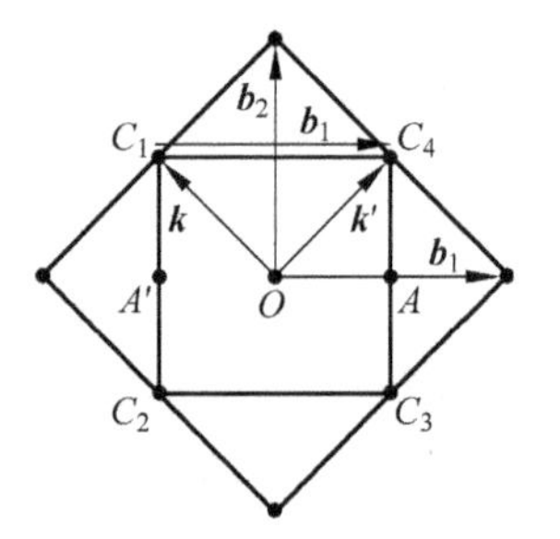

图 11-13 简单立方晶格中的简并态

总之，在三维情况下的近自由电子近似，对应“一般的 $\boldsymbol{k}$”($\boldsymbol{k}$ 的取值不在 $\boldsymbol{G}_n$ 中垂面及其附近)有相互作用各状态之间零级能量差别很大，符合非简并微扰条件；而对应 $\boldsymbol{G}_n$ 中垂面及其附近的 $\boldsymbol{k}$，应采用简并微扰，简并微扰的结果，由于“能级间的排斥作用”而使得 $E(\boldsymbol{k})$ 函数在 $\boldsymbol{G}_n$ 中垂面处“断开”，即发生突变。

按照布里渊区的定义，倒格矢 $\boldsymbol{G}_n$ 的中垂面正好就是布里渊区的界面。如此，前面的讨论可以概括成：周期性势场的微扰作用使 $E(\boldsymbol{k})$ 函数在布里渊区界面发生分裂。

了解三维情况的能带需要借助布里渊区的概念。如果在 k 空间中把原点和所有倒格子之间的连线（也就是倒格矢量）的垂直平分面都画出来，k 空间将被分割成许多区域，在每个区域内 E 对 k 是连续变化的，而在这些区域的边界处 $E(\boldsymbol{k})$ 函数发生突变，这些区域被称为布里渊区。图 11-14 为二维简单立方晶格的布里渊区。

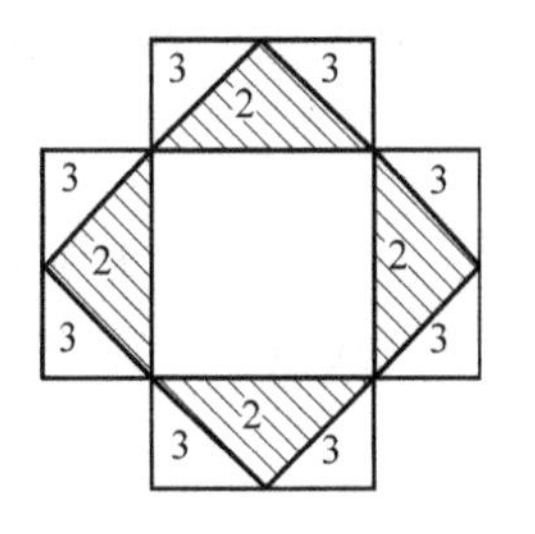

图 11-14 简单立方晶格的二维布里渊区

布里渊区在图中看来被分割为不相连的若干小区，**但是实际上能量是连续的**。属于一个布里渊区的能级构成一个能带，不同的布里渊区对应不同的能带。可以证明，每个布里渊区的体积是相等的，等于倒格子原胞的体积，计入自旋，每个能带包含有 $2N$ 个量子态（N 为晶体原胞的数目）。

注意：在布里渊边界出现能隙，不一定导致两个相邻布里渊区之间出现禁带！

三维和一维情况有一个重要的区别，不同能带在能量上不一定分割开，而可以发生能带之间的交叠。图 11-15(a)中，B 表示第二布里渊区能量最低的点，A 与 B 相邻而处在第一布里渊区，它的能量和 B 点是断开的。图 11-15(b)表示从 O 到 A、B 连线上各点的能量，在 A、B 间是断开的。C 点表示第一布里渊区能量最高的点。图 11-15(c)表示沿 OC 各点的能量，如果像图示的情况，C 点能量高于 B 点，则显示两个能带在能量上将发生交叠，如图 11-15(d)所示。也就是说，沿各个方向（例如 OA，OC）在布里渊区界面 $E(\boldsymbol{k})$ 函数是间断的，但不同方向断开时的能量取值不同，因而有可能使能带发生交叠。

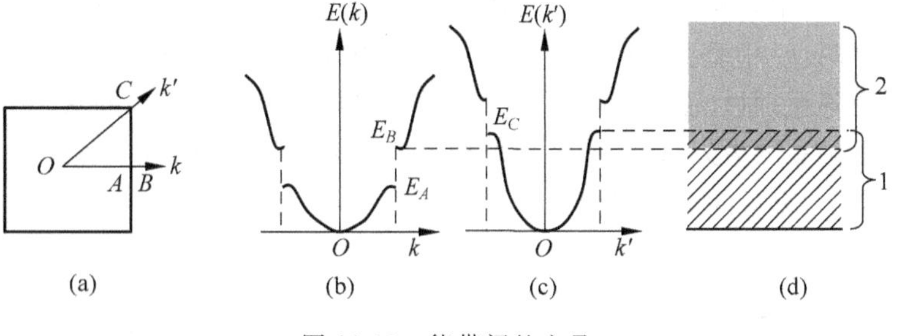

图 11-15 能带间的交叠

和一维情况一样，零级近似下的平面波波矢量 $\boldsymbol{k}$ 与简约波矢 $\bar{k}$ 之间既有联系又有区别。简约波矢的取值需限制在简约布里渊区之中，而简约布里渊区通常就定义为上述的第一布里渊区。简约布里渊区以外的 $\boldsymbol{k}$，总可以通过改变某一倒格矢 $\boldsymbol{G}_n$ 而移入简约布里渊区内部。对于每一个简约波矢 $\bar{k}$ 有能量高低不同的一系列状态，分别属于不同的能带。用简约波矢 $\bar{k}$ 来标示状态时，必须同时指明它属于哪一个能带，记为 $E_n(\bar{k})$，$\psi_{n\bar{k}}(\boldsymbol{r})$，$n$ 标志能带，$\bar{k}$ 为简约波矢。

布里渊区的形状对研究具体晶格振动、电子运动都至关重要。由前述布里渊区的定义可知，布里渊区的形状取决于对应的倒易格子点阵。

倒易格子点阵情况受晶体晶格结构控制，因此布里渊区的形状是由晶体结构决定的。

例如，边长为 a 的体心立方晶格，其倒格子是边长为 $4\pi/a$ 的面心立方格子，其第一布里渊区为原点和 12 个近邻格点连线的垂直平分面围成的正十二面体，如图 11-16 所示。

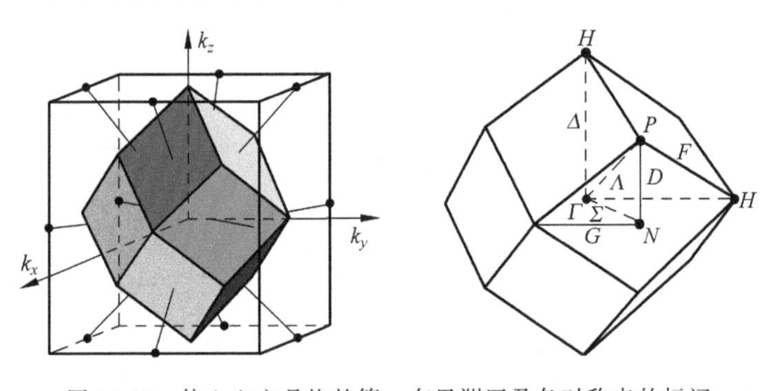

图 11-16　体心立方晶格的第一布里渊区及各对称点的标记

边长为 a 的面心立方晶格，其倒格子为边长为 $4\pi/a$ 的体心立方格子，其第一布里渊区为原点和 8 个近邻格点连线的垂直平分面围成的正八面体，和沿立方轴的 6 个次近邻格点连线的垂直平分面割去八面体的六个角，形成十四面体。八个面是正六边形，六个面是正四边形。如图 11-17 所示。图中标出对称点、轴所习惯用的符号。例如原点记为 Γ(gamma)，[Γ：(000)]，六边形的中心记为 L，[L：($\pi/a,\pi/a,\pi/a$)]；四边形的中心记为 X，[X：($2\pi/a,0,0$)]。ΓX 轴记为 Δ 轴(实际上表示(100)方向)；ΓL 轴记为 Λ(lambda)轴(实际上表示(111)方向)。

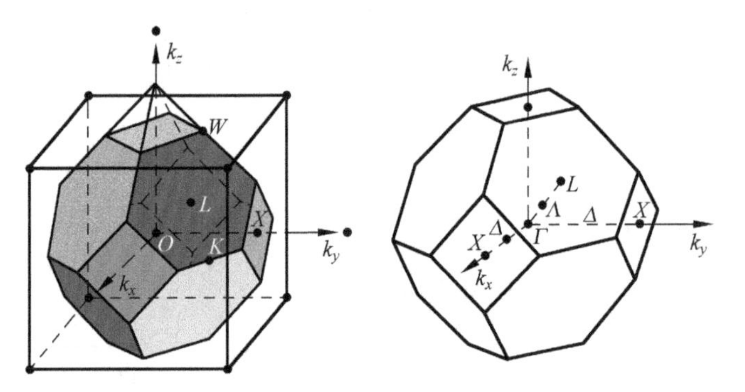

图 11-17　面心立方晶格的第一布里渊区及其各对称点的标记

仿照一维情况，以面心立方晶格为例，具体分析一下如何把零级近似下的波矢 $\boldsymbol{k}$ 移入简约布里渊区，图 11-18 中给出了沿 Δ 轴(ΓX 轴)的结果。

在三维情况下构造出各个布里渊区的几何结构是比较繁琐的。下面我们简单给出图 11-18 是如何得到的，其中提到的第 2、第 3、……能带只是为了叙述方便，并没有与各布里渊区相对应的确切的含义。

当 $\boldsymbol{k}$ 在第一布里渊区时，

Γ 点：$\boldsymbol{k}=(0,0,0)$

X 点：$\boldsymbol{k}=\left(0,\dfrac{2\pi}{a},0\right)$ 相应的能量值为 $E_1^{\Gamma}=0$

$$E_1^X=\frac{\hbar^2}{2m}\left(\frac{2\pi}{a}\right)^2=\frac{1}{2m}\left(\frac{2\pi\hbar}{a}\right)^2$$

图 11-18 中取 E_1^Γ 为能量参考点，以 $\frac{1}{2m}\left(\frac{2\pi\hbar}{a}\right)^2$ 为能量单位。由 E_1^Γ 和 E_1^X 就可以示意画出图中的 $E_1(\boldsymbol{k})$。

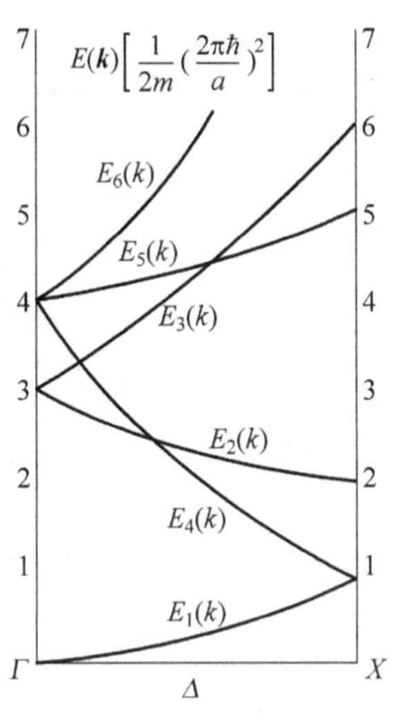

图 11-18　沿 Δ 轴的自由电子的 $E(k)$ 函数

最近邻倒格点 M：$\boldsymbol{k}=\left(\frac{2\pi}{a},-\frac{2\pi}{a},\frac{2\pi}{a}\right)$，移入简约布里渊区后对应 Γ 点，同时 N 点：$\boldsymbol{k}=\left(\frac{2\pi}{a},0,\frac{2\pi}{a}\right)$ 移到 X 点。如图 11-19 所示，得到

$$E_2^\Gamma=3\times\frac{1}{2m}\left(\frac{2\pi\hbar}{a}\right)^2,\quad E_2^X=2\times\frac{1}{2m}\left(\frac{2\pi\hbar}{a}\right)^2$$

与 MN 等价的线段共有 4 条，因而在 Δ 轴上 $E_2(\boldsymbol{k})$ 是四重简并的。

同理，最近邻倒格点 P：$\boldsymbol{k}=\left(\frac{2\pi}{a},\frac{2\pi}{a},\frac{2\pi}{a}\right)$，移入简约布里渊区后对应 Γ 点，相应 Q 点：$\boldsymbol{k}=\left(\frac{2\pi}{a},\frac{4\pi}{a},\frac{2\pi}{a}\right)$，移到 X 点。如图 11-19 所示，得到

$$E_3^\Gamma=3\times\frac{1}{2m}\left(\frac{2\pi\hbar}{a}\right)^2,\quad E_3^X=6\times\frac{1}{2m}\left(\frac{2\pi\hbar}{a}\right)^2$$

同理，与 PQ 等价的线段也是 4 条，因而 $E_3(\boldsymbol{k})$ 也是四重简并的。

再考虑次近邻倒格点，W：$\boldsymbol{k}=\left(0,-\frac{4\pi}{a},0\right)$，移入简约布里渊区后对应 Γ 点，相应 H 点：$\boldsymbol{k}=\left(0,-\frac{2\pi}{a},0\right)$，移到 X 点。如图 11-20 所示，得到

$$E_4^\Gamma=4\times\frac{1}{2m}\left(\frac{2\pi\hbar}{a}\right)^2,\quad E_4^X=\frac{1}{2m}\left(\frac{2\pi\hbar}{a}\right)^2$$

WH 没有等价线段，因而 $E_4(\boldsymbol{k})$ 是非简并的。

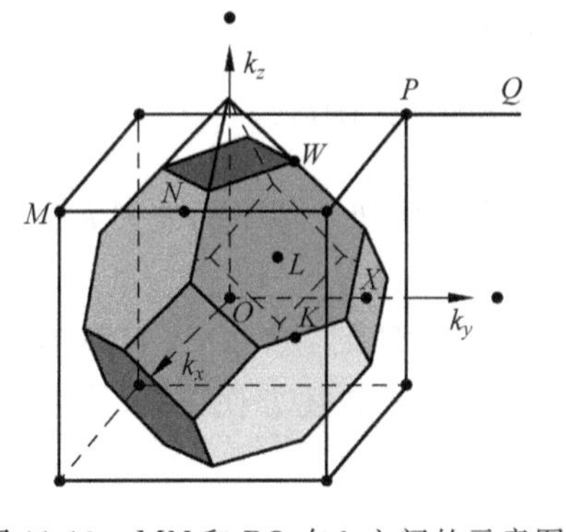

图 11-19　MN 和 PQ 在 k 空间的示意图

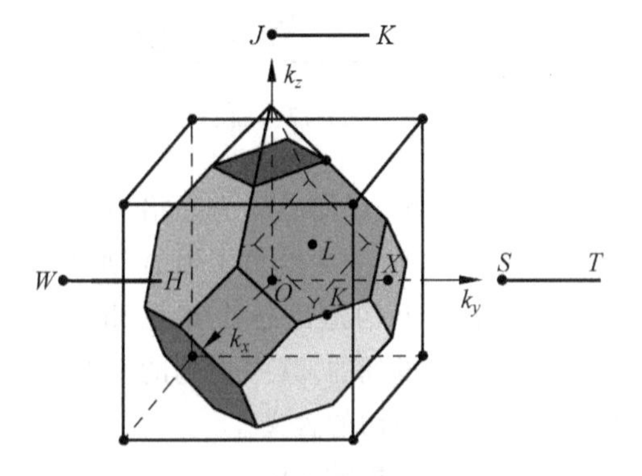

图 11-20　WH，JK 和 ST 在 k 空间的示意图

次近邻倒格点，J：$\boldsymbol{k}=\left(0,0,\frac{4\pi}{a}\right)$，移入简约布里渊区后对应 Γ 点，相应 K 点：$\boldsymbol{k}=\left(0,\frac{2\pi}{a},\frac{4\pi}{a}\right)$，移到 X 点。如图 11-20 所示，得到

$$E_5^{\Gamma} = 4 \times \frac{1}{2m}\left(\frac{2\pi\hbar}{a}\right)^2,\quad E_5^X = 5 \times \frac{1}{2m}\left(\frac{2\pi\hbar}{a}\right)^2$$

与 JK 等价的线段有 4 条,因而 $E_5(\boldsymbol{k})$是四重简并的。

同样,次近邻倒格点,S: $\boldsymbol{k}=\left(0,\frac{4\pi}{a},0\right)$,移入简约布里渊区后对应 Γ 点,相应 T 点: $\boldsymbol{k}=\left(0,\frac{6\pi}{a},0\right)$,移到 X 点。如图 11-20 所示,得到

$$E_6^{\Gamma} = 4 \times \frac{1}{2m}\left(\frac{2\pi\hbar}{a}\right)^2,\quad E_6^X = 9 \times \frac{1}{2m}\left(\frac{2\pi\hbar}{a}\right)^2$$

ST 没有等价线段,因而 $E_6(\boldsymbol{k})$是非简并的。

如此这般,就可以得到 Δ 轴的 $E(\boldsymbol{k})$图(见图 11-18)。用完全相同的办法也可以得到沿其他方向(如 Λ(lambda)轴)的 $E(\boldsymbol{k})$函数图。

图 11-18 中给出了面心立方晶体用简约波矢表示的电子能量沿 Δ 轴的结果。必须注意,无论 Γ 点、X 点还是 Δ 轴,状态大都是高度简并的,这是因为 Γ 点、X 点、Δ 轴都具有高度的对称性。在记入周期场起伏的微扰作用后,某些简并性将要消除,但并不是全部。通常是用群论的方法来确定这些高简并态如何分裂。在一维情况,由于布里渊区中心和边界的简并都是二重的,可以用统一的表达式(只是 V_n 不同)来表述简并微扰的结果。在三维情况则不行,简并微扰计算需按不同 k,不同的能带分别进行。用简约波矢表示自由电子的能量在有些书中称为**空晶格近似**。

11.5 赝势

赝字的意思是假、伪。赝势表示不是真实的势。赝势的概念在能带计算中被广泛采用,这里做些简单的介绍。

为什么要引入赝势呢?

如前所述,在近自由电子近似中曾假定周期势场的起伏是很小的,若把周期势作傅里叶展开

$$V(\boldsymbol{r}) = \sum_n V_n e^{i\boldsymbol{G}\cdot\boldsymbol{r}}$$

意味着系数 V_n 是很小的。V_n 是联系 $\boldsymbol{k}$ 状态与 $\boldsymbol{k}+\boldsymbol{G}_n$ 状态之间的矩阵元,所谓 V_n 很小是指下述不等式

$$|E_k^0 - E_{k+G}^0| \gg V_n \tag{11-64}$$

能够被满足,(例如一维近自由电子近似中,只有在 $k=0$,$k=\pm\frac{\pi}{a}$及其附近,有一对状态是不满足的),从而使计算大大简化。但在实际材料中,周期场的起伏并不是很小,在原子核附近,库仑吸引作用使得 $V(\boldsymbol{r})$偏离平均值很远,如图 11-21 中(a)所示。因此式(11-64)的条件不是经常能满足的,从而使得对 $\boldsymbol{k}$ 状态的微扰计算需要包含很多 $\boldsymbol{k}+\boldsymbol{G}_n$ 的平面波的叠加(严格上讲,凡是不满足式(11-64)条件的都需要记入)。为计算增加

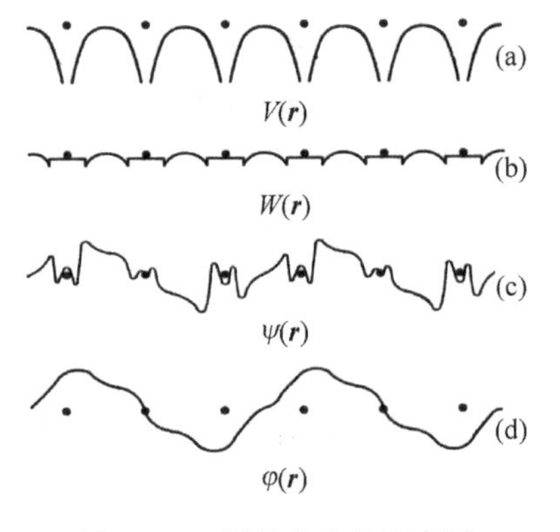

图 11-21 赝势方法的示意图

了困难，甚至变得在实际上是不可能完成的。但是另一方面，许多金属材料的实验结果表明，近自由电子近似的计算结果对于它们的实际能带结构是适合的，这就产生了矛盾。赝势的引入不仅可以使近自由电子近似能带计算方法大大简化，还可以（至少是部分地）解释产生上述矛盾的原因。

在固体中，人们最关心的是价电子，在原子结合成固体的过程中价电子的运动状态发生了很大变化，而内层电子的变化是比较小的。固体中价电子的波函数一般具有图 11-21(c)中所示意的形式。在离子实之间的区域，波函数变化平滑，与自由电子的平面波很接近；在离子实内部的区域，波函数变化剧烈，上下摆动存在若干节点。离子实内部区域波函数的这一特点是要与离子实内层电子波函数正交的要求。类比原子的情况对这一点做一简单的说明。图 11-22 中示意画出氢原子 1s，2s，3s 态的径向波函数部分，随着主量子数 n 增加，波节点数目增多，这就是波函数相互正交所要求的。2s 态与 1s 态正交，要求它们的径向波函数的乘积积分等于零，2s 态有一个节点，使得 1s 态和 2s 态径向波函数在一部分是同号的，另一部分是异号的。3s 态径向波函数有两个节点，使得它与 1s 态、2s 态径向波函数同时有部分区域同号，部分区域异号，以保证它们之间的正交，以此类推。因此越是外层的电子波函数的波长越短，动能越大。固体中价电子的波函数也要与原子内层电子波函数正交，因而在每个离子实内部出现若干节点。

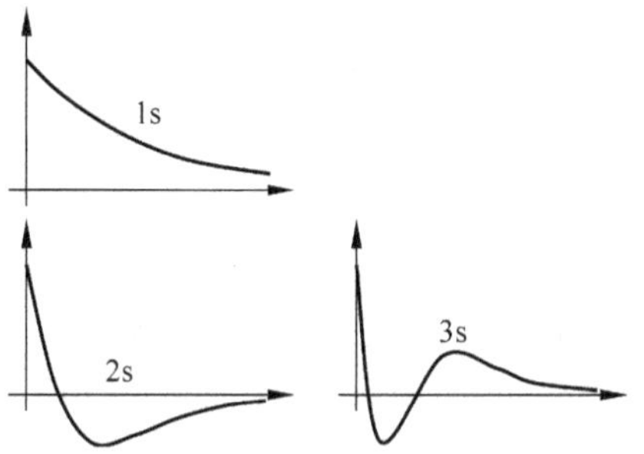

1s
2s
3s

图 11-22 氢原子 1s，2s，3s 态的径向波函数

可以证明，与内层电子波函数正交的要求，起着一种排斥势能的作用，它在很大程度上抵消了在离子实内部 $V(\boldsymbol{r})$ 的吸引作用。由此提出了赝势的概念，即在离子实内部，用假想的势能取代真实的势能，求解波动方程时，若不改变其能量本征值及离子实之间区域的波函数，则这个假想的势能就叫做赝势。实际采用的赝势总是使离子实内部的电子波函数尽可能的平坦。赝势同时概括了离子实的吸引作用和波函数的正交要求，二者是相消的，如图 11-21(b)所示。由赝势求出的波函数称为赝波函数，如图 11-21(d)所示，在离子实之间的区域真实的势和赝势给出同样的波函数。

赝势应包含离子实和价电子的作用，称为有效势，它可以有多种具体形式（当然它需要满足一定的条件），我们可以选择某种模型势，其中包含一个或几个参量，用实验数据相比较的办法，来确定这些参量。空中心模型是一个简单的例子。设原子为 Z 价的，那么价电子就是在 Z 价正离子的势场中运动，设离子实半径为 R_e，空中心模型所表示的正离子赝势为

当 $r>R_e$ 时，$V(r)=-\dfrac{Ze^2}{r}$；

当 $r<R_e$ 时，$V(r)=0$。

显然这是一个理想化的模型，认为在离子实内部，“排斥作用”和吸引作用完全抵消，而在离子实外部被看成是离子电荷 $+Ze$ 的库仑场。在这个模型中，R_e 是唯一可以选择的参量，有些工作表明，若 R_e 选择得合适，这种模型与实验结果还是相当符合的。

用赝势方法对很多金属材料做了能带计算，由于离子实的吸引作用和波函数正交要求

二者的作用是相消的，使得计算结果接近于近自由电子近似的模型。赝势的方法也被用来研究半导体中的价带和导带。

11.6 紧束缚近似-原子轨道线性组合法

紧束缚近似的出发点是，电子在一个原子附近时，将主要受到该原子场的作用，把其他原子场的作用看成是微扰作用，如图 11-23 所示。由此可以得到电子的原子能级与晶体中能带之间的相互关系。

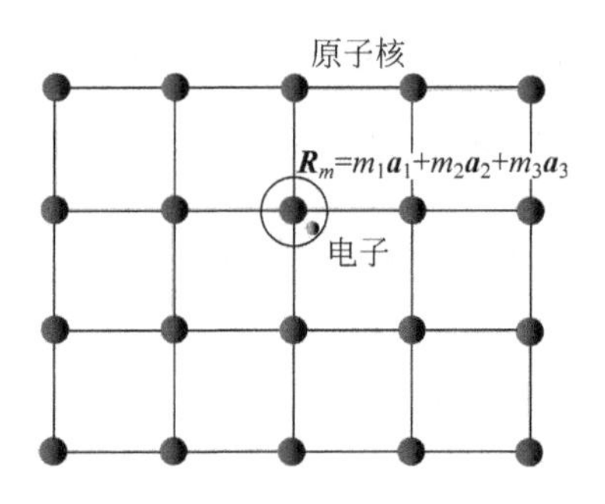

图 11-23 电子在晶体中的示意图

11.6.1 模型与微扰计算

如果完全不考虑原子之间的相互影响，那么在某格点 $\boldsymbol{R}_m=m_1\boldsymbol{a}_1+m_2\boldsymbol{a}_2+m_3\boldsymbol{a}_3$ 附近的电子将以原子束缚态 $\varphi_i(\boldsymbol{r}-\boldsymbol{R}_m)$的形式环绕 $\boldsymbol{R}_m$ 点运动（这里假定是简单晶格，每个原胞中只有一个原子），$\varphi_i(\boldsymbol{r}-\boldsymbol{R}_m)$表示孤立原子的波动方程（定态薛定谔方程）的本征态

$$\left[-\frac{\hbar^2}{2m}\nabla^2+V(\boldsymbol{r}-\boldsymbol{R}_m)\right]\varphi_i(\boldsymbol{r}-\boldsymbol{R}_m)=\varepsilon_i\varphi_i(\boldsymbol{r}-\boldsymbol{R}_m) \tag{11-65}$$

$V(\boldsymbol{r}-\boldsymbol{R}_m)$为 $\boldsymbol{R}_m$ 格点的原子势场，ε_i 为某原子能级。晶体中电子波动方程为

$$\left[-\frac{\hbar^2}{2m}\nabla^2+U(\boldsymbol{r})\right]\psi(\boldsymbol{r})=E\psi(\boldsymbol{r}) \tag{11-66}$$

式中 $U(\boldsymbol{r})$为周期性势场，它是各格点原子势场之和。在紧束缚近似中，把方程(11-65)看做0级近似，把 $U(\boldsymbol{r})-V(\boldsymbol{r}-\boldsymbol{R}_m)$看成微扰。环绕不同的格点，将有 N 个类似的波函数，它们具有相同的能量 ε_i，也就是说是 N 重简并的。这实际上是把原子间相互影响看做微扰的简并微扰方法，微扰以后的状态是 N 个简并态的线性组合，即用原子轨道 $\varphi_i(\boldsymbol{r}-\boldsymbol{R}_m)$的线性组合来构成晶体中电子共有化运动的轨道 $\psi_i(\boldsymbol{r})$，因而也称为原子轨道线性组合法，简写为LCAO。因此有

$$\psi(r)=\sum_m a_m\varphi_i(\boldsymbol{r}-\boldsymbol{R}_m) \tag{11-67}$$

把上式代入晶体中电子的波动方程(11-66)，并利用式(11-65)得到

$$\sum_m a_m[\varepsilon_i+U(\boldsymbol{r})-V(\boldsymbol{r}-\boldsymbol{R}_m)]\varphi_i(\boldsymbol{r}-\boldsymbol{R}_m)=E\sum_m a_m\varphi_i(\boldsymbol{r}-\boldsymbol{R}_m) \tag{11-68}$$

当原子间距比原子轨道半径大时，不同格点 $\varphi_i(\boldsymbol{r}-\boldsymbol{R}_m)$的重叠很小，将近似认为

$$\int\varphi_i^*(\boldsymbol{r}-\boldsymbol{R}_m)\varphi_i(\boldsymbol{r}-\boldsymbol{R}_n)\mathrm{d}\boldsymbol{r}=\delta_{mn} \tag{11-69}$$

以 $\varphi_i^*(\boldsymbol{r}-\boldsymbol{R}_n)$左乘式(11-68)并积分得到

$$\sum_m a_m\{\varepsilon_i\delta_{nm}+\int\varphi_i^*(\boldsymbol{r}-\boldsymbol{R}_n)[U(\boldsymbol{r})-V(\boldsymbol{r}-\boldsymbol{R}_m)]\varphi_i(\boldsymbol{r}-\boldsymbol{R}_m)\mathrm{d}\boldsymbol{r}\}=Ea_n$$

化简得

$$\sum_m a_m\int\varphi_i^*(\boldsymbol{r}-\boldsymbol{R}_n)[U(\boldsymbol{r})-V(\boldsymbol{r}-\boldsymbol{R}_m)]\varphi_i(\boldsymbol{r}-\boldsymbol{R}_m)\mathrm{d}\boldsymbol{r}=(E-\varepsilon_i)a_n \tag{11-70}$$

注意 $\varphi_i^*(\boldsymbol{r}-\boldsymbol{R}_n)$实际上有 N 种可能的选取办法,式(11-70)实际上是 N 个联立方程中的一个典型方程。先计算式(11-70)中的积分,先做变量替换,令

$$\xi=\boldsymbol{r}-\boldsymbol{R}_m$$

由于 $U(\boldsymbol{r})$为周期函数,$U(\boldsymbol{r})=U(\xi+\boldsymbol{R}_m)=U(\xi)$,于是式(10-70)中的积分可表示为

$$\int\varphi_i^*(\boldsymbol{r}-\boldsymbol{R}_n)[U(\boldsymbol{r})-V(\boldsymbol{r}-\boldsymbol{R}_m)]\varphi_i(\boldsymbol{r}-\boldsymbol{R}_m)\mathrm{d}\boldsymbol{r}$$

$$=\int\varphi_i^*(\xi+\boldsymbol{R}_m-\boldsymbol{R}_n)[U(\xi)-V(\xi)]\varphi_i(\xi)\mathrm{d}\xi=-J(\boldsymbol{R}_n-\boldsymbol{R}_m) \tag{11-71}$$

式(11-71)表明积分只决定于相对位置 $\boldsymbol{R}_n-\boldsymbol{R}_m$,因此引入符号 $J(\boldsymbol{R}_n-\boldsymbol{R}_m)$。式中引入负号的原因是,$U(\xi)$-$V(\xi)$就是周期场减掉在原点的原子场,如图 11-24 所示,这个场仍为负值。

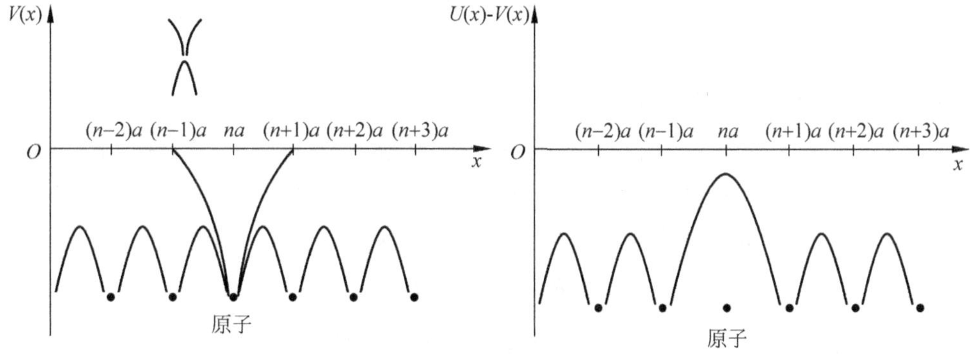

图 11-24　$V(x)$和 $U(x)$-$V(x)$示意图

将式(11-71)代入式(11-70)中得到

$$-\sum_m a_m J(\boldsymbol{R}_n-\boldsymbol{R}_m)=(E-\varepsilon_i)a_n \tag{11-72}$$

这是以 a_m 为未知数的线性齐次方程组,方程有下列简单形式的解

$$a_m=C\mathrm{e}^{\mathrm{i}\boldsymbol{k}\cdot\boldsymbol{R}_m} \tag{11-73}$$

其中 C 为归一化因子,$\boldsymbol{k}$ 为任意常数矢量,代入式(11-72)可以得到

$$E-\varepsilon_i=-\sum_m J(\boldsymbol{R}_n-\boldsymbol{R}_m)\mathrm{e}^{-\mathrm{i}\boldsymbol{k}\cdot(\boldsymbol{R}_n-\boldsymbol{R}_m)}=-\sum_m J(\boldsymbol{R}_s)\mathrm{e}^{-\mathrm{i}\boldsymbol{k}\cdot(\boldsymbol{R}_s)} \tag{11-74}$$

其中 $\boldsymbol{R}_s=\boldsymbol{R}_n-\boldsymbol{R}_m$,注意式(10-74)中最后的结果不依赖于 m 或 n。说明对于(11-73)形式的解,所有联立方程都化为同一条件,它实际确定了上述解对应的本征值 E。

总结以上,对于一个确定的 $\boldsymbol{k}$ 值,周期场中薛定谔方程的解

$$\psi_{\boldsymbol{k}}=\frac{1}{\sqrt{N}}\sum_m \mathrm{e}^{\mathrm{i}\boldsymbol{k}\cdot\boldsymbol{R}_m}\varphi(\boldsymbol{r}-\boldsymbol{R}_m) \tag{11-75}$$

本征值为

$$E(\boldsymbol{k}) = \varepsilon_i - \sum_m J(\boldsymbol{R}_s)\mathrm{e}^{-\mathrm{i}\boldsymbol{k}\cdot(\boldsymbol{R}_s)} \tag{11-76}$$

N 表示原胞总数。很容易验证式(11-75)表示的 ψ_k 是布洛赫函数，因为式(10-75)可以写成

$$\psi_k(\boldsymbol{r}) = \frac{1}{\sqrt{N}}\mathrm{e}^{\mathrm{i}\boldsymbol{k}\cdot\boldsymbol{r}}\Big[\sum_m \mathrm{e}^{-\mathrm{i}\boldsymbol{k}\cdot(\boldsymbol{r}-\boldsymbol{R}_m)}\varphi(\boldsymbol{r}-\boldsymbol{R}_m)\Big] \tag{11-77}$$

括号内如果 $\boldsymbol{r}$ 增加晶格矢量 $\boldsymbol{R}_n = n_1\boldsymbol{a}_1 + n_2\boldsymbol{a}_2 + n_3\boldsymbol{a}_3$，它可以直接并入 $\boldsymbol{R}_m$，由于求和遍及所有格点，结果并不改变连加式的值，这表明括号内是一周期性函数。而矢量 $\boldsymbol{k}$ 为简约波矢 $\bar{k}$，它的取值应限制在简约布里渊区。考虑到周期性边界条件

$$\bar{k} = \frac{l_1}{N_1}\boldsymbol{b}_1 + \frac{l_2}{N_2}\boldsymbol{b}_2 + \frac{l_3}{N_3}\boldsymbol{b}_3$$

共得 N 个如式(11-75)形式的解。

$$\begin{pmatrix}\psi_{k1}\\ \psi_{k2}\\ \vdots\\ \psi_{kN}\end{pmatrix} = \frac{1}{\sqrt{N}}\begin{pmatrix}\mathrm{e}^{\mathrm{i}k_1\cdot\boldsymbol{R}_1} & \mathrm{e}^{\mathrm{i}k_1\cdot\boldsymbol{R}_2} & \cdots & \mathrm{e}^{\mathrm{i}k_1\cdot\boldsymbol{R}_N}\\ \mathrm{e}^{\mathrm{i}k_2\cdot\boldsymbol{R}_1} & \mathrm{e}^{\mathrm{i}k_2\cdot\boldsymbol{R}_2} & \cdots & \mathrm{e}^{\mathrm{i}k_2\cdot\boldsymbol{R}_N}\\ \vdots & \vdots & & \vdots\\ \mathrm{e}^{\mathrm{i}k_N\cdot\boldsymbol{R}_1} & \mathrm{e}^{\mathrm{i}k_N\cdot\boldsymbol{R}_2} & \cdots & \mathrm{e}^{\mathrm{i}k_N\cdot\boldsymbol{R}_N}\end{pmatrix}\begin{pmatrix}\varphi_i(\boldsymbol{r}-\boldsymbol{R}_1)\\ \varphi_i(\boldsymbol{r}-\boldsymbol{R}_2)\\ \vdots\\ \varphi_i(\boldsymbol{r}-\boldsymbol{R}_N)\end{pmatrix}$$

由式(11-76)可知，每一个 $\bar{k}$ 对应一个能量本征值(一个能级)，对应于准连续的 N 个 $\bar{k}$ 值，$E(\boldsymbol{k})$将形成一准连续的能带。因此，可以说，形成固体时原子态(原子能级)将形成一相应的能带。通常式(11-76)还可以做些简化，考查其中的

$$-J(\boldsymbol{R}_s) = \int \varphi_i^*(\xi - \boldsymbol{R}_s)[U(\xi) - V(\xi)]\varphi_i(\xi)\mathrm{d}\xi \tag{11-78}$$

$\varphi_i^*(\xi - \boldsymbol{R}_s)$和 $\varphi_i(\xi)$表示相距为 $\boldsymbol{R}_s$ 的两个格点上的波函数，显然积分只有当它们有一点相互重叠时，才不为 0，重叠最完全的是 $\boldsymbol{R}_s = 0$，我们将用 J_0 表示。

$$J_0 = \int \varphi_i^*(\xi)[U(\xi) - V(\xi)]\varphi_i(\xi)\mathrm{d}\xi = \int [U(\xi) - V(\xi)] \mid \varphi_i(\xi) \mid^2 \mathrm{d}\xi$$

其次是 $\boldsymbol{R}_s$ 为近邻格点的晶格矢量。一般只保留的近邻项，而把其他项略去，式(11-76)变成

$$E(\boldsymbol{k}) = \varepsilon_i - J_0 - \sum_{\boldsymbol{R}_s = \text{近邻}} J(\boldsymbol{R}_s)\mathrm{e}^{-\mathrm{i}\bar{k}\cdot(\boldsymbol{R}_s)} \tag{11-79}$$

例 1　讨论简单立方晶格中原子 s 态 $\varphi_s(\boldsymbol{r})$形成的能带。

s 态波函数是球对称的，在各个方向重叠积分相同，因此在式(11-79)中 $J(\boldsymbol{R}_s)$有相同的值，简单表示为

$$J_1 = J(\boldsymbol{R}_s) \quad (\boldsymbol{R}_s \text{ 为近邻矢径}) \tag{11-80}$$

s 态波函数为偶宇称，即 $\varphi_s(-\boldsymbol{r}) = \varphi_s(\boldsymbol{r})$，在近邻重叠积分式(11-78)中波函数的贡献为正，所以 $J_1 > 0$

如图 11-25 所示，简单立方晶格六个近邻格点为 $\begin{matrix}(a,0,0),(0,a,0),(0,0,a)\\ (-a,0,0),(0,-a,0),(0,0,-a)\end{matrix}$

把近邻格矢 $\boldsymbol{R}_s$ 代入式(11-79)，有

$$\sum_{\boldsymbol{R}_s = \text{近邻}} J(\boldsymbol{R}_s)\mathrm{e}^{-\mathrm{i}\bar{k}\cdot(\boldsymbol{R}_s)} = J_1(\mathrm{e}^{-\mathrm{i}k_x a} + \mathrm{e}^{-\mathrm{i}k_y a} + \mathrm{e}^{-\mathrm{i}k_z a} + \mathrm{e}^{\mathrm{i}k_x a} + \mathrm{e}^{\mathrm{i}k_y a} + \mathrm{e}^{\mathrm{i}k_z a})$$

$$=2J_1(\cos k_xa+\cos k_ya+\cos k_za)$$

于是得到

$$E(\bar{k})=\varepsilon_s-J_0-2J_1(\cos k_xa+\cos k_ya+\cos k_za) \tag{11-81}$$

简单立方晶体的布里渊区如图 11-26 所示。由公式(11-81)得到 Γ、X、R 点的能量为

Γ 点：$\boldsymbol{k}=(0,0,0)$　　$E^{\Gamma}=\varepsilon_s-J_0-6J_1$

X 点：$\boldsymbol{k}=\left(0,0,\frac{\pi}{a}\right)$　　$E^{X}=\varepsilon_s-J_0-2J_1$

R 点：$\boldsymbol{k}=\left(\frac{\pi}{a},\frac{\pi}{a},\frac{\pi}{a}\right)$　　$E^{R}=\varepsilon_s-J_0+6J_1$

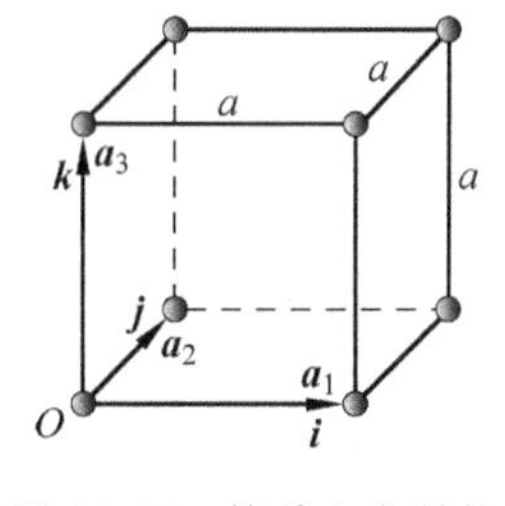

图 11-25　简单立方晶格

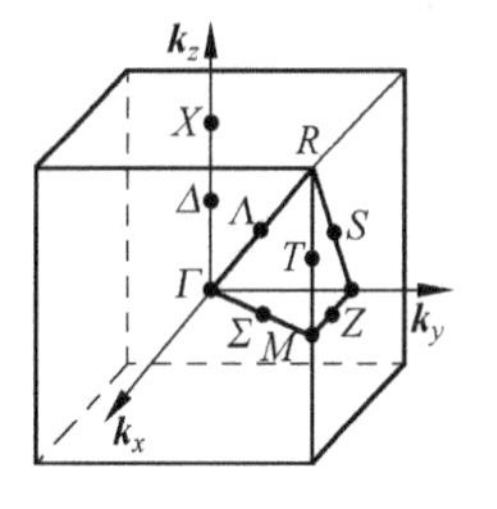

图 11-26　简单立方布里渊区

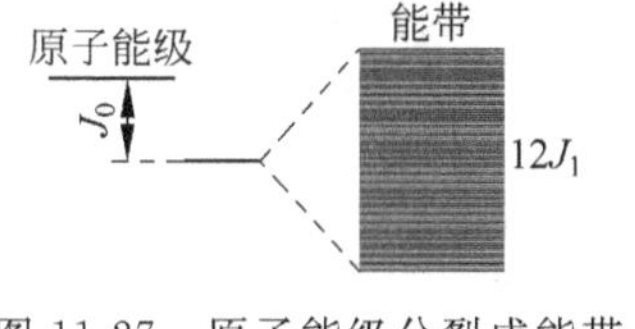

图 11-27　原子能级分裂成能带

因为 $J_1>0$，Γ 点和 R 点分别对应能带底和能带顶。能带和原子能级的关系如图 11-27 所示，能带的宽度为 $12J_1$。

需要特别注意，带宽决定于 J_1，而 J_1 的大小又主要决定于近邻原子波函数之间的相互重叠，重叠越多，形成的能带也越宽。

11.6.2　原子能级与能带的对应

上面讨论的是最简单的情况，一个原子能级 ε_i 对应一个能带，原子的各不同能级，在固体中将产生一系列相应的能带。图 11-28 示意地表示了能级与能带的对应。在图中特别表示出，越低的能带越窄，越高的能带越宽。这是由于能量低的能带对应于原子的内层电子，它们的原子轨道很小，在不同原子间很少相互重叠，因此能带较窄。能量较高的外层电子轨道，在不同原子间将有较多的重叠，从而形成较宽的带，在这种情况下，原子能级与能带之间有简单的对应关系，这时相应的能带可以称为 ns 带、np 带、nd 带等。由于 p 态是三重简并的，对应的三个能带是相互交叠的，d 态、f 态也有类似的情况。

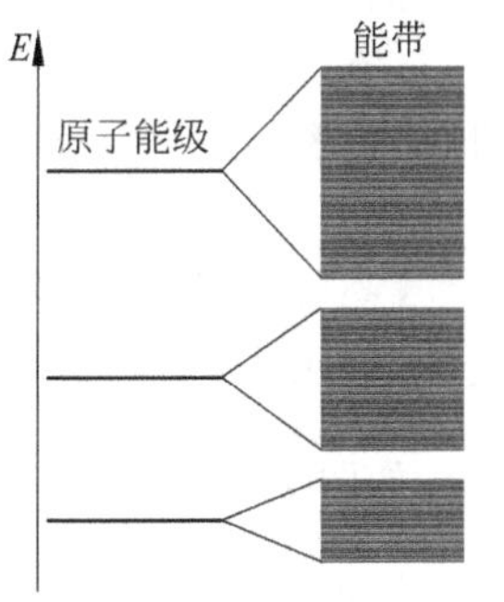

图 11-28　原子能级与能带之间的对应

有时，原子能级与能带之间并不存在上述简单的一一对应关系。在形成晶体的过程中，不同原子态之间有可能混合。在上面的讨论中只考虑了不同格点、相同原子态之间的相互作用，而略去了不同原子态之间的相互作用。**这是一种近似，近似成立的条件是要求微扰作用远小于原子能级之间的能量差**。通常可以用能带宽度反映微扰作用的大小。对于内层电子，能带宽度较小，能级与能带之间有简单的一一对应；外层电子，能带较宽，能级与

能带之间的对应将变得比较复杂。这时可以认为主要是由几个能级相近的原子态相互组合成能带，而略去了其他较多原子态的影响。

11.7 周期场对能态密度的影响

如前所述，晶体中的“共有化”电子数量巨大，所处的状态不同，能量也不尽相同。这些状态的波函数和能量(能级)可以在不同的近似考虑下推导计算出来。如11.2节所述，这些电子能级是异常密集的，形成准连续分布，去标明其中每个能级是没有意义的。为了在这种情况下反映在不同的能量区间中有多数电子能级的状况，引入了所谓“能态密度”的概念。

在自由电子近似中，能态密度函数为

$$N(E)=4\pi V\frac{(2m)^{3/2}}{h^3}E^{1/2}$$

那么考虑了周期场的影响后，这些共有化电子所处的状态和能级也发生变化，那么在能态密度上有什么反应呢？下面以近自由电子近似为例讨论这个问题。

在近自由电子近似中，周期场的影响主要表现在布里渊区界面附近，在其他地方只是对自由电子的情形有较小的修正。因此当我们考虑第一布里渊区的等能面的情况时，可以认为，从原点向外，等能面基本上保持为球面，这些区域中状态点对应的状态等于自由电子的状态。在接近布里渊区界面时，等能面将向边界凸出，如图11-29所示。

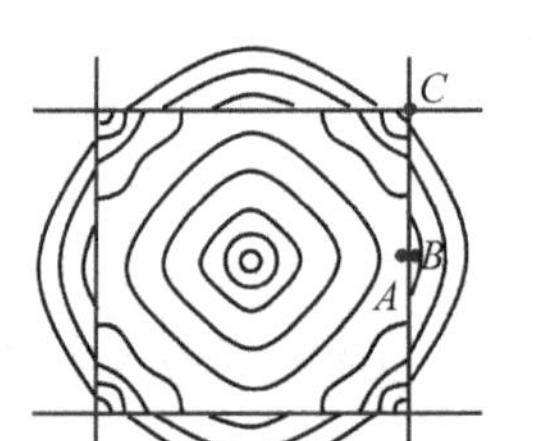

图11-29 近自由电子近似等能面

可以这样理解等能面向布里渊区界面凸出：周期场的微扰使能量下降，而等能面凸出意味着，达到同样的E，需要更大的k，也就是说对同样的k，$E(k)$减小了。当能量超过布里渊区界面上A点代表的能量E_A，一直到E接近于在顶角C点的能量E_C(即第一能带顶)时，等能面将不再是完整的闭合面，而是分割成在各个顶角附近的曲面。根据以上分析，对能态密度$N(E)$可以做如下的估计。

在能量还没有接近E_A时，$N(E)$和自由电子的结果相差不多，在E接近E_A时，随E的增加，等能面一个比一个更加强烈地向外凸出，因而使它们之间的体积有越来越大的增长。相应地，能态密度在接近E_A时，应比自由电子显著增大。当E超过E_A时，由于等能面开始残破，面积不断下降，到达E_C时，等能面将缩成几个顶角点。因此由$E_A \sim E_C$，$N(E)$将不断下降直到零。从而对近自由电子近似情况，得到如图11-30(b)所示的$N(E)$曲线。

以上只考虑了第一布里渊区的状态。并且假定第二布里渊区能量最低点B对应的状态能量E_B大于第一布里渊区的最高能量E_C。如果能量继续增加，在$E_C<E<E_B$范围，k空间里没有任何状态点对应的状态能量在这个范围，因此在这个能量范围，能态密度等于零。能量继续增加，当E超过第二布里渊区的最低能量E_B时，能态密度将从E_B开始，由0迅速增大，如图11-30(c)所示。

当然也有可能周期场的起伏不够大，由此导致的在布里渊区界面处能量分裂得不够大，使$E_C<E_B$不成立，此时会产生所谓的能带交叠，即第二布里渊区一些状态点对应的能量与

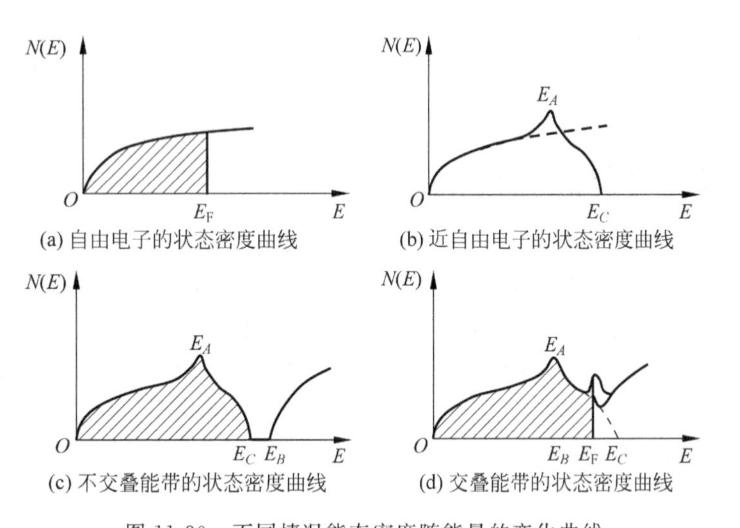

图 11-30　不同情况能态密度随能量的变化曲线

第一布里渊区内一些状态点对应的能量相同。此时图 11-30(c)中显示的能量由 E_A 增大到 E_C 过程中能态密度逐步下降到零的情形就不会发生，而是在下降一段后，由于等能面扩展到第二布里渊区，导致能态密度开始上升，相当于图 11-30(c)所示的两条曲线有所叠加，形成图 11-30(d)表达的情形。因此总的能态密度，对应能带不重叠($E_C < E_B$)和能带重叠($E_C > E_B$)的两种情况，如图 11-30(c)和图 11-30(d)所示。这种情况是由具体的材料本身结构和周期场的大小决定的。

11.8　电子的准经典运动

前面主要讨论了电子在晶体周期场中运动的本征态和本征值。对本征态和本征值的了解是研究各种有关电子运动问题的基础。

例如：只要知道了电子在固体中的能级(本征值)，就可以根据统计物理的一般原理，具体讨论有关电子统计的各种问题。

另一类问题是讨论晶体中的电子在一个外加场的作用下的运动，这个外场可以是外加电场、磁场、掺入晶体的杂质势场等。

一般情况下，外加场比晶体周期场弱很多，于是，很自然会想到以晶体中本征态为基础来进行讨论。

这其中，一种讨论方法是求解含有外加势场 U 的波动方程。

$$\left[-\frac{\hbar^2}{2m}\nabla^2+V(\boldsymbol{r})+U\right]\psi(\boldsymbol{r}) = E\psi(\boldsymbol{r}) \tag{11-82}$$

另一种讨论方法是把电子运动近似当作经典粒子来处理(必须满足一定的条件)，一般的输运过程问题，例如均匀电、磁场中各种电导效应都属于这类。

经典的粒子有确定的位置和动量，但在量子力学里这是不可能的。

因为——电子不是经典的粒子！

但经典力学中的很多概念和规律都非常直观，易于理解，我们可以把经典力学中的这些概念和规律也移植到对晶体中电子运动的描述。就是所谓的电子的准经典运动。

1. 波包和电子速度

在量子力学中，对任意有经典类比的力学系统，如果一个态的经典描述近似成立，则在量子力学中这个态就由一个波包代表，所有坐标和动量都有近似的数值，其精确度由测不准原理所限制。

所谓波包是指该粒子(例如电子)空间分布在 $\boldsymbol{r}_0$ 附近的 $\Delta\boldsymbol{r}$ 范围内，动量取值为 $\hbar\boldsymbol{k}_0$ 附近 $\hbar\Delta\boldsymbol{k}$ 范围内，$\Delta\boldsymbol{r}$ 与 $\hbar\Delta\boldsymbol{k}$ 满足测不准关系。把波包中心 $\boldsymbol{r}_0$ 称为该粒子的位置，把中心 $\hbar\boldsymbol{k}_0$ 称为该粒子的动量。

在晶体内，可以用布洛赫波组成波包。由于波包包含能量不同的本征态，因此必须考虑与能量有关的时间因子，把布洛赫波函数写成

$$\psi_{k'}(\boldsymbol{r},t) = e^{i\left[\boldsymbol{k}'\cdot\boldsymbol{r}-\frac{E(\boldsymbol{k}')}{\hbar}t\right]}u_{k'}(\boldsymbol{r}) \tag{11-83}$$

其中 $u_{k'}(\boldsymbol{r})$ 为周期性函数。把与 $\boldsymbol{k}_0$ 相邻近的各 $\boldsymbol{k}'$ 状态叠加起来就可以组成与量子态 $\boldsymbol{k}_0$ 相对应的波包，为了得到较稳定的波包，$\boldsymbol{k}'$ 必须很接近 $\boldsymbol{k}_0$(否则波包很快发散消失)，如果把 $\boldsymbol{k}'$ 写成

$$\boldsymbol{k}' = \boldsymbol{k}_0 + \boldsymbol{k}$$

则 $\boldsymbol{k}$ 必须很小，把 $E(\boldsymbol{k}')$ 按 $\boldsymbol{k}$ 展开可以只保留到线性项，

$$E(\boldsymbol{k}') \approx E(\boldsymbol{k}_0) + \boldsymbol{k}\cdot(\nabla_k E)_{k_0} \tag{11-84}$$

组成波包时 $\boldsymbol{k}$ 将限制在下列范围

$$-\frac{\Delta}{2} \leqslant \begin{Bmatrix} k_x \\ k_y \\ k_z \end{Bmatrix} \leqslant \frac{\Delta}{2}$$

这样根据式(11-82)和式(11-83)，可以写出下列波包：

$$\psi(\boldsymbol{r},t) \approx \int_{-\frac{\Delta}{2}}^{\frac{\Delta}{2}} dk_x \int_{-\frac{\Delta}{2}}^{\frac{\Delta}{2}} dk_y \int_{-\frac{\Delta}{2}}^{\frac{\Delta}{2}} dk_z\, e^{i\left[(\boldsymbol{k}_0+\boldsymbol{k})\cdot\boldsymbol{r}-\frac{E(\boldsymbol{k}_0)+\boldsymbol{k}\cdot(\nabla_k E)_{k_0}}{\hbar}t\right]}u_{k_0}(\boldsymbol{r})$$

$$= e^{i\left[\boldsymbol{k}_0\cdot\boldsymbol{r}-\frac{E(\boldsymbol{k}_0)}{\hbar}t\right]}u_{k_0}(\boldsymbol{r})\int_{-\frac{\Delta}{2}}^{\frac{\Delta}{2}} dk_x \int_{-\frac{\Delta}{2}}^{\frac{\Delta}{2}} dk_y \int_{-\frac{\Delta}{2}}^{\frac{\Delta}{2}} dk_z\, e^{i\boldsymbol{k}\cdot\left[\boldsymbol{r}-\frac{(\nabla_k E)_{k_0}}{\hbar}t\right]} \tag{11-85}$$

上式中忽略了 $u_{k'}(\boldsymbol{r})$ 随 $\boldsymbol{k}$ 的变化，把它写成 $u_{k_0}(\boldsymbol{r})$ 提到积分号之外。

为了分析波包运动，只需分析波包代表的粒子的位置概率函数随时间的变化。由式(11-85)，得到

$$|\psi(\boldsymbol{r},t)|^2 = |u_{k_0}(\boldsymbol{r})|^2 \left|\frac{\sin\pi\Delta u}{\pi\Delta u}\right|^2 \left|\frac{\sin\pi\Delta v}{\pi\Delta v}\right|^2 \left|\frac{\sin\pi\Delta w}{\pi\Delta w}\right|^2 \Delta^6 \tag{11-86}$$

其中

$$\begin{cases} u = x - \dfrac{1}{\hbar}\left(\dfrac{\partial E}{\partial k_x}\right)_{k_0}\cdot t \\ v = y - \dfrac{1}{\hbar}\left(\dfrac{\partial E}{\partial k_y}\right)_{k_0}\cdot t \\ w = z - \dfrac{1}{\hbar}\left(\dfrac{\partial E}{\partial k_z}\right)_{k_0}\cdot t \end{cases} \tag{11-87}$$

$\left|\frac{\sin\pi\Delta u}{\pi\Delta u}\right|^2$ 等具有如图 11-31 所示的形式，说明波函数主要集中在线度为 $\frac{2\pi}{\Delta}$ 的范围内，中心在 $u=v=w=0$，即波包中心位置为

$$\boldsymbol{r}_0=\frac{1}{\hbar}(\nabla_k E)_{k_0}\cdot t \tag{11-88}$$

上式表明，如果把波包看成一个准粒子，则该粒子的速度为

$$\boldsymbol{v}_{k_0}=\frac{1}{\hbar}(\nabla_k E)_{k_0} \tag{11-89}$$

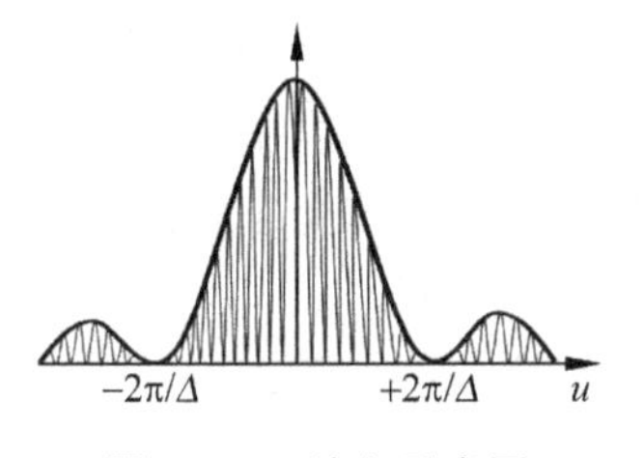

图 11-31　波包示意图

前面提到 Δ 必须很小，参考 $E(\boldsymbol{k})$ 在布里渊区中的变化，所谓 Δ 很小，应该是相对于布里渊区的限度 $2\pi/a$，所以要求

$$\Delta \ll \frac{2\pi}{a}$$

这表明

$$\frac{2\pi}{\Delta} \gg a$$

即波包必须远大于原胞。因此在实际问题中，**只能在这个限度内把电子看成准经典粒子**。例如在输运过程中，**只有当自由程远远大于原胞的情况下，才可以把电子看做一个准经典粒子**。

把电子看成准经典粒子，式(11-89)就是其准经典运动的速度。一般写成

$$\boldsymbol{v}(\boldsymbol{k})=\frac{1}{\hbar}\nabla_k E(\boldsymbol{k}) \tag{11-90}$$

表示把处于 $\boldsymbol{k}$ 状态的电子看做准经典粒子时的速度。

需要注意的是式(11-86)波包函数中还有一个因子 $|u_{k_0}(\boldsymbol{r})|^2$，它是以原胞为周期的函数，它的影响只是给波包附加一定的细致结构(如图 11-31 中的细线代表)而并不影响整个波包的形状(图 11-31 中的粗线代表)。

1. 在外力作用下状态的变化和准动量

如果外力 $\boldsymbol{F}$ 作用在电子上，那么外力将对电子做功，大小为

$$\boldsymbol{F}\cdot\boldsymbol{v}_k\mathrm{d}t \tag{11-91}$$

电子的能量将发生变化。如前所述，电子能量 $E(\boldsymbol{k})$ 是描述状态的矢量 $\boldsymbol{k}$ 的函数。能量变化必须有相应 $\boldsymbol{k}$ 的改变 $\mathrm{d}\boldsymbol{k}$。根据功能原理，应该有下面的等式

$$\mathrm{d}\boldsymbol{k}\cdot\nabla_k E(\boldsymbol{k})=\boldsymbol{F}\cdot\boldsymbol{v}_k\mathrm{d}t \tag{11-92}$$

把式(11-90)代入上式得到

$$\left(\hbar\frac{\mathrm{d}\boldsymbol{k}}{\mathrm{d}t}-\boldsymbol{F}\right)\cdot\boldsymbol{v}_k=0$$

于是可以得到有外力时运动状态变化的基本公式

$$\frac{\mathrm{d}(\hbar\boldsymbol{k})}{\mathrm{d}t}=\boldsymbol{F} \tag{11-93}$$

式(11-93)类似于经典力学里面的动量对时间的变化率等于力的关系式，于是可以把 $\hbar\boldsymbol{k}$ 看成是经典力学中的动量。也就是说在电子的准经典运动中，$\hbar\boldsymbol{k}$ 具有动量的性质，常称为准动量。

需要注意的是这里讨论的表示状态的波矢量 $\boldsymbol{k}$ 是布洛赫波矢量，布洛赫波不对应于确定的动量(即不是动量的本征态)，并且 $\hbar\boldsymbol{k}$ 也不等于动量算符的平均值。

2. 加速度和有效质量

式(11-90)和式(11-93)是描述晶体中电子准经典运动的两个最基本关系式。从这两个基本关系式出发可以推导出外力作用下加速度的公式。

式(11-90)对时间求微商,有

$$\frac{\mathrm{d}\boldsymbol{v}(\boldsymbol{k})}{\mathrm{d}t} = \frac{\mathrm{d}}{\hbar\,\mathrm{d}t}\nabla_k E(\boldsymbol{k})$$

写成分量形式有

$$\frac{\mathrm{d}v_\alpha}{\mathrm{d}t} = \frac{\mathrm{d}}{\mathrm{d}t}\left(\frac{1}{\hbar}\frac{\partial E(\boldsymbol{k})}{\partial k_\alpha}\right) = \frac{1}{\hbar}\sum_\beta \frac{\mathrm{d}k_\beta}{\mathrm{d}t}\frac{\partial}{\partial k_\beta}\left(\frac{\partial E(\boldsymbol{k})}{\partial k_\alpha}\right) \tag{11-94}$$

由式(11-93)得$\frac{\mathrm{d}k_\beta}{\mathrm{d}t}=F_\beta$。

代入式(11-94)得到

$$\frac{\mathrm{d}v_\alpha}{\mathrm{d}t} = \frac{1}{\hbar^2}\sum_\beta F_\beta \frac{\partial^2}{\partial k_\beta \partial k_\alpha}E(\boldsymbol{k})$$

写成矩阵形式

$$\begin{pmatrix} \frac{\mathrm{d}v_x}{\mathrm{d}t} \\ \frac{\mathrm{d}v_y}{\mathrm{d}t} \\ \frac{\mathrm{d}v_z}{\mathrm{d}t} \end{pmatrix} = \frac{1}{\hbar^2}\begin{pmatrix} \frac{\partial^2 E(\boldsymbol{k})}{\partial k_x^2} & \frac{\partial^2 E(\boldsymbol{k})}{\partial k_x \partial k_y} & \frac{\partial^2 E(\boldsymbol{k})}{\partial k_x \partial k_z} \\ \frac{\partial^2 E(\boldsymbol{k})}{\partial k_y \partial k_x} & \frac{\partial^2 E(\boldsymbol{k})}{\partial k_y^2} & \frac{\partial^2 E(\boldsymbol{k})}{\partial k_y \partial k_z} \\ \frac{\partial^2 E(\boldsymbol{k})}{\partial k_z \partial k_x} & \frac{\partial^2 E(\boldsymbol{k})}{\partial k_z \partial k_y} & \frac{\partial^2 E(\boldsymbol{k})}{\partial k_z^2} \end{pmatrix}\begin{pmatrix} F_x \\ F_y \\ F_z \end{pmatrix} \tag{11-95}$$

比较牛顿定律

$$\frac{\mathrm{d}\boldsymbol{v}}{\mathrm{d}t} = \frac{1}{m}\boldsymbol{F}$$

我们称

$$\frac{1}{\hbar^2}\begin{pmatrix} \frac{\partial^2 E(\boldsymbol{k})}{\partial k_x^2} & \frac{\partial^2 E(\boldsymbol{k})}{\partial k_x \partial k_y} & \frac{\partial^2 E(\boldsymbol{k})}{\partial k_x \partial k_z} \\ \frac{\partial^2 E(\boldsymbol{k})}{\partial k_y \partial k_x} & \frac{\partial^2 E(\boldsymbol{k})}{\partial k_y^2} & \frac{\partial^2 E(\boldsymbol{k})}{\partial k_y \partial k_z} \\ \frac{\partial^2 E(\boldsymbol{k})}{\partial k_z \partial k_x} & \frac{\partial^2 E(\boldsymbol{k})}{\partial k_z \partial k_y} & \frac{\partial^2 E(\boldsymbol{k})}{\partial k_z^2} \end{pmatrix}$$

为倒有效质量张量。根据张量理论,张量总是可以对角化的,如果选取 k_x,k_y,k_z 轴为张量主轴方向,则有对角化的倒有效质量张量

$$\frac{1}{\hbar^2}\begin{pmatrix} \frac{\partial^2 E(\boldsymbol{k})}{\partial k_x^2} & 0 & 0 \\ 0 & \frac{\partial^2 E(\boldsymbol{k})}{\partial k_y^2} & 0 \\ 0 & 0 & \frac{\partial^2 E(\boldsymbol{k})}{\partial k_z^2} \end{pmatrix}$$

这样我们可以引入有效质量张量(在选取 k_x,k_y,k_z 轴为张量主轴方向的情况下)

$$\begin{pmatrix} m_x^* & 0 & 0 \\ 0 & m_y^* & 0 \\ 0 & 0 & m_z^* \end{pmatrix} = \begin{pmatrix} \hbar^2 / \frac{\partial^2 E(\boldsymbol{k})}{\partial k_x^2} & 0 & 0 \\ 0 & \hbar^2 / \frac{\partial^2 E(\boldsymbol{k})}{\partial k_y^2} & 0 \\ 0 & 0 & \hbar^2 / \frac{\partial^2 E(\boldsymbol{k})}{\partial k_z^2} \end{pmatrix}$$

其中

$$m_\alpha^* = \hbar^2 / \frac{\partial^2 E}{\partial k_\alpha^2} \tag{11-96}$$

这样式(11-95)可以简化成

$$\begin{cases} m_x^* \dfrac{\mathrm{d}v_x}{\mathrm{d}t} = F_x \\ m_y^* \dfrac{\mathrm{d}v_y}{\mathrm{d}t} = F_y \\ m_z^* \dfrac{\mathrm{d}v_z}{\mathrm{d}t} = F_z \end{cases} \tag{11-97}$$

上式与牛顿定律更加具有一致性。

有效质量是一个张量，一般来说，m_x^*，m_y^*，m_z^* 不一定相等，加速度与外力的方向可以是不同的。这样通过有效质量的概念就把晶体中电子的准经典运动的加速度与外力直接联系起来。有效质量 m^* 与电子的固有质量 m 之间可以有很大区别，因为有效质量中包含了周期场的作用。

知道晶体中 $E(\boldsymbol{k})$ 就可以利用式(11-96)求出晶体中的有效质量，并且有效质量不是一个常数，而是 $\boldsymbol{k}$ 的函数。一般情况下是一个张量。有效质量不仅可以取正值，还可以取负值。可以证明在能带底附近，有效质量总是正的，在能带顶附近，有效质量总是负的。

11.9 恒定电场作用下电子的运动

下面以一维紧束缚近似的结果为例，探讨晶体中电子在恒定电场作用下的运动规律。一维紧束缚近似下 $E(\boldsymbol{k})$ 的函数为

$$E^i(k) = \varepsilon_i - J_0 - 2J_1 \cos ka \tag{11-98}$$

其中 i 表示不同的原子能级。(不同原子能级对应的能带中 J_0 和 J_1 也是不同的，为了讨论方便这里没有标出)。如果 J_1 大于零，那么对应式(11-98)表示的能带，$k=0$ 点为能带底，$k=\pm\frac{\pi}{a}$ 点为能带顶部。由式(11-90)和式(11-96)我们可以得到在这个能带中不同电子的准经典运动速度和有效质量

$$v(k) = \frac{1}{\hbar}\frac{\mathrm{d}E}{\mathrm{d}k} = \frac{2J_1 a}{\hbar}\sin ka \tag{11-99}$$

$$m^*(k) = \hbar^2 \Big/ \frac{\mathrm{d}^2 E(k)}{\mathrm{d}k^2} = \frac{\hbar^2}{2J_1 a^2 \cos ka} \tag{11-100}$$

根据式(11-98)～式(11-100)可以画出能量、速度和有效质量随 k 的变化曲线，如图 11-32 所示。

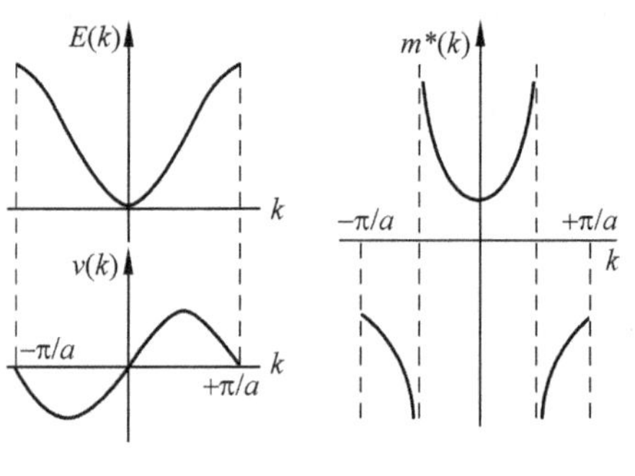

图 11-32　一维近束缚近似下的 $E(k)$，$v(k)$和 $m^*(k)$

图中只给出了简约布里渊区的情形。如果用扩展布里渊区表示，它们都是 k 的周期函数，周期为$\frac{2\pi}{a}$。

下面我们讨论在恒定电场作用下电子的运动，假设电场力与 k 轴同向，于是根据$\hbar\frac{\mathrm{d}k}{\mathrm{d}t}=F=qE$(式中 E 为电场强度，方向为 k 轴反向)，电子在 k 空间做匀速运动 $k=\frac{qE}{\hbar}t+k_0$，但作为准经典运动电子永远保持在同一个能带内，图 11-33 画出用扩展布里渊区表示的 $E(k)$函数。

这意味着电子的本征能量沿着 k 空间中 $E(k)$函数曲线周期性变化。如果用简约布里渊区表示，当电子运动到布里渊区边界$\left(k=\frac{\pi}{a}\right)$，由于 $k=-\frac{\pi}{a}$与 $k=\frac{\pi}{a}$相差倒格矢 $k=\frac{2\pi}{a}$，根据 11.1 节讨论，实际上 $k=-\frac{\pi}{a}$和 $k=\frac{\pi}{a}$代表同一状态，所以电子从 $k=\frac{\pi}{a}$移出简约布里渊边界实际上相当于同时从 $k=-\frac{\pi}{a}$移进来，电子在 k 空间作循环运动。

电子在 k 空间的循环运动，表现为电子速度随时间作振荡变化，如图 11-34 所示。

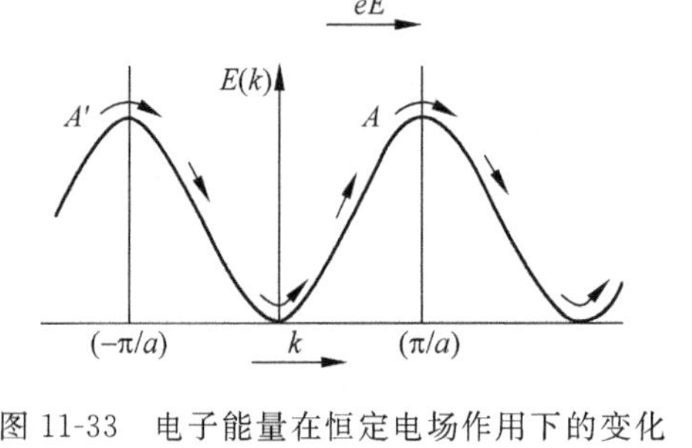

图 11-33　电子能量在恒定电场作用下的变化

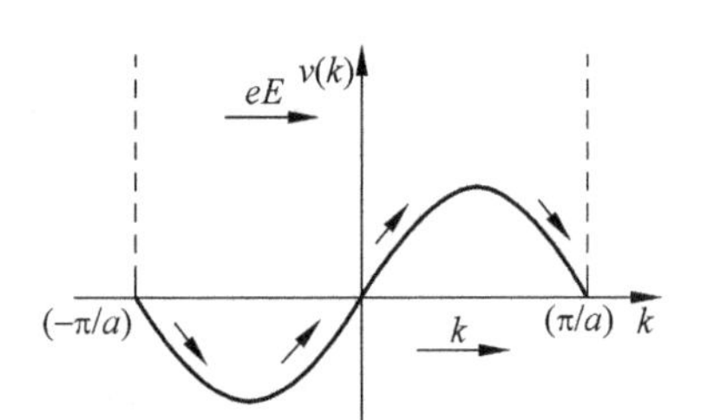

图 11-34　电子速度在恒定电场作用下的变化

电子速度的振荡，意味着电子在实空间(x 空间)的振荡。

我们知道 $E(k)$表示电子在晶体周期场中的能量本征值，当有外电场时，会附加有静电位能，导致能带发生倾斜，如图 11-35 所示。

图 11-36 画出了包括两个能带的情况。假设当 $t=0$ 时电子在较低能带的带底 A 点，电子从 A 点经过 B 点到达 C 点，对应于 k 空间电子从 $k=0\sim k=\frac{\pi}{a}$的运动。在 C 点，电子遇

到了带隙，相当于存在一个势垒。在准经典运动中，电子局限在同一个能带中运动，电子在遇到势垒后将全部被反射回来，对应于 k 空间电子由 $k=\frac{\pi}{a}\sim k=-\frac{\pi}{a}$ 的运动。电子由 C 点经过 B 返回 A，对应于电子从 $k=-\frac{\pi}{a}\sim k=0$ 的运动。这就是电子在实空间的振荡。

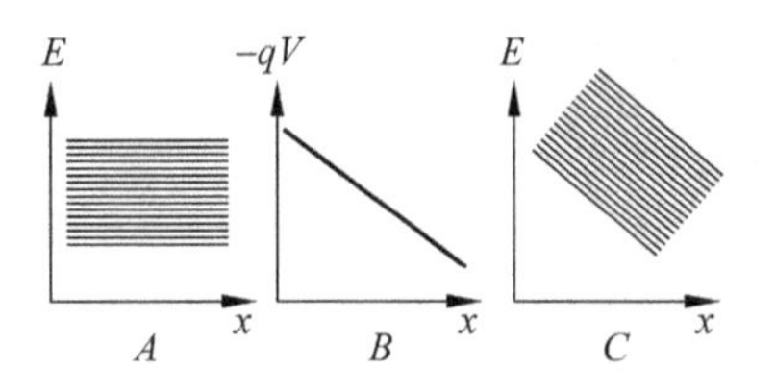

图 11-35　A 表示未加电场的能带，B 表示电子的静电位能，C 表示能带的倾斜

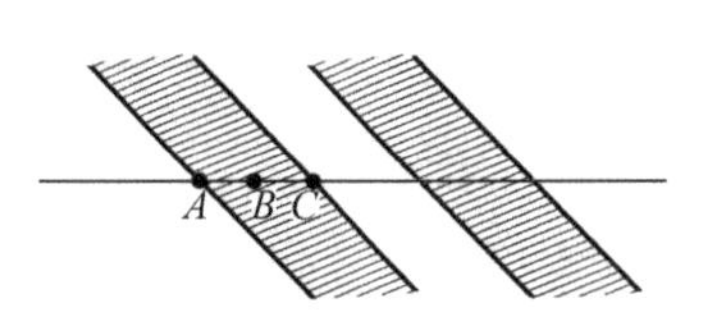

图 11-36　电场作用下电子在实空间的运动

需要强调的是上述振动现象实际上很难观察到，原因是实际晶体中电子在电场作用下的准经典运动过程中会不断受到声子、杂质和缺陷的散射（或碰撞），相邻两次散射之间的平均时间称为电子平均自由运动时间，用 τ 表示。如果 τ 很小，电子来不及完成振荡就被散射破坏掉了。τ 的典型值为 10^{-13}s，观察到上述振荡现象的条件为

$$\omega\tau \gg 1$$

其中 ω 为振荡圆频率，可以用

$$\omega = 2\pi\left(\frac{\text{电子在 } k \text{ 空间运动速度}}{\text{布里渊区宽度}}\right) = 2\pi\left(\frac{qE/\hbar}{2\pi/a}\right)$$
$$=\frac{qEa}{\hbar}$$

来估算。如果取 $a\approx0.3$nm，$\tau\approx10^{-13}$s，满足 $\omega\tau\gg1$ 条件，需要电场强度大于 2×10^{7}V/m，这样高的场强在金属材料中无法实现，对绝缘材料中则早已被击穿了。所以在一般电场下，晶体中的电子在 k 空间只有一个很小的位移，而不能实现振荡。

11.10　导体、绝缘体和半导体的能带理论解释

能带理论发展最初期的一个重大成就是回答了这个问题：所有固体材料都是由原子组成的，原子由原子核和核外电子组成，那么为什么有的材料是导体，有的材料是非导体？这个问题在能带理论之前长期没有一个大家公认合理的解释。能带理论的发展为这个问题提供了一个理论上大家认可的说明。并以此为基础，逐步发展了有关导体、绝缘体和半导体的现代理论。

11.10.1　满带电子不导电

在能带理论中可以证明，$\boldsymbol{k}$ 和 $-\boldsymbol{k}$ 态具有相同的能量，即

$$E_n(\boldsymbol{k}) = E_n(-\boldsymbol{k}) \tag{11-101}$$

由此，利用式(11-90)可以得到同一能带中 $\boldsymbol{k}$ 和 $-\boldsymbol{k}$ 态具有相反的速度，即

$$\boldsymbol{v}(\boldsymbol{k}) = -\boldsymbol{v}(-\boldsymbol{k}) \tag{11-102}$$

在一个完全为电子充满的能带中，尽管就每一个电子来讲，都带一定的电流$-q\boldsymbol{v}$，但是$\boldsymbol{k}$和$-\boldsymbol{k}$态的电子电流正好相互抵消，所以总的电流为零。

即使在有外电场作用的情况下，这个满带中所有电子形成的电流总和依然是零。因为在11.9节我们已经知道，在外电场作用下一个能带内部电子的准经典运动局限在这个能带内部，如图11-37所示，横轴上的点表示均匀分布在$\boldsymbol{k}$轴上的各量子态被电子所填满，在电场$\boldsymbol{E}$作用下，电子受到的作用力为$\boldsymbol{F}=-q\boldsymbol{E}$，所有电子所处的状态都按$\frac{\mathrm{d}\boldsymbol{k}}{\mathrm{d}t}=\frac{\boldsymbol{F}}{\hbar}$变化。就是说$\boldsymbol{k}$轴上的各状态点都以完全相同的速度移动，因此并不改变均匀填充各$\boldsymbol{k}$态的情况。在布里渊区边界A和A'处，由于A和A'实际代表同一状态，所以从A点移动出去的电子实际上同时从A'移进来，保持整个能带处于具有填满的状况，并不产生电流。

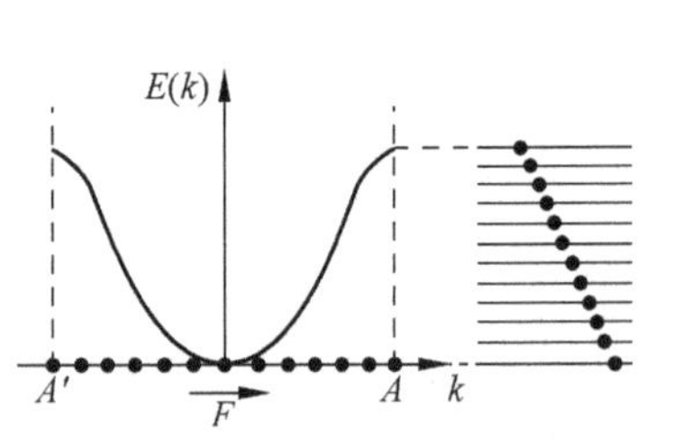

图11-37　充满能带中的电子运动

11.10.2　未满带电子导电

部分填充的能带和满带不同，在外电场作用下，可以产生电流。如图11-38所示表示一个部分填充的能带和相应的$E(k)$图，电子将填充最低的各个能级（图11-38中的黑点）。

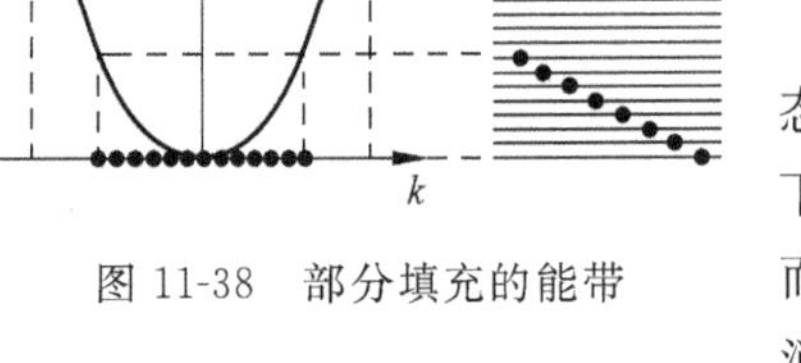
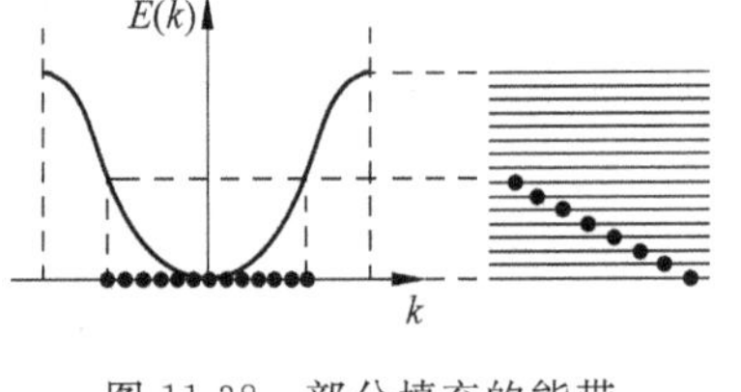

图11-38　部分填充的能带

由$E(k)$图中虚线以下部分可以看出，由于$\boldsymbol{k}$和$-\boldsymbol{k}$态对称地被电子填充，总电流抵消。但在外场力的作用下，整个电子分布将向一方移动，破坏了原来对称分布，而有了一个小的偏移。这时电子电流就只是部分被抵消，因而将产生一定的电流。

11.10.3　导体和非导体的能带模型

在以上讨论的基础上，能带理论对导体和非导体提出了如图11-39所示的基本模型。

在非导体中，电子恰好填满最低的一系列能带，能量再高的各带全部都是空的，由于满带不导电，所以尽管存在很多电子（电荷）运动，但并不会产生电流，因此具有这样能带结构的材料为非导体。

在导体中，除去完全充满的一系列能带外，还有只是部分地被电子填充的能带，由于未满带能够产生电流，因此具有这种能带结构的材料为导体。金属材料就具有这种能带结构。

图11-39　导体和非导体的能带模型

在上述能带结构中最上面的满带称为“价带”，价带以上，能量再高一些的空能带（或部分填充）称为“导带”。

半导体的能带结构也属于非导体，只不过价带和导带之间的间隙（称为带隙宽度）比较小，在一定的条件下会产生电流，因此称为半导体。

在金属和半导体之间还存在一种中间情况：导带底（导带的最低能级）和价带顶（价带

内的最高能级)或发生交叠(导带底能级低于价带顶能级,也有称为负带隙宽度)或具有相同的能量(有称为零带隙宽度)。在此情况下,通常同时在导带中存在一定数量的电子,在价带存在一定数量的空状态。其导带电子的密度比普通金属少几个数量级,这种情况称为“半金属”。

第Ⅴ主族的铋(Bi)、锑(Sb)、砷(As)就是半金属。它们都具有三角晶格结构,每个原胞中包含2个原子。因为每个原胞含有偶数个价电子,似乎应该是非导体(原胞中含有偶数个价电子往往正好填满价带)。但是由于能带之间的交叠使它们具有了金属的导电性,但由于能带交叠得比较小,对导电有贡献的载流子数远小于普通的金属,例如Bi,为$3\times10^{23}/\mathrm{m}^3$,仅有典型金属的$10^{-5}$,电阻率比大多数金属高10~100倍。

11.10.4 近满带和空穴

在半导体中,在一定条件下,原本处于填满状态的价带缺少了少数电子,按照前述未满带会导电的结论,就会产生一定导电性。这种“近满带”的情况,在半导体问题中具有重要的价值。下面将着重讨论这方面的问题。

首先假设满带上只有一个状态$\boldsymbol{k}$没有电子,这种情况下整个近满带的总电流为$I(\boldsymbol{k})$。

如果在这个空状态$\boldsymbol{k}$填入一个电子,那么这个电子本身所荷载的电流应该为

$$-q\boldsymbol{v}(\boldsymbol{k}) \tag{11-103}$$

那么原来近满带的总电流加上这个后填入电子荷载的电流就应该是整个满带的电流,应该为零,即

$$-q\boldsymbol{v}(\boldsymbol{k})+I(\boldsymbol{k})=0 \tag{11-104}$$

于是得到

$$I(\boldsymbol{k})=q\boldsymbol{v}(\boldsymbol{k}) \tag{11-105}$$

式(11-105)表明,近满带的总电流就如同一个速度为后填入的$\boldsymbol{k}$状态电子的速度,带正电荷q的粒子所引起的电流大小。

再看电磁场的对近满带的作用。

如前所述,满带电子在有电磁场(电场强度为$\boldsymbol{E}$,磁感应强度为$\boldsymbol{B}$)存在时电流依然保持为零。即式(11-104)是恒成立的,那么对其进行微商,得到

$$\frac{\mathrm{d}I(\boldsymbol{k})}{\mathrm{d}t}=q\frac{\mathrm{d}\boldsymbol{v}(\boldsymbol{k})}{\mathrm{d}t} \tag{11-106}$$

作用在$\boldsymbol{k}$状态电子上的外力为

$$-q\{\boldsymbol{E}+[\boldsymbol{v}(\boldsymbol{k})\times\boldsymbol{B}]\} \tag{11-107}$$

根据式(11-97),可以通过有效质量把式(11-106)中的加速度和式(11-107)的力联系起来,得到

$$\frac{\mathrm{d}I(k)}{\mathrm{d}t}=-\frac{q^2}{m^*}\{\boldsymbol{E}+[\boldsymbol{v}(\boldsymbol{k})\times\boldsymbol{B}]\}$$

一般情况下,近满带中的空状态$\boldsymbol{k}$往往出现在能带顶附近,有效质量为负值,这样上式就可以写成

$$\frac{\mathrm{d}I(k)}{\mathrm{d}t}=q\frac{\{q\boldsymbol{E}+[q\boldsymbol{v}(\boldsymbol{k})\times\boldsymbol{B}]\}}{|m^*|} \tag{11-108}$$

表明近满带电流在外电磁场作用下的变化就如同一个带正电荷q和具有正质量$|m^*|$

的粒子在电磁场中的运动引起的电流变化一样。

由此我们可以看到，当满带顶附近有空状态 $\boldsymbol{k}$ 时，整个能带中所有其他电子形成的电流，以及电流在外电磁场作用下的变化，完全如同一个带正电荷 q 和正质量 $|m^*|$、速度为 $\boldsymbol{v}(\boldsymbol{k})$ 的粒子的情况一样，这样的一个假想的粒子，我们称它为“空穴”。

引入空穴概念使得满带顶附近缺少一些电子的问题和导带底有少数电子的问题非常相似。对于拥有非导体能带结构的半导体来说，少数价带顶附近的电子被激发到原本空的导带上(处于导带底部)，这样价带顶部有了少量“空穴”，导带底部有少量电子，形成相同数目的电子和空穴所构成的混合导电性。导带电子和价带空穴作为荷载电荷，能够移动形成电流的“粒子”，我们称为“载流子”。

价带空穴和导带电子的导电行为是半导体性能的基础，以此为基础发展出了所谓“半导体物理”。

从以上讨论可知，能带理论可以说是半导体物理的基础。从科技发展史角度看，能带理论是在20世纪30年代量子力学发展相对成熟后利用量子力学的成果研究金属中电子运动作为发展起来的，在此基础上，40年代半导体物理不断发展。半导体理论的发展促进了新兴的半导体产业的发展，同时代半导体晶体管开始逐步获得应用。第二次世界大战后半导体产业发展更是日新月异，直到今天半导体产业还在向更深广度发展，电子通信、多媒体技术、网络技术不断丰富人类的生产生活。可以毫不夸张地说，没有以能带理论为基础的半导体理论的发展，就没有今天的幸福生活。

固体物理学涵盖的范围远不止本课程涉及的内容，由于课程时数限制，其他内容必须舍弃。编者希望通过本课程的学习，使学生们能够提高进一步学习固体物理的兴趣与基础，为今后学习其他后续课程奠定一个良好开端。

习题

1. He^3 的自旋为 1/2，是费米子。液体 He^3 在绝对零度附近的密度为 0.081g/cm^3。计算费米能 E_F。

2. 写出一维近自由电子近似，第 n 个能带($n=1,2,3$)中，简约波数为 $k=\frac{\pi}{2a}$ 的零级波函数。

3. 用紧束缚近似求出面心立方晶体和体心立方晶体 s 态原子能级相对应的能带 $E^s(\boldsymbol{k})$ 函数。

4. 由相同原子组成的一维原子链，每个原胞中有两个原子，原胞长度为 a，原胞内两个原子的相对距离为 b。则

(1) 根据紧束缚近似，只记入近邻相互作用，写出原子 s 态相对应的晶体波函数的形式；

(2) 求出相应能带的 $E^s(\boldsymbol{k})$ 函数。

5. 有一个一维单原子链，原子间距为 a，总长度为 Na。

(1) 用紧束缚近似方法求出与原子 s 态对应能级的能带的 $E^s(\boldsymbol{k})$ 函数；

(2) 求出其能态密度函数的表达式；

(3) 如果每个原子 s 态上只有一个电子，求 $T=0\mathrm{K}$ 时的费米能级 E_F^0 及 E_F^0 处的能态密度。

6. (1) 证明一个二维简单正方晶格在第一布里渊区顶角上一个自由电子的动能比该区一边中点处自由电子动能大 2 倍；

(2) 对应一个三维简单立方晶格，在第一布里渊区顶角上一个自由电子的动能比该区面心上自由电子的动能大多少？

(3) 说明(2)的结果对 2 价金属的电导有什么影响。

7. 半金属交叠的能带为

$$E_1(k) = E_1(0) - \frac{\hbar^2 k^2}{2m_1}, \quad m_1 = 0.18m$$

$$E_2(k) = E_2(k_0) - \frac{\hbar^2 (k-k_0)^2}{2m_2}, \quad m_2 = 0.06m$$

其中能带 1 是能量较低的能带。两个能带交叠部分 $E_1(0)-E_2(k_0)=0.1\mathrm{eV}$。由于能带交叠，能带 1 中的部分电子转移到带 2 中，而在带 1 中形成空穴，讨论 $T=0\mathrm{K}$ 时的费米能级。

8. 向铜中掺锌，一些铜原子将被锌原子取代。采用自由电子模型，求锌原子与铜原子之比为何值时，费米球与第一布里渊区边界相接触？(铜晶体结构为面心立方，为 1 价，锌是 2 价)

9. 三维简单立方晶格，立方原胞边长为 a，试用简约布里渊区表示自由电子能量。定性画出沿 ΓX 轴与六个近邻倒格点相对应的自由电子 $E(\boldsymbol{k})$ 函数。

10. 设一维晶体的电子能带可以写成

$$E(k) = \frac{\hbar^2}{ma^2}\left(\frac{7}{8} - \cos ka + \frac{1}{8}\cos 2ka\right)$$

其中 a 为晶格常数，试：

(1) 画出该晶体的能带图像；

(2) 求电子在 k 状态的速度；

(2) 求能带底部和能带顶部的有效质量。

11. 如果把银看成具有球形费米面的单价金属。已知银的密度为 $10.5\mathrm{g/cm^3}$，原子量为 107.87，电阻率为 $1.61\times10^{-8}\Omega\cdot\mathrm{m}$(在 295K 时)，$0.038\times10^{-8}\Omega\cdot\mathrm{m}$(在 20K 时)，试计算：

(1) 费米能级；(2) 费米球半径；(3) 费米速度；(4) 在室温及低温时电子的平均自由程。

参考文献

[1] 殷正坤.探幽入微之路——量子历程[M].北京：人民出版社，1987.

[2] 姚玉洁.量子力学(上、下册)[M].长春：吉林大学出版社，1989.

[3] 曾谨言.量子力学导论[M].北京：北京大学出版社，1992.

[4] 张礼，葛墨林.量子力学的前沿问题[M].北京：清华大学出版社，2000.

[5] 黄昆原著，韩汝琦改编.固体物理学[M].北京：高等教育出版社，1988.

[6] 顾秉林，王喜坤.固体物理学[M].北京：清华大学出版社，1989.

[7] 胡安，章维益.固体物理学[M].北京：高等教育出版社，2011.

[8] GERSTEN J I, SMITH F W. The physics and chemistry of materials[M]. New York: John Wiley & Sons，2001.

[9] 陆栋，蒋平.固体物理学[M].北京：高等教育出版社，2011.

[10] 陈金富.固体物理学——学习参考书[M].北京：高等教育出版社，1986.